THÉORÈMES ET PROBLÈMES DE GÉOMÉTRIE,

SUIVIS

DE LA THÉORIE DES PLANS, ET DES PRÉLIMINAIRES DE LA GÉOMÉTRIE DESCRIPTIVE,

COMPRENANT

LA PARTIE EXIGÉE POUR L'ADMISSION A L'ÉCOLE POLYTECHNIQUE,

A L'USAGE DES ÉLÈVES

Qui se destinent à l'École Polytechnique, à la Marine, à l'École Militaire de Saint-Cyr et à l'École Forestière;

PAR LE BARON **REYNAUD**,

Examinateur de la Marine Royale, Officier de la Légion-d'Honneur, Chevalier de Saint-Michel, de l'ordre polonais Russe de Saint-Stanislas, Docteur de la Faculté des Sciences, Membre de plusieurs Académies; etc.

OUVRAGE ADOPTÉ PAR L'UNIVERSITÉ.

DIXIÈME ÉDITION,

Augmentée des problèmes de Géométrie qui ont été proposés dans les Concours des Colléges Royaux.

PARIS,

BACHELIER, IMPRIMEUR-LIBRAIRE

DE L'ÉCOLE POLYTECHNIQUE, DU BUREAU DES LONGITUDES, etc.

QUAI DES AUGUSTINS, N° 55.

1838

Tout exemplaire du présent traité qui ne porterait pas, comme ci-dessous, les signatures de l'auteur et du libraire, sera contrefait. Les mesures nécessaires seront prises pour atteindre, conformément à la loi, les fabricateurs et les débitans de ces exemplaires.

Se vend aussi :

A BORDEAUX,

CHEZ GASSIOT FILS AINÉ, LIBRAIRE,

FOSSÉS DE L'INTENDANCE, N° 61.

IMPRIMERIE DE BACHELIER,
rue du Jardinet, n° 12.

THÉORÈMES
ET PROBLÈMES
DE GÉOMÉTRIE.

Ouvrages du Baron Reynaud.

1°. *Traité d'Arithmétique* à l'usage des Ingénieurs du Cadastre, 5 fr.

2°. *Traité d'Arithmétique*, suivi d'une *table de logarithmes*, à l'usage des Élèves qui se destinent aux Écoles royales Polytechnique, Militaire, de la Marine, et des Forêts (20e édit. 1837). 5 fr.

3°. *Petit Traité Élémentaire d'Arithmétique*, 2 parties, 1 volume in-12. 1835. 3 fr. 50 c.
Chaque partie se vend séparément 2 fr.

4°. *Élémens d'Algèbre*, 9e édition, 1837. 5 fr.

5°. *Cours de Mathématiques*, à l'usage des Élèves de la Marine, par MM. *Reynaud* et *Nicollet*; 3 v. in-8°.
1er vol., Arithmétique et Algèbre, par M. *Reynaud*, 1829. 5 fr.
2e vol., Géométrie et Trigonométrie, par M. *Nicollet*, 1829. 7 fr.
3e vol., Statique, par M. *Reynaud*, 1838.

6°. *Trigonométrie rectiligne et sphérique*, suivie des Tables de logarithmes à cinq décimales par Lalande (3e édition). 3 fr.
Les Tables de logarithmes se vendent séparément 2 fr.

7°. *Tables de logarithmes* (à sept décimales) pour les nombres et les lignes trigonométriques, précédées d'une instruction très détaillée sur la manière de s'en servir; in-12 (édition stéréotype) 1829. 3 fr. 50 c.

8°. *Traité d'Application* de l'Algèbre à la Géométrie (2e édit. sous presse).

9°. *Manuel de l'Ingénieur du Cadastre*, in-4° avec 11 pl. 5 fr.

10°. *Problèmes et développemens* sur les diverses parties des Mathématiques, avec 11 pl. 6 fr.

11°. *Traité élémentaire de Mathématiques et de Physique*, suivi de notions sur la *Chimie* et sur l'*Astronomie*, à l'usage des Élèves qui se préparent aux examens pour la Marine et le Baccalauréat ès-lettres, 3e édition, revue, corrigée et considérablement augmentée; 2 vol. in-8° avec 21 pl., 1832. 12 fr. 50 c.
Chaque volume se vend séparément 7 fr.

12°. *Théorèmes et Problèmes de Géométrie*, suivis de la *Théorie des plans* et des *préliminaires de la Géométrie descriptive*, comprenant la partie exigée pour l'admission à l'École Polytechniq., 10e édit., avec 21 pl. 1838. 5 fr.

13°. Élémens de *Géométrie descriptive*, suivis de la *Perspective*, des *Ombres*, de la *Gnomonique*, etc. (sous presse).

14°. *Traité d'Arpentage* de Lagrive, avec les Notes de Reynaud. 7 fr.

Notes sur Bezout.

15°. *Arithmétique*, 17e édition, 1832. 2 fr. 50 c.

16°. *Notes sur l'Algèbre* (7e édition, 1834). 4 fr. 50 c.

17°. *Géométrie* contenant un grand nombre de théorèmes et de problèmes, et des *Élémens de Géométrie descriptive*, 10e édit., avec pl., 1838. 5 fr.

Nota. L'*Arithmétique* (20e édition), l'*Algèbre* (9e édition), l'*Application de l'Algèbre à la Géométrie*, comprenant la *Trigonométrie*, et les Notes sur l'*Algèbre* et sur la *Géométrie*, sont particulièrement destinées aux Élèves qui se proposent d'entrer à l'École Polytechnique et à l'École spéciale Militaire de Saint-Cyr. Ces ouvrages renferment les solutions des principales difficultés relatives aux examens.

AVERTISSEMENT.

Cet Ouvrage, divisé en trois parties, est destiné à *compléter la Géométrie élémentaire*, à *préparer les élèves au concours général et aux examens*, en les exerçant sur un grand nombre de problèmes de Géométrie, à démontrer les différens principes qui servent de base à la *Géométrie descriptive*, et à faire connaître les élémens de cette science.

La *première partie* contient des théorèmes et des problèmes relatifs à des points et à des lignes qui sont dans un même plan.

La *deuxième partie* traite des propriétés générales des points, des lignes et des surfaces qui sont situés d'une manière quelconque dans l'espace; on y trouve la démonstration de plusieurs principes qui serviront dans la Géométrie descriptive.

Dans la *troisième partie*, on expose les principes fondamentaux de la Géométrie descriptive, et l'on donne les solutions de problèmes élémentaires à l'aide desquels on pourra résoudre les questions les plus compliquées.

Lorsque les *données* et les *inconnues* sont dans un même plan, la Géométrie élémentaire fournit le moyen d'exécuter sur ce plan, les constructions qui conduisent à la solution de la question proposée. Mais, lorsqu'un problème conduit à considérer des points et des lignes situés d'une manière quelconque dans l'espace, il faut recourir à de nouvelles méthodes qui constituent la partie des Mathématiques, nommée Géométrie descriptive, *dont l'objet spécial est de résoudre, à l'aide de constructions effectuées sur un plan, les différens problèmes qui se rapportent aux trois dimensions de l'étendue.* Le procédé dont on fait usage, est la *méthode des projections*, qui consiste à rapporter à deux plans qui se coupent, toutes les parties de l'espace.

Les difficultés qui se présentent, lorsqu'on étudie les traités de Géométrie descriptive, me paraissent tenir à plusieurs causes que je vais indiquer :

Des élèves, qui ont appris la Géométrie avec facilité, ont de la peine à retrouver les théorèmes sur lesquels il faut s'appuyer pour démontrer l'exactitude des diverses constructions indiquées; et souvent même, ces constructions dépendent de principes qui ne se trouvent pas dans les traités de Géométrie. De plus, on est accoutumé, dans ces traités, à voir sur les figures, les points et les lignes qui servent aux démonstrations; ce qui n'a plus lieu, dans la Géométrie descriptive, à l'égard des points et des lignes qui ne sont pas dans les plans de projection.

Pour remédier à ces inconvéniens, et pour ne pas interrompre l'enchaînement des raisonnemens qui conduisent à la solution des problèmes de la Géométrie descriptive, j'établis dans des *préliminaires*, les diverses propriétés qui servent de fondement à la construction des *épures*.

Afin de faciliter l'intelligence des démonstrations, je fais connaître, par des numéros de renvoi, les propositions précédentes auxquelles il faut avoir recours ; et lorsque cela me paraît nécessaire, j'indique, sur une figure, les lignes, qui étant situées dans l'espace, ne servent qu'à faire connaître comment on peut déduire les *inconnues* des *données*, à l'aide de constructions exécutées sur un seul plan. J'en déduis le moyen de tracer l'*épure* qui ne renferme que les lignes nécessaires à la solution du problème.

Je discute avec soin les différens cas qui peuvent se présenter ; et lorsque des constructions se trouvent en défaut, dans certains cas particuliers, je résous directement la question proposée.

J'ai principalement insisté sur la *construction de la pyramide triangulaire*, parce que cette construction fournit la solution graphique des différens problèmes relatifs aux *triangles sphériques*.

J'ai donné le moyen de trouver les *rabattemens*, sur les plans de projection, d'un point de l'espace situé dans un plan connu ; et réciproquement, de déterminer les projections d'un point de l'espace dont on connaît le *rabattement* sur l'un des plans de projection. J'en ai déduit une méthode générale pour résoudre des problèmes relatifs à des points et à des lignes situés dans l'espace, lorsque les *données* et les *inconnues* étant sur un même plan, ces *données* ne sont déterminées que par leurs projections.

J'ai ajouté, dans cette nouvelle édition, la collection des problèmes de Géométrie qui ont été proposés dans les concours généraux des Colléges Royaux de Paris. La solution de ces problèmes n'offrira pas de difficultés aux personnes qui auront bien compris les questions traitées dans la première partie de cet Ouvrage.

J'ai adopté plusieurs expressions abrégées qui sont consacrées par l'usage. Lorsque je parlerai d'une *ligne,* sans en désigner l'espèce, il s'agira d'une *ligne droite.* Lorsque je dirai *tirez* AB, il faudra entendre, *tirez la droite* AB par les points A et B. La *perpendiculaire sur le milieu d'une ligne* AB, sera la perpendiculaire à la droite AB, menée par le milieu de AB. Lorsqu'on parlera d'un cercle OA, il s'agira du cercle dont le centre est O et dont le rayon est OA. Quand on parlera d'un *arc*, sans désigner son espèce, il s'agira toujours d'un *arc de cercle;* et suivant qu'un arc sera situé dans un plan horizontal ou dans un plan vertical, on dira que cet arc est *horizontal* ou qu'il est *vertical.* De même, un *angle* sera dit *horizontal* ou *vertical*, selon que ses deux côtés seront dans un plan horizontal ou vertical; et quand les côtés de l'angle seront dans un plan qui formera un angle aigu ou obtus avec l'horizon, on dira que cet angle est *oblique.* Lorsqu'on proposera de *mesurer* un triangle, un rectangle, un cercle, etc., il faudra entendre qu'on veut en mesurer la surface.

Les numéros placés entre parenthèses, indiquent des renvois aux articles correspondans de cet ouvrage. Ainsi, dans la 7e ligne de la page 10, l'expression (n° 15) indique un renvoi au théorème de l'article 15 de la page 8.

Cet ouvrage ayant été composé avec la seule intention d'être utile aux Élèves, en facilitant leurs études, je profiterai avec reconnaissance de toutes les observations que MM. les Professeurs voudront bien m'adresser.

TABLE DES MATIÈRES.

PREMIÈRE PARTIE.

Théorèmes et Problèmes relatifs à des points et à des lignes qui sont dans un même plan.

PROBLÈMES DE GÉOMÉTRIE.

DEUXIÈME PARTIE.

Propriétés générales des Points, des Lignes et des Surfaces, situés d'une manière quelconque dans l'espace.

TROISIÈME PARTIE.

Élémens de Géométrie descriptive.

§ II. *Épures relatives aux Problèmes sur la ligne droite et le plan.*

§ III. *Angles formés par des droites et des plans.*

§ IV. *Plus courte distance de deux droites.*

§ V. *De la sphère inscrite et circonscrite.*

§ VI. *Construction de la pyramide triangulaire.*

Numéros. Pages.

§ VII. *Problèmes sur des points et sur des lignes dont les projections sont données.*

NOTES.

Note sur le n° 242.

Note sur le n° 246.

Note sur le n° 272.

PROBLÈMES DE GÉOMÉTRIE.

FIN DE LA TABLE DES MATIÈRES.

FAUTES ESSENTIELLES A CORRIGER.

Pages.	Lignes.
18,	21; l^{a} lisez l
22,	1; suivant valeur que la *lisez* suivant que la valeur
36,	21; MB *lisez* MB′
41,	1; consrante *lisez* constante
50,	21; $B'C' = \zeta'$, *lisez* $B'C' = \zeta$
90,	9; *palns* lisez *plans*
101,	19; *lisez* $\cos\zeta = \frac{b}{d}$, $\cos\gamma = \frac{c}{d}$
105,	10 en remontant; *poin* lisez *point*
120,	12; *perpendicu'aire* lisez *perpendiculaire*
124,	19; *tion* lisez *position*
143,	5 en remontant; *ph* lisez *ph′*
150,	14; l lisez l'
151,	1 en remontant; ui *lisez* qui
152,	13; a, b^{1}, c, lisez a, b, c
153,	6; le face *lisez* la face
168,	23; *posi ion* lisez *position*
174,	15; *s'ag t* lisez *s'agit*
188,	13; b, c' sera *lisez* b, c, sera
210,	10 en remontant; le point *lisez* point

THÉORÈMES ET PROBLÈMES DE GÉOMÉTRIE,

SUIVIS

DES ÉLÉMENS DE LA GÉOMÉTRIE DESCRIPTIVE.

PREMIÈRE PARTIE.

Théorèmes et Problèmes relatifs à des points et à des lignes situés dans un même plan.

§ Ier. THÉORÈMES.

1. THÉORÈME (*fig.* 1). LORSQUE *dans un triangle* ABC *on mène une droite* CE, *du sommet* C *de l'un des angles, au milieu* E *du côté opposé, on a*

$$(1)\ldots\quad \overline{CA}^2 + \overline{CB}^2 = 2\left(\overline{CE}^2 + \overline{AE}^2\right).$$

En effet, tirez CD perpendiculaire à AB, vous aurez

$$BD = BE - ED,\quad AD = AE + ED.$$

Élevant ces équations au quarré, ajoutant respectivement $\overline{CD}^2$ aux deux membres des équations qui en résulteront, et observant que la somme des quarrés des deux côtés de l'angle droit est égale au quarré de l'hypoténuse, on trouvera

$$\overline{CB}^2 = \overline{CE}^2 + \overline{BE}^2 - 2BE \times ED,\quad \overline{CA}^2 = \overline{CE}^2 + \overline{AE}^2 + 2AE \times ED.$$

Ajoutant ces équations membre à membre, et remarquant que AE = BE, on obtiendra l'équation (1).

Remarque. Si du point E comme centre, avec EC pour rayon, on décrit une circonférence, tous les triangles qui auront AB pour base, et dont les sommets seront sur la circonférence, seront tels, que la somme des quarrés des côtés adjacens à la base sera une quantité constante $2\left(\overline{CE}^2 + \overline{AE}^2\right)$.

2. Théorème (*fig.* 2). *Les trois droites qui divisent les angles d'un triangle* ABC *en deux parties égales, se rencontrent au même point.*

Divisez les angles BAC, ABC, en deux parties égales, par les droites AM, BM, et tirez CM ; je dis que CM divise l'angle ACB en deux parties égales. En effet, si du point M on mène des perpendiculaires MF, ME, MD, sur les côtés AB, AC, BC, les triangles rectangles AMF, AME, seront égaux, ainsi que les triangles BMF, BMD. Donc, MF=ME=MD. Les triangles rectangles MCD, MCE, seront donc égaux; la droite CM divise donc l'angle ACB en deux parties égales.

Remarque. Les perpendiculaires MF, ME, MD, étant égales, si du point M comme centre, avec le rayon MF, on décrit une circonférence, elle sera tangente aux trois côtés du triangle ABC. Cela donne le moyen d'*inscrire un cercle dans un triangle.*

3. Théorème (*fig.* 3). *Les trois perpendiculaires menées des sommets des angles d'un triangle* ABC *sur les côtés opposés, se rencontrent au même point.*

Des sommets B, C, menez des perpendiculaires BE, CF, sur AC et AB; elles se couperont en M; il faut démontrer que la droite AMD est perpendiculaire à BC. Sur BC, comme diamètre, décrivez une demi-circonférence; elle passera par les points E, F, car les angles BEC, BFC, sont droits. Par la même raison, la circonférence décrite sur AM comme diamètre, passera par les points E, F. Tirez la corde FE. Les angles CFE, CBE, seront égaux, ainsi que les angles MFE, MAE. Mais, l'angle CFE est le même que MFE ; les angles CBE, MAE, sont donc égaux ; les triangles BMD, AME, sont donc équiangles. Or l'angle AEM est droit, l'angle BDM est donc droit; AD est donc perpendiculaire à BC.

4. THÉORÈME (*fig.* 4). *Les trois perpendiculaires menées sur les milieux des côtés d'un triangle* ABC, *se rencontrent au même point.*

Par les milieux E, F, des côtés AC, AB, menez des perpendiculaires EM, FM, à ces côtés, et tirez MD perpendiculaire à BC. Vous aurez

$$MB = MA,\ MA = MC;\ \text{d'où}\ MB = MC.$$

Les triangles rectangles MDB, MDC, seront donc égaux; le point D est donc le milieu de BC. Ce qui démontre la propriété énoncée.

REMARQUE. Le point M est le centre du cercle qui passerait par les sommets A, B, C, du triangle ABC; car MA=MB=MC. Cela donne le moyen de *circonscrire un cercle à un triangle.*

5. THÉORÈME (*fig.* 5). *Les trois droites menées des sommets des angles d'un triangle sur les milieux des côtés opposés, se coupent au même point.*

Soit ABC le triangle proposé. Prenez les milieux D, E, des côtés CB, CA, et menez les droites AD, BE, DE, CMF; il s'agit de prouver que le point F est le milieu de AB.

La ligne DE, divisant les côtés CB, CA, en parties proportionnelles, est parallèle à BA; les triangles CDE, MAB, MAF, CDQ, sont donc respectivement semblables aux triangles CBA, MDE, MDQ, CBF. Par conséquent, on a

$$CD : CB :: DE : BA :: DM : MA :: DQ : AF, \text{ et}$$

$$CD : CB :: DQ : BF. \quad \text{Donc } AF = BF.$$

REMARQUE. La proportion CD : CB :: DM : MA, démontre que DM est le tiers de AD; car CB étant le double de CD, il en résulte que MA est le double de DM.

6. THÉORÈME (*fig.* 6). *Si d'un point* O *pris dans l'intérieur du triangle* ABC, *on mène les perpendiculaires* OA′, OB′, OC′,

sur les côtés BC, AC, AB, *on aura*

$$(1)\dots\ \overline{AC'}^2+\overline{BA'}^2+\overline{CB'}^2=\overline{C'B}^2+\overline{A'C}^2+\overline{B'A}^2.$$

Car, en tirant les droites OA, OB, OC, on a

$$\overline{OC'}^2=\overline{OB}^2-\overline{C'B}^2=\overline{OA}^2-\overline{AC'}^2,\ \text{d'où}\ (2)\dots\overline{AC'}^2-\overline{C'B}^2=\overline{OA}^2-\overline{OB}^2,$$
$$\overline{OA'}^2=\overline{OB}^2-\overline{BA'}^2=\overline{OC}^2-\overline{A'C}^2,\ \text{d'où}\ (3)\dots\overline{BA'}^2-\overline{A'C}^2=\overline{OB}^2-\overline{OC}^2,$$
$$\overline{OB'}^2=\overline{OC}^2-\overline{CB'}^2=\overline{OA}^2-\overline{B'A}^2,\ \text{d'où}\ (4)\dots\overline{CB'}^2-\overline{B'A}^2=\overline{OC}^2-\overline{OA}^2.$$

Ajoutant les équations (2), (3), (4), on trouve l'équation (1).

7. Théorème (*fig.* 7). *Un point* O *étant pris dans l'intérieur du triangle* ABC, *si l'on mène les droites* AO, BO, CO, *et qu'on les prolonge jusqu'à ce qu'elles rencontrent les côtés du triangle en* A', B', C', *on aura*

$$AC'\times BA'\times CB'=C'B\times A'C\times B'A.$$

En effet, les surfaces des triangles de même hauteur étant proportionnelles à leurs bases, on a

$$CAC' : CBC' :: AC' : C'B,\ \text{et}\ OC'A : OC'B :: AC' : C'B;$$

donc $$CAC' : OC'A :: CBC' : OC'B.$$

On en déduit

$$CAC'-OC'A : CBC'-OC'B :: CAC' : CBC' :: AC' : C'B,\ \text{ou}$$

$$COA : COB :: AC' : C'B.$$

On prouverait de même que

$$AOB : AOC :: BA' : A'C,$$
$$BOC : BOA :: CB' : B'A.$$

Multipliant les trois dernières proportions, terme à terme, on obtient une nouvelle proportion dans laquelle les deux termes du premier rapport étant égaux, les deux termes du second rapport sont aussi égaux; ce qui conduit au principe énoncé.

8. Théorème (*fig.* 7). *Un point* O *étant pris dans l'intérieur*

d'un triangle ABC, *si l'on mène les droites* AO, BO, CO, *et qu'on les prolonge jusqu'à ce qu'elles rencontrent les côtés du triangle en* A', B', C', *on aura*

$$\frac{OA'}{AA'}+\frac{OB'}{BB'}+\frac{OC'}{CC'}=1.$$

En effet, l'égalité BOC + AOC + AOB = BAC donne

$$\frac{BOC}{BAC}+\frac{AOC}{BAC}+\frac{AOB}{BAC}=1.$$

Or, les triangles BOC, BAC, ayant même base BC, sont entre eux comme leurs hauteurs OH', AH ; et l'on a

$$\frac{OH'}{AH}=\frac{OA'}{AA'}; \text{ donc } \frac{BOC}{BAC}=\frac{OA'}{AA'}.$$

On verrait de même que

$$\frac{AOC}{BAC}=\frac{OB'}{BB'}, \text{ et } \frac{AOB}{BAC}=\frac{OC'}{CC'}.$$

Le théorème est donc démontré.

9. Théorème (*fig.* 8). *De tous les triangles formés avec un angle donné, compris entre deux côtés variables dont la somme est donnée, le plus grand en surface est celui dans lequel ces deux côtés sont égaux.*

1re Démonstration. Soit un triangle BAC, dans lequel BA = BC. Prolongez BC, d'une quantité quelconque CN ; prenez AM = CN, et tirez MN ; dans le triangle BMN, la somme des côtés qui comprennent l'angle B sera égale à la somme des côtés qui comprennent le même angle dans le triangle BAC. Il s'agit de prouver que la surface du triangle isoscèle BAC est plus grande que celle du triangle BMN. Menez MF parallèle à BC ; les droites BA, BC, étant égales, MA sera égal à MF. Mais MA = CN ; les droites MF, CN, sont donc égales et parallèles ; les triangles DMF, DNC, sont donc égaux. Le triangle DMA est donc plus grand que DNC ; et par conséquent, la surface du triangle BAC est plus grande que celle du triangle BMN.

2° DÉMONSTRATION. Les triangles ABC, MBN, ayant un angle commun B, on sait que

(1)... *surface* ABC : *surface* MBN :: BA $\times$ BC : BM $\times$ BN.

Mais,

BC=BA, CN=AM, BM=BA—AM=BC—CN, BN=BC+CN;

donc

$$BA \times BC = \overline{BC}^2, BM \times BN = (BC - CN) \times (BC + CN) = \overline{BC}^2 - \overline{CN}^2.$$

La proportion (1) devient

$$\textit{surface}\ ABC : \textit{surface}\ MBN :: \overline{BC}^2 : \overline{BC}^2 - \overline{CN}^2.$$

Or, $\overline{BC}^2 > \overline{BC}^2 - \overline{CN}^2$; donc *surface* ABC $>$ *surface* MBN.

10. THÉORÈME (*fig.* 9). *Parmi tous les triangles qui, ayant leurs sommets sur l'arc* AMB, *ont le côté commun* AB, *le triangle isoscèle est celui dans lequel les deux autres côtés forment la plus grande somme.*

Pour le démontrer, prenez le milieu M de l'arc AMB, et un point quelconque E de cet arc; tirez les droites AEx, AMy, BM, BE; prenez ED = EB et MC=MB, vous aurez MA = MC, car MA=MB. Tirez les droites BC, BD. L'angle extérieur d'un triangle étant égal à la somme des deux angles intérieurs opposés, il en résulte que

$$l'\textit{angle}\ AMB = MBC + MCB = 2MCB = 2ACB,$$
$$l'\textit{angle}\ AEB = EDB + EBD = 2EDB = 2ADB.$$

Or, l'*angle* AMB = AEB; donc l'*angle* ACB = ADB.

Par conséquent, si du point M, pris pour centre, on décrit une circonférence avec le rayon MA, comme elle passera par les points A, B, C, elle passera aussi par le sommet D de l'angle ADB, puisque cet angle est égal à ACB et s'appuie sur le même arc; AC sera donc un diamètre, et AD une corde. On aura donc

AC$>$AD, ou AM+MC$>$AE+ED, ou AM+MB$>$AE+EB.

11. THÉORÈME (*fig.* 10). *Parmi tous les triangles de même*

base AB, *et dont les sommets sont sur une même droite* GH, *le triangle dont le périmètre est un* minimum, *est celui dans lequel les deux autres côtés forment des angles égaux avec* GH.

Tirez la perpendiculaire BF à GH; prenez DE = DB, et menez la droite AE qui coupe GH en C. Par le point C et un point quelconque O de GH, conduisez les droites CB, OE, OA, OB; les côtés CA, CB, feront des angles égaux avec GH, car GH étant perpendiculaire sur le milieu D de BE, les angles ECH, BCH, ACG, sont égaux. Il suffit donc de prouver que CA + CB est moindre que OA + OB; et cela est évident, car on a

$$OE = OB, CA + CE < OA + OE, \text{ ou } CA + CB < OA + OB.$$

Remarque. Si la droite GH était parallèle à la base AB, on aurait CA = CB. Par conséquent,

De tous les triangles de même base et de même hauteur, le triangle dont le périmètre est le plus petit possible, est celui dans lequel les deux autres côtés sont égaux.

12. Théorème (*fig.* 10). *De tous les triangles de même base et de même périmètre, le triangle qui a la plus grande surface est celui dans lequel les deux côtés variables sont égaux.*

En effet, soient

$$OA = OB, \; CA > CB, \text{ et } CA + CB = OA + OB = 2OA.$$

Il s'agit de faire voir que la surface du triangle isoscèle OAB est plus grande que celle du triangle scalène CAB de même périmètre. Menant OP perpendiculaire sur AB, et Cn parallèle à BA, il faut prouver que PO est plus grand que Pn. Cela est évident, car Cn étant parallèle à BA, il résulte de la remarque du n° 11, que

$$CA + CB > nA + nB, \text{ ou } 2OA > 2nA; \text{ donc } PO > Pn.$$

13. Théorème (*fig.* 10). *Parmi tous les triangles de même périmètre, le triangle équilatéral est celui dont la surface est la plus grande.*

Soit OAB le triangle *maximum*. Si deux côtés OA, OB étaient inégaux, il existerait un triangle de même base AB, dont les deux autres côtés seraient égaux entre eux et formeraient la même somme que OA+OB; la surface de ce dernier triangle serait plus grande que OAB (nº 12); ce qui est contre l'hypothèse. Deux côtés quelconques OA, OB, sont donc égaux.

Le *triangle maximum* est donc équilatéral.

14. Théorème (*fig.* 11). *Lorsque deux circonférences* ABDF, ABGE, *se coupent en* A *et* B, *il en résulte les propriétés suivantes :* 1°. *la droite* CC′, *menée par les centres* C, C′, *est perpendiculaire sur le milieu* m *de* AB*;* 2°. *la droite* DE, *qui joint les extrémités* D, E, *des diamètres* AD, AE, *est perpendiculaire sur* AB *;* 3°. DE *passe par le point* B*;* 4°. DE *est la plus grande des droites menées par le point* B, *et terminées aux circonférences données.*

1°. On a CA=CB, C′A = C′B; la droite CC′ est donc perpendiculaire sur le milieu m de la corde AB.

2°. La proportion évidente AC : CD :: AC′ : C′E, exprime que CC′ est parallèle à DE; mais CC′ est perpendiculaire sur AB; DE est donc perpendiculaire à AB.

3°. Cherchons par quel point de AB passe DE. Soit K ce point; la droite DKE, parallèle à CC′, donne AC:CD::Am:mK. Mais, AC = CD; donc Am=mK. Or, Am = mB; donc mK=mB. Le point cherché K tombe donc en B.

4°. Si par le point B on mène une droite quelconque FG, cette droite sera toujours plus petite que DE; car, en joignant AF et AG, les angles AFB, ADB, seront égaux, comme ayant chacun pour mesure la moitié de l'arc AnB. Par une raison semblable, l'angle AGB=AEB. Les triangles AFG, ADE, sont donc semblables, ce qui donne AF : AD :: FG : DE.

Mais, la corde AF est plus courte que le diamètre AD; FG est donc plus petit que DE.

15. Théorème(*fig.* 12). *Selon que deux cercles se touchent extérieurement ou intérieurement, la distance* OO′ *des centres* O, O′, *est égale à la somme ou à la différence des rayons.*

Cela se réduit à faire voir que le point de tangence est sur la droite qui joint les centres; or, s'il se trouvait hors de cette droite, en B par exemple, en abaissant la perpendiculaire BC sur OO′, et prolongeant BC d'une quantité CB′ = BC, le point B′ appartiendrait aussi aux deux circonférences. Par conséquent, les deux cercles se couperaient; ce qui est contre l'hypothèse.

16. Théorème. (*fig.* 13). *Lorsque deux cercles se coupent, la distance* OO′ *des centres est plus petite que la somme des rayons* OA, O′A, *et plus grande que leur différence.*

En effet, soit A un des points d'intersection; en menant les rayons OA, O′A, le triangle OAO′ donnera

$$OO' < OA + O'A, \quad OA < OO' + O'A; \quad \text{d'où} \quad OO' > OA - O'A.$$

17. Théorème (*fig.* 14 *et* 15). *Lorsque deux cercles ne se rencontrent pas, la distance des centres est plus grande que la somme des rayons, ou plus petite que leur différence.*

Cela est évident à l'inspection des figures; la première relation a lieu lorsque les deux cercles sont extérieurs (*fig.* 14), et la seconde lorsqu'ils sont l'un dans l'autre (*fig.* 15).

18. Théorème (*fig.* 16). *Lorsque deux circonférences* CS, OA *se coupent en deux points* A, B, *si la seconde passe par le centre* C *de la première, et si par le point* A *on mène une sécante* AM *commune aux deux cercles, qui rencontre la circonférence* OA, *en* D, *la corde* DB *sera égale à* DM.

Conduisez le diamètre ACS et les cordes AB, BM, BS, CB. L'angle extérieur d'un triangle étant égal à la somme des deux angles intérieurs opposés, et les angles qui ont leur sommet sur la circonférence étant égaux lorsqu'ils s'appuient sur le même arc, vous aurez

$$CS = CB, \quad CBS = CSB, \quad ASB = AMB, \quad ACB = ADB,$$
$$ACB = CBS + CSB = 2CSB = 2ASB = 2AMB,$$
$$ADB = DMB + DBM = AMB + DBM.$$

Mais, $ACB = ADB$; donc $2AMB = AMB + DBM$.

Vous en déduirez, $AMB = DBM$, ou $DMB = DBM$.

Les angles DMB, DBM, étant égaux, les côtés DB, DM sont égaux. Ce qui démontre le principe énoncé.

19. THÉORÈME (*fig.* 17). *Si deux cercles se touchent extérieurement ou intérieurement en un point* M, *et que par ce point on mène deux sécantes quelconques* AB, CD, *on aura*

$$(1)\ldots\ MA : MB :: MC : MD, \quad \text{ou} \quad (2)\ldots\ MA : MB' :: MC : MD'.$$

Pour le démontrer : menez la droite EF par les centres O, O′, O″, des cercles donnés ; cette droite passera par le point M de contact (n° 15). Tirez AE, CE, DF, BF, D′F′, B′F′; les triangles rectangles MAE, MBF, MB′F′, seront semblables, ainsi que les triangles MCE, MDF, MD′F′; ce qui donnera

$$MA : MB : MB' :: ME : MF : MF' :: MC : MD : MD'.$$

Cette suite de rapports égaux conduit aux proportions (1) et (2).

REMARQUE. Les proportions (1) et (2) donnent

$$MA+MB : MA :: MC+MD : MC, \quad \text{ou } (3)\ldots AB : AM :: CD : CM ;$$
$$B'M : MA-B'M :: D'M : MC-MD', \text{ou } (4)\ldots B'M : B'A :: D'M : D'C.$$

20. THÉORÈME (*fig.* 17). *Lorsque deux cercles* OM, O′M, *se touchent extérieurement en* M; *si par deux points* A, C, *pris sur une des circonférences, on mène des tangentes* AT, CT′, *à l'autre circonférence, et si l'on tire les cordes* AM, CM, *on aura*

$$(5)\ldots\ AT : CT' :: AM : CM.$$

En effet, la proportion (3) du n° 19 donne

$$AB \times CM = AM \times CD.$$

D'ailleurs, $\overline{AT}^2 = AM \times AB$, $CD \times CM = \overline{CT'}^2$.

Égalant le produit des trois premiers membres de ces équations, au produit des seconds membres, on trouvera

$$\overline{CM}^2 \times \overline{AT}^2 = \overline{AM}^2 \times \overline{CT'}^2; \quad \text{d'où} \quad CM \times AT = AM \times CT'.$$

Ce qui démontre l'exactitude de la proportion (5).

21. THÉORÈME (*fig.* 18). *Le quarré du côté du pentagone régulier inscrit dans le cercle, égale le quarré du rayon, plus le quarré du côté du décagone régulier inscrit dans le même cercle.*

Soient, AB le côté du pentagone, et AD celui du décagone; en prenant l'angle droit pour l'unité d'angle, on aura

$$\textit{angle}\ \mathrm{AOB} = \tfrac{4}{5},\ \mathrm{OAB} = \mathrm{OBA} = \tfrac{3}{5},\ \mathrm{AOD} = \tfrac{2}{5} = \tfrac{1}{2}\,\mathrm{AOB}.$$

Si l'on divise l'angle AOD en deux parties égales par la droite OC, et qu'on mène les droites CD, BD, on aura CA = CD; les triangles isoscèles ACD, ADB, ayant l'angle commun A, seront semblables et donneront

$$\mathrm{AC} : \mathrm{AD} :: \mathrm{AD} : \mathrm{AB};\ \text{d'où (1)}\ldots\ \overline{\mathrm{AD}}^2 = \mathrm{AB} \times \mathrm{AC}.$$

Le triangle OBC est isoscèle, car

$$\textit{angle}\ \mathrm{BOC} = \mathrm{AOB} - \mathrm{AOC} = \tfrac{4}{5} - \tfrac{1}{5} = \tfrac{3}{5} = \textit{angle}\ \mathrm{OBA}.$$

Les triangles isoscèles AOB, BOC, ayant l'angle commun B, sont semblables et donnent la proportion

$$\mathrm{BC} : \mathrm{BO} :: \mathrm{BO} : \mathrm{AB},\ \text{d'où (2)}\ldots\ \overline{\mathrm{BO}}^2 = \mathrm{AB} \times \mathrm{BC}.$$

Ajoutant les équations (1) et (2) membre à membre, il vient

$\overline{\mathrm{AD}}^2 + \overline{\mathrm{BO}}^2 = \mathrm{AB}\,(\mathrm{AC} + \mathrm{BC}) = \overline{\mathrm{AB}}^2$. Ce qu'il fallait démontrer.

22. Théorème. (*fig.* 19). *Lorsque d'un point quelconque, situé dans l'angle formé par deux côtés contigus d'un parallélogramme, on tire des perpendiculaires sur la diagonale et sur les côtés contigus, le produit de la diagonale par la perpendiculaire menée sur sa direction, est égal à la différence des produits des deux côtés du parallélogramme, par les perpendiculaires menées sur ces côtés. Si le point était hors de l'angle formé par les deux côtés du parallélogramme, le premier produit serait égal à la somme des deux autres.*

Par les points M, *m*, menez des perpendiculaires MH, ME, MG, *mh*, *me*, *mg*, sur la diagonale et sur les côtés du parallélogramme ABDC, et tirez les droites MA, MB, MD, *m*A, *m*B, *m*D; vous aurez

$$\textit{triangle}\ \mathrm{MAD} = \mathrm{ABD} + \mathrm{MBD} - \mathrm{MAB},$$
$$\textit{triangle}\ m\mathrm{AD} = \mathrm{ABD} + m\mathrm{BD} + m\mathrm{AB}.$$

Évaluant les surfaces de ces triangles, et doublant les deux membres de chaque égalité, il viendra

$$AD \times MH = BD \times GT + BD \times MT - AB \times ME$$
$$= BD \times MG - AB \times ME = AC \times MG - AB \times ME,$$
$$AD \times mh = BD \times gt + BD \times mt + AB \times me$$
$$= BD \times mg + AB \times me = AC \times mg + AB \times me.$$

Ce qui démontre le principe énoncé.

23. THÉORÈME (*fig.* 20). *La somme des quarrés des quatre côtés d'un parallélogramme* ABCD, *est égale à la somme des quarrés des deux diagonales.*

En effet, les diagonales AC, BD, se coupant mutuellement en deux parties égales, les triangles ADC, ABC, donnent (n° 1)

$$\overline{DA}^2 + \overline{DC}^2 = 2\overline{DO}^2 + 2\overline{AO}^2, \quad \overline{BA}^2 + \overline{BC}^2 = 2\overline{BO}^2 + 2\overline{AO}^2.$$

Ajoutant ces équations membre à membre, et observant que

$$2\overline{DO}^2 + 2\overline{BO}^2 = 4\overline{BO}^2 = (2BO)^2 = \overline{BD}^2, \quad 4\overline{AO}^2 = \overline{AC}^2,$$

on aura $\overline{DA}^2 + \overline{DC}^2 + \overline{BA}^2 + \overline{BC}^2 = \overline{BD}^2 + \overline{AC}^2.$

24. THÉORÈME (*fig.* 21). *Si l'on divise proportionnellement les côtés opposés d'un quadrilatère* ABCD, *de sorte qu'on ait*

(1)... $DG : GC :: AH : HB, \quad AE : ED :: BF : FC,$

les droites GH, EF, *se couperont en un point* O, *et l'on aura*

(2)... $EO : OF :: AH : HB, \quad HO : OG :: BF : FC.$

Par les points E, D, C, F, menez les parallèles Ea, Db, Cc, Fd à GH. Les droites Db, Cc, étant parallèles, vous aurez

$$bH : Hc :: DG : GC :: AH : HB,$$

d'où $AH - bH : HB - Hc :: AH : HB,$

c'est-à-dire (3)... $Ab : Bc :: AH : HB.$

Les triangles semblables AEa, ADb, et BFd, BCc, donnent

$$Aa : ab :: AE : ED, \text{ et } Bd : dc :: BF : FC;$$

et puisqu'en vertu de (1), les seconds rapports de ces deux proportions sont égaux, on a $Aa : ab :: Bd : dc$; d'où

$$Aa + ab : Bd + dc :: Aa : Bd;$$

ce qui revient à $Ab : Bc :: Aa : Bd$,

et à cause de (3), on a $AH : HB :: Aa : Bd$;

cette dernière proportion donne

$$AH - Aa : HB - Bd :: AH : HB,$$

c'est-à-dire $aH : Hd :: AH : HB$.

Mais à cause des parallèles Ea, GH, Fd, on a aussi

$$aH : Hd :: EO : OF.$$

Donc enfin, $EO : OF :: AH : HB$.

On démontrerait de même que $HO : OG :: BF : FC$.

Corollaire (*fig.* 22). Les proportions (1) et (2) démontrent que si les points H, F, G, E, sont les milieux des côtés du quadrilatère ABCD, le point O sera le milieu des droites GH, EF.

Il est d'ailleurs facile de s'en assurer directement; car, menez EG, GF, FH, HE, AC, DB; les droites EG, HF, parallèles à AC, seront parallèles entre elles, ainsi que les droites EH, GF, toutes deux parallèles à DB; donc la figure EGFH sera un parallélogramme; et par conséquent les diagonales GH, EF, se couperont mutuellement en deux parties égales.

25. Théorème (*fig.* 22). *Dans tout quadrilatère, la droite qui joint les milieux des deux diagonales, et les deux droites qui joignent les milieux des côtés opposés, se coupent en un même point qui est le milieu de ces trois lignes.*

Soit ABCD un quadrilatère. Par les milieux I, K, des diagonales AC, BD, menez la droite IK, et tirez une droite par les milieux E, F, des côtés opposés AD, BC; les deux droites EF, IK, se couperont en deux parties égales. En effet, tirez les droites EI, IF, FK, EK; la figure EIFK sera un parallélogramme, car les côtés EI, KF, parallèles à DC, sont parallèles entre eux, ainsi que les côtés IF, EK, tous deux parallèles à AB. Le point O est donc le milieu des droites EF, IK; or nous avons vu (nº 24, *Corol.*) que les droites EF, GH, se coupent mutuellement en deux parties égales; les droites IK, GH, passent donc par le milieu de EF; ce qui démontre le principe énoncé.

26. THÉORÈME (*fig.* 22). *Dans tout quadrilatère, la somme des quarrés des deux diagonales est double de la somme des quarrés des deux droites qui joignent les milieux des côtés opposés.*

Soient, H, F, G, E, les milieux des côtés du quadrilatère ABCD ; joignez ces points par des droites ; la figure HFGE sera un parallélogramme, et l'on aura AC = 2GE, BD = 2GF.

Mais le théorème du n° 23 donne

$$4\overline{GE}^2+4\overline{GF}^2=2(\overline{GH}^2+\overline{EF}^2).$$

D'ailleurs, $4\overline{GE}^2+4\overline{GF}^2=(2GE)^2+(2GF)^2=\overline{AC}^2+\overline{BD}^2.$

Donc, $\overline{AC}^2+\overline{BD}^2=2(\overline{GH}^2+\overline{EF}^2).$

27. THÉORÈME (*fig.* 23). *Lorsqu'un quadrilatère est inscrit dans un cercle, le rectangle des deux diagonales est égal à la somme des deux rectangles des côtés opposés.*

Soit ABCD le quadrilatère inscrit ; tirez les diagonales AC, BD ; menez la droite CG, sous l'angle DCG = BCA ; les angles, DCA, BCG, seront égaux ; d'ailleurs l'angle CAD = CBD ; les triangles ACD, BCG, sont donc équiangles et semblables. On a donc

BC : BG :: AC : AD, d'où (1)... $AC \times BG = AD \times BC$.

Les triangles GCD, BCA, étant équiangles, et par conséquent semblables, on a

CD : GD :: AC : AB ; d'où (2)... $AC \times GD = AB \times CD$.

Ajoutant les équations (1) et (2) membre à membre, il vient

$$AC \times BD = AD \times BC + AB \times CD.$$

Ce qui démontre le principe énoncé.

28. THÉORÈME (*fig.* 24). *Tout quadrilatère dans lequel la somme de deux côtés opposés est égale à la somme des deux autres côtés, est circonscriptible au cercle.*

Soit ABCD le quadrilatère donné, et supposons qu'on ait

$$CD + AB = BC + AD.$$

On peut toujours décrire un cercle tangent aux trois côtés AB, AD, BC ; à cet effet, il suffit de diviser les angles A, B, en deux parties égales par les droites AO, BO ; le point O d'intersection de ces deux droites est le centre du cercle demandé, car les perpendiculaires OE, OH, OF, sont évidemment égales.

La question se réduit donc à démontrer que la perpendiculaire OG au quatrième côté CD, est égale à OH.

On a, par hypothèse, $CD + AB = BC + AD$,
et il résulte de la construction que $AE = AH$, $BE = BF$.

On en déduit

$$CD + AB - AE = BC + AD - AH,\quad CD + BE = BC + DH,$$
$$CD = DH + BC - BE = DH + BC - BF = DH + CF.$$

Or, $CD = DG + GC$; donc (1)... $DH + CF = DG + GC$.

Dans les triangles rectangles OHD, OFC, les côtés OH, OF, étant égaux, on a

$$\overline{OD}^2 - \overline{DH}^2 = \overline{OC}^2 - \overline{CF}^2;\ \text{d'où}\ \overline{OD}^2 - \overline{OC}^2 = \overline{DH}^2 - \overline{CF}^2.$$

Les triangles rectangles OGD, OGC, ayant le côté OG commun, donnent $\overline{OD}^2 - \overline{OC}^2 = \overline{DG}^2 - \overline{GC}^2$.

Donc $\overline{DH}^2 - \overline{CF}^2 = \overline{DG}^2 - \overline{GC}^2$, ou

$$(DH + CF)\,(DH - CF) = (DG + GC)\,(DG - GC).$$

Or, (1)... $DH + CF = DG + GC$;

donc (2)... $DH - CF = DG - GC$.

Ajoutant les équations (1) et (2), il vient $DH = DG$.

Les triangles rectangles DOH, DOG, sont donc égaux; on a donc $OG = OH$. Ce qui démontre le théorème énoncé.

La réciproque est vraie.

29. Théorème. (*fig.* 25, 1°). *Soit* ABCD *un quadrilatère; si l'on décrit quatre cercles, de manière que chacun d'eux soit tangent intérieurement à trois côtés du quadrilatère, les centres de ces quatre cercles seront sur une même circonférence.*

En effet, tirez des droites AF, BF, CH, DH, (*fig.* 25, 1°), qui divisent les angles A, B, C, D, en deux parties égales, elles se couperont respectivement en quatre points F, G, H, E, qui seront les centres des quatre cercles tangens intérieurement à trois côtés du quadrilatère.

Il s'agit de prouver que ces quatre points sont sur une même circonférence. Cela revient à démontrer que le quadrilatère EFGH est incriptible dans un cercle; c'est-à-dire que la somme de deux de ses angles intérieurs opposés est égale à deux angles droits. Or, on a (*fig.* 25, 1°),

$$A + B + C + D = 400^\circ,$$
$$\textit{angle}\ AED = 200^\circ - \tfrac{1}{2}A - \tfrac{1}{2}D = HEF,$$
$$\textit{angle}\ BGC = 200^\circ - \tfrac{1}{2}B - \tfrac{1}{2}C = HGF.$$

Donc, $HEF + HGF = 400^\circ - \frac{1}{2}(A + B + C + D) = 200^\circ$.

Ce qui démontre la propriété énoncée.

Remarque (*fig.* 25, 2°). *Si l'on prolonge indéfiniment les quatre côtés d'un quadrilatère* ABCD, *et si l'on décrit quatre cercles de manière que chacun d'eux soit tangent extérieurement à l'un des côtés du quadrilatère et aux prolongemens de deux autres côtés, les centres* E, F, G, H, *de ces quatre cercles seront pareillement sur une circonférence.* Pour démontrer cette propriété, il suffit de remplacer les angles intérieurs A, B, C, D, du quadrilatère ABCD, par leurs supplémens.

PROBLÈMES DE GÉOMÉTRIE.

§ II. *Construction de Lignes proportionnelles et de Rectangles.*

30. Problème (*fig.* 26). *Construire une quatrième proportionnelle géométrique à trois lignes données,* α, β, γ.

Sur deux droites indéfinies, ME, MF, qui font entre elles un angle quelconque, prenez des parties $MA = \alpha$, $MB = \beta$, $MC = \gamma$; tirez AB, et conduisez une parallèle CD à AB. La longueur MD sera la ligne cherchée, car les triangles semblables MAB, MCD, donnent, $MA : MB :: MC : MD$, ou $\alpha : \beta :: \gamma : MD$.

Remarque. Lorsqu'on veut *trouver deux lignes proportionnelles à deux lignes données,* α, β, on prend arbitrairement la longueur γ; la construction précédente détermine la valeur correspondante de MD; γ et MD sont les lignes demandées.

31. Problème (*fig.* 27). *Construire une moyenne proportionnelle géométrique entre deux lignes données, α, β.*

Tirez une droite CD; prenez des parties PA $= \alpha$, PB $= \beta$; sur AB comme diamètre décrivez une demi-circonférence, et menez une perpendiculaire PN à CD. La partie PE de cette perpendiculaire comprise dans le demi-cercle, sera la ligne demandée; car en tirant les cordes AE, BE, les triangles rectangles semblables, APE, EPB, donnent

$$PA : PE :: PE : PB, \text{ ou } \alpha : PE :: PE : \beta.$$

32. Problème (*fig.* 28). *Connaissant la différence δ de la diagonale au côté d'un quarré, construire ce quarré.*

Faites un quarré quelconque ABCD; menez la diagonale AC; prenez AF $= \delta$, CE $=$ CD; tirez ED, et menez FG parallèle à ED. Je dis que AG sera le côté du quarré demandé; en effet, sur AG, comme côté, construisez le quarré AGHM; les triangles semblables CDE, HGF, donneront CD : CE :: HG : HF.

Mais, CE $=$ CD; donc HF $=$ HG.

On en déduit, AH $-$ HG $=$ AH $-$ HF $=$ AF $= \delta$.

Le quarré AGHM jouit donc de la propriété demandée.

33. Problème (*fig.* 29). *Construire un quarré qui soit équivalent à n fois un quarré donné α^2.*

Le côté inconnu x du quarré demandé pouvant être considéré comme une moyenne géométrique entre α et $n\alpha$, on prendra sur une droite indéfinie MN, deux parties PA$=\alpha$, PC$=n\alpha$; sur AC comme diamètre, on décrira une demi-circonférence, et l'on tirera une perpendiculaire PG à MN; la droite PF sera le côté du quarré cherché, car le triangle rectangle AFC donne

$$\overline{PF}^2 = PA \times PC = \alpha \times n\alpha = n\alpha^2.$$

34. Problème (*fig.* 30). *Construire un rectangle dont la surface soit équivalente à un quarré donné c^2, et tel, que la somme ou la différence de deux côtés adjacens soit égale à une ligne connue $2l$.*

Prenez $AC = 2l$; sur AC comme diamètre, décrivez une circonférence; menez CD perpendiculaire à CA, et prenez $CT = c$. Cela posé :

1°. Si la *somme* des côtés adjacens du rectangle doit être égale à $2l$, tirez TF parallèle à CA, et FP perpendiculaire à CA. Je dis que AP et CP seront les côtés du rectangle demandé; car

$$AP + CP = AC = 2l, \text{ et l'on a } AP \times CP = \overline{FP}^2 = \overline{CT}^2 = c^2.$$

Remarque. Pour que cette construction réussisse, et que par conséquent le problème soit possible, il faut et il suffit que la droite TF rencontre la circonférence décrite avec le rayon $OA = OC = l$; ce qui exige que CT ou c, ne soit pas plus grand que $\frac{1}{2}$ AC ou que l. Il faut donc que $c = l$, ou que $c < l$.

Quand on ne donne que le périmètre $4l$ du rectangle, sa surface c^2 peut varier; mais la plus grande valeur de cette surface, ou son *maximum*, est l^2, c'est-à-dire le quarré construit sur le quart du périmètre.

Il en résulte que *le plus grand de tous les rectangles de même périmètre est le quarré.*

On peut le démontrer directement; car le périmètre étant $4l$, si l'un des côtés du rectangle est $l + x$, le côté adjacent sera $l - x$; la surface de ce rectangle sera $(l + x) \times (l - x)$ ou $l^2 - x^2$, et le *maximum* de cette surface a lieu quand $x = 0$, c'est-à-dire quand les côtés du rectangle sont égaux.

Lorsqu'on ne donne que la surface c^2 du rectangle, le périmètre $4l$ de ce rectangle est *variable;* mais le *minimum* de $4l$ est $4c$, et le rectangle devient un quarré.

Ainsi, *de tous les rectangles de même surface, celui qui a le plus petit périmètre est le quarré.*

2°. Si la *différence* des côtés adjacens du rectangle doit être $2l$, tirez la droite TOB. Je dis que TB et TK seront les côtés adjacens du rectangle cherché; car $TB - TK = BK = 2l$, et TC étant une tangente au cercle OC, on sait que

$$TB : TC :: TC : TK; \text{ d'où } TB \times TK = \overline{TC}^2 = c^2.$$

Ce problème est toujours possible.

35. PROBLÈME (*fig.* 31). *Trois droites* MN, PQ, RS, *se coupant deux à deux en* A, B, C, *construire un quarré qui ait deux sommets sur* MN, *et dont les deux autres sommets soient respectivement sur* PQ *et* RS.

Construisez sur BC le quarré BCKD; tirez la droite AD qui coupera BC en E; menez EF perpendiculaire sur BC. Je dis que EF sera le côté du quarré cherché; c'est-à-dire que si l'on mène FG perpendiculaire à EF, on aura FG = EF. En effet, les perpendiculaires FG, BC, à EF, sont parallèles, et les perpendiculaires EF, DB, à BC, sont aussi parallèles; donc

FG : BC :: AF : AB :: EF : DB. Or, BC = DB; donc FG = EF.

Si l'on construit sur BC un autre quarré BCK'D'; et si l'on tire par les points D', A, une droite qui rencontre MN en E', la perpendiculaire E'F' à MN sera le côté d'un deuxième quarré E'F'G'H' qui satisfera à la question. On le démontrerait par des raisonnemens analogues aux précédens.

§ III. *Constructions de droites assujéties à des conditions données.*

36. PROBLÈME. *Mener une tangente commune à deux cercles.*

Soit T*t* la tangente demandée qui touche les cercles CD, *cd*, (*fig.* 32) aux points T, *t*, et dont le prolongement rencontre en B la droite MN menée par les centres, C, *c*. Si le point B était connu, la question serait ramenée à conduire par ce point une tangente à l'un des cercles, cette droite serait tangente à l'autre cercle. Il suffit donc de déterminer la distance CB. Pour y parvenir, on tire une parallèle *cp* à BT; les rayons CT, *ct*, étant perpendiculaires à la tangente BT, sont parallèles, et les triangles semblables C*pc*, CTB, donnent

C*p* : CT :: C*c* : CB, ou (1)... CT — *ct* : CT :: C*c* : CB.

Or, on connaît les rayons CT, *ct*, et la distance C*c* des centres; la proportion (1) déterminera donc CB, (n° 30).

Menant par le point B deux tangentes BT, BT', à l'un des cercles, elles seront tangentes à l'autre cercle.

REMARQUE. La proportion qui donne CB, exprime seulement que les rayons CT, ct, sont parallèles. Par conséquent, si l'on tire une droite par les extrémités D, d, de deux rayons parallèles quelconques CD, cd, situés d'un même côté de MN, cette droite rencontrera MN au même point que la tangente commune aux deux cercles (*). Ce qui fournit un moyen très simple de construire le point B.

Il est facile de voir qu'on peut encore mener deux autres tangentes communes TB't, T'B't', (*fig.* 33), aux cercles donnés. Pour trouver le point B' où la tangente Tt coupe la droite Cc qui joint les centres C, c, on tirera la droite CTA, et l'on conduira une parallèle cE à tT ; les triangles semblables Cpc, CTB' donneront

$$Cp : CT :: Cc : CB', \text{ ou } CT + ct : CT :: Cc : CB'.$$

Cette dernière proportion déterminera l'inconnue CB'.

On verra, par des raisonnemens analogues à ceux de la remarque précédente, que pour construire le point B', il suffit de tirer une droite Dd, par les extrémités D,d, de deux rayons parallèles quelconques CD, cd, situés de part et d'autre de MN; cette droite rencontrera MN au point B' cherché; et en tirant par ce point deux tangentes Tt, T't', à l'un des cercles, elles seront tangentes à l'autre cercle.

Cela posé : lorsque les cercles sont extérieurs l'un à l'autre et n'ont aucun point commun, les constructions précédentes déterminent les quatre tangentes communes que l'on peut mener à ces deux cercles.

Si l'on conçoit ensuite que les cercles se meuvent de manière que leurs centres, c, C, se rapprochent, les cercles deviendront tangens extérieurement, et les deux tangentes TB't, T'B't', se réuniront en une seule; ensuite, les cercles se cou-

---

(*) On peut d'ailleurs s'en assurer, car en tirant la parallèle cq à BD, les triangles semblables Cqc, CDB, donnent

$$Cq : CD :: Cc : CB, \text{ ou } (2) \ldots \; CD - cd : CD :: Cc : CB,$$

et les proportions (1), (2), fournissent évidemment la même valeur de CB.

pant, il n'existera plus que deux tangentes communes; les centres continuant à se rapprocher, les cercles deviendront tangens intérieurement, et les deux tangentes précédentes se confondront; enfin, quand les cercles seront l'un dans l'autre, ils n'auront plus de tangente commune.

37. Problème (*fig.* 34). *Sur une droite* MN, *mener une perpendiculaire* SS' *telle, que la différence des quarrés des distances de l'un de ses points aux extrémités* M *et* N, *soit égale à un quarré connu* δ^2.

Soit P le point de SS' qui jouit de la propriété demandée; si l'on tire les droites PM, PN, et si l'on suppose PM $>$ PN, on devra avoir, $\overline{PM}^2-\overline{PN}^2=\delta^2$.

$$\text{Or,}\quad \overline{PM}^2=\overline{MQ}^2+\overline{PQ}^2,\quad \overline{PN}^2=\overline{NQ}^2+\overline{PQ}^2;$$

$$\text{on en déduit,}\quad \overline{PM}^2-\overline{PN}^2=\overline{QM}^2-\overline{QN}^2.$$

Cette dernière égalité ne contenant pas la distance PQ du point P à la droite MN, il en résulte que si l'on détermine le *pied* Q de la perpendiculaire SS' à MN, de manière que $\overline{MQ}^2-\overline{NQ}^2=\delta^2$, tous les points de cette perpendiculaire jouiront de la propriété demandée.

La question est donc réduite à *déterminer sur la droite donnée* MN, *un point* Q *tel que l'on ait*

$$(1)\ldots\quad \overline{MQ}^2-\overline{NQ}^2=\delta^2.$$

Or, $\overline{MQ}^2-\overline{NQ}^2=(MQ+NQ)\,(MQ-NQ)=MN\times(MQ-NQ)$.

D'ailleurs, en prenant le milieu F de MN, on a

$$MQ=MF+FQ,\quad NQ=NF-FQ=MF-FQ;\ \text{d'où}$$
$$MQ-NQ=2FQ.$$

La relation (1) se réduit donc à

$$MN\times 2FQ=\delta^2;\ \text{d'où}\ 2MN:\delta::\delta:FQ.$$

La distance inconnue FQ est donc une troisième proportionnelle géométrique aux deux lignes connues 2MN, δ.

Suivant que la valeur $\frac{\delta^2}{2MN}$ de FQ est inférieure, égale ou supérieure à $\frac{1}{2}$ MN, on en déduit $\delta < MN$, ou $\delta = MN$, ou $\delta > MN$.

Réciproquement, selon qu'on a $\delta < MN$, ou $\delta = MN$, ou $\delta > MN$, on peut en conclure que la valeur de FQ est inférieure, égale ou supérieure à $\frac{1}{2}$ MN ; de sorte que le point cherché Q tombe entre F et N, ou en N, ou sur le prolongement NH de MN.

On peut encore construire la perpendiculaire demandée, de cette autre manière : prenez $MA = \delta$; menez AD perpendiculaire à MN, et portez sur AD une partie AC telle que les arcs décrits des points M, N, comme centres avec les rayons MC, CA, se coupent en un point P; la perpendiculaire PQ à MN, jouira de la propriété demandée; car, d'après la construction, on a

$$MP = MC,\ NP = CA,\ \overline{PM}^2 - \overline{PN}^2 = \overline{CM}^2 - \overline{CA}^2 = \overline{MA}^2 = \delta^2.$$

38. PROBLÈME (*fig.* 35). *Connaissant deux points* A, B, *et une droite* GH, *tirer deux droites* AC, BC, *qui se coupent sur* GH, *de manière que l'angle* ACG = BCH.

Menez BF perpendiculaire sur GH; prenez DE = DB; tirez AE; le point C, où AE coupe GH, jouit de la propriété demandée. En effet, si l'on mène BC, les triangles rectangles CDB, CDE, seront égaux ; les angles BCH, ECH, seront donc égaux. Mais, l'angle ECH = ACG; donc l'angle ACG = BCH.

39. PROBLÈME (*fig.* 35). *Étant donnés deux points* B, N, *dans un angle connu* HMT, *mener par ces points des lignes* BC, NQ, *telles, qu'en tirant la droite* CQ, *les angles* BCH, QCM, *soient égaux entre eux, ainsi que les angles* CQM, NQT.

Menez BF et NK respectivement perpendiculaires sur HM et MT ; prenez DE = DB, RP = RN; la droite EP coupera les côtés de l'angle donné en C et Q. Les lignes BC, CQ, NQ, satisferont aux conditions du problème; en effet, les triangles rectangles BDC, EDC, sont égaux ; donc l'angle BCH = ECH = QCM. On prouverait de même que les angles CQM, NQT, sont égaux.

Remarque. Les deux questions précédentes servent de fondement à la *théorie du jeu de billard.* En effet, on a reconnu par l'expérience qu'une *bille* qui vient frapper une *bande* de billard sous un certain angle, s'en éloigne ensuite sous le même angle; une bille qui, partant du point B (*fig.* 35), frapperait la *bande* MH en C, rencontrerait donc une bille placée en A ; car elle suivrait la route BCA, pour laquelle l'angle BCH d'*incidence* est égal à l'angle MCQ de *réflexion.*

On verra de même qu'en regardant MH et MT comme les bandes d'un billard, une bille qui, partant du point B, frapperait la bande MH en C, suivrait la route BCAQN ; elle rencontrerait donc une bille placée en N.

40. **Problème** (*fig.* 36). *Par un point* M, *donné hors de l'angle connu* BAC, *mener une droite* MN, *de manière que les parties* MN, MP, *soient entre elles dans le rapport de deux lignes données, m, n.*

Tirez la droite AM, et prenez sur cette droite un point D tel, que vous ayez, $m : n :: MA : MD$. Menez DP parallèle à AB; la droite MPN jouira de la propriété demandée. En effet, DP étant parallèle à AB, on a $MN : MP :: MA : MD$.

Mais, $MA : MD :: m : n$; donc, $MN : MP :: m : n$.

41. **Problème** (*fig.* 37). *Par un point* M, *pris hors de l'angle* BAC, *mener une droite* MN *telle, que le rectangle* $MN \times MP$ *des parties* MN, MP, *soit équivalent au quarré donné* δ^2.

Tirez MS perpendiculaire à AC, et prenez sur MS une partie MQ telle, que vous ayez

$$MR : \delta :: \delta : MQ;\ \text{d'où}\ MR \times MQ = \delta^2.$$

Sur MQ comme diamètre, décrivez une circonférence qui coupera AB en N et N'; les droites MN, MN', résoudront également la question ; car en tirant la corde NQ, les triangles rectangles MRP, MNQ, étant semblables, on a

$$MR : MN :: MP : MQ;\ \text{d'où}\ MN \times MP = MR \times MQ = \delta^2;$$

et l'on prouverait de même que $MN' \times MP' = \delta^2$.

Lorsque la circonférence décrite sur MQ comme diamètre, coupe AB en deux points N, N', le problème admet deux solutions; quand cette circonférence n'a qu'un point commun avec AB, il n'y a qu'une solution; enfin, lorsque la circonférence ne rencontre pas AB, le problème est impossible.

42. Problème (*fig.* 38). *Dans un angle connu* HBK, *inscrire une droite* PQ *égale à une ligne donnée* α, *de manière que l'angle* PQB *soit égal à un angle donné* δ.

Par un point quelconque C de BK, menez une droite CD sous l'angle BCD $= \delta$; prenez CS $= \alpha$, et tirez SP parallèle à CB; la parallèle PQ à DC, sera la ligne demandée, car

$$\text{l'angle PQB} = \text{DCB} = \delta, \quad \text{et PQ} = \text{SC} = \alpha.$$

Cette construction donne le moyen d'*inscrire dans un angle donné une perpendiculaire à un des côtés de l'angle, qui soit égale à une ligne donnée*, car il suffit de supposer que δ est un angle droit.

43. Problème (*fig.* 39). *Par un point* M, *pris sur la droite* AR *qui divise l'angle* BAC *en deux parties égales, mener une droite de manière que la partie de cette droite comprise dans l'angle donné* BAC *soit la plus petite possible.*

La perpendiculaire $S'x'$ à AR, menée par le point M, jouit de la propriété demandée. Pour le démontrer, il s'agit de faire voir qu'en tirant par le point M une oblique quelconque Sx, on aura $N'P' < NP$.

Si l'on mène Ar perpendiculaire à Sx, et $N'Q$ parallèle à AC, on aura

$$\begin{aligned}
&\textit{surface}\ ANP = \tfrac{1}{2}\, Ar \times NP, \quad \textit{surface}\ AN'P' = \tfrac{1}{2}\, AM \times N'P',\\
&\textit{surface}\ ANP = AN'MP + MN'Q + QNN',\\
&\textit{surface}\ AN'P' = AN'MP + MPP'.
\end{aligned}$$

D'ailleurs, les triangles, AMN', AMP', étant égaux, comme ayant un côté commun adjacent à deux angles égaux, on a MN' $=$ MP'.

Les triangles MN'Q, MPP', sont donc égaux, comme ayant un côté égal adjacent à deux angles égaux. Par conséquent, *surface* ANP $=$ AN'P' $+$ QNN', et *surface* ANP $>$ AN'P';

donc $$Ar \times NP > AM \times N'P'.$$

Or, la perpendiculaire Ar à Sx, est plus courte que l'oblique AM; il faut donc que NP $>$ N'P'.

La ligne N'P' résout donc le problème.

1re Remarque. *Le triangle* AN'P' *est le plus petit de tous les triangles déterminés par les droites menées par le point* M *de la droite* AR; car tout autre triangle ANP serait plus grand que AN'P', de la quantité QNN'.

2e Remarque. L'inégalité, *surface* AN'P' $<$ ANP, exige seulement que les triangles MQN', MPP', soient égaux; or, pour que ces triangles soient égaux, il suffit que MN' $=$ MP'. Par conséquent, *si par un point* M, *pris arbitrairement dans l'angle donné* BAC (*ce point n'est pas assujetti à se trouver sur la ligne qui divise l'angle* BAC *en deux parties égales*), *on mène une droite* $S'x'$ *telle, que les parties* MN', MP', *de cette droite comprises dans l'angle* BAC *soient égales entre elles* (*), *la surface du triangle* AN'P' *sera plus petite que celle de tout autre triangle* ANP, *dont la base* NP *passerait par le même point* M.

44. Problème (*fig.* 39). *Par un point* M, *pris sur la droite* AR *qui divise l'angle* BAC *en deux parties égales, mener une droite* Sx *de manière que la partie* NP *comprise dans l'angle* BAC *soit égale à une ligne donnée* δ.

Sur la droite $Dy = \delta$ (*fig.* 40), décrivez un *segment* DGy, *capable de l'angle donné* BAC; prenez le milieu F de l'arc DFy; tirez la droite Fy; construisez un rectangle HIKL (*fig.* 41) équivalent au quarré fait sur Fy, et tel que vous ayez HI—IK $=$ AM (n° 34, 2°); du point F comme centre, avec le rayon HI,

(*) Pour tirer par le point M une droite N'P' telle que MN' $=$ MP', conduisez par ce point, la parallèle ME à CA; prenez EN' $=$ EA; la droite $S'x'$ menée par les points, N', M, jouira de la propriété demandée; car ME étant parallèle à PA on a

$$MP' : MN' :: EA : EN'; \quad \text{or,} \quad EN' = EA; \quad \text{donc} \quad MN' = MP'.$$

décrivez l'arc rp; cet arc coupera l'arc DGy en un point G; tirez GD, et prenez $AN = GD$.

La droite Sx, menée par les points N, M, jouira de la propriété demandée. En effet, tirez GF et Gy; les angles FGy, DyF, sont égaux, car ils ont pour mesure les moitiés des arcs égaux Fy, DF; les triangles GFy, OFy, ont donc un angle égal et un angle commun; ils sont donc semblables; on a donc

$$GF : Fy :: Fy : FO; \text{ d'où } GF \times FO = \overline{Fy}^2.$$

Or, $$\overline{Fy}^2 = HIKL = HI \times IK;$$

donc $GF \times FO = HI \times IK$. Or, $GF = HI$; donc $FO = IK$.

On en déduit, $GO = GF - FO = HI - IK = AM$.

Mais, $AN = GD$, $AM = GO$, et les angles NAM, DGO, sont égaux; les triangles NAM, DGO, sont donc égaux; les angles ANP, GDy, sont donc égaux. Or, les angles NAP, DGy, sont égaux par construction; les triangles ANP, GDy, sont donc égaux; donc enfin, $NP = Dy = \delta$.

L'arc rp, décrit de F comme centre avec le rayon HI, coupe l'arc DGy en un second point G' qui fournit une seconde solution du problème.

Pour obtenir cette nouvelle solution, il suffit de conduire par le point donné M (*fig.* 39) une droite P'N' perpendiculaire sur AR, et de prendre $N'p = P'P$; la droite pn, menée par les points p, M, résout le problème. En effet, les triangles $MN'p$, MP'P, sont égaux comme ayant un angle égal compris entre côtés égaux; donc $Mp = MP$, et l'angle $MpN = MPn$; d'ailleurs l'angle $NMp = nMP$; les triangles MpN, MPn, sont donc égaux; donc $MN = Mn$. Or, $MP = Mp$; donc $np = NP = \delta$.

Remarque. La perpendiculaire P'N' à AM étant la plus courte de toutes les lignes qui, passant par le point M, sont inscrites dans l'angle BAC (n° 43), et ces lignes pouvant croître indéfiniment, il en résulte que, selon que δ sera plus grand que P'N' ou égal à P'N', ou moindre que P'N', le problème admettra deux solutions, ou une seule solution, ou sera impossible.

45. PROBLÈME (*fig.* 42). *Par un point donné* M, *mener une droite telle, que la partie de cette droite comprise entre deux parallèles connues* CB, PQ, *soit égale à une ligne donnée* δ.

D'un point quelconque V de PQ, comme centre, avec le rayon δ, décrivez un arc qui coupera CB en G et H; tirez les droites VG, VH ; les parallèles FE, ST, à ces droites, menées par le point M, résoudront le problème; car les parallèles comprises entre parallèles étant égales, on aura

$$FE = VG = \delta \text{ et } ST = VH = \delta.$$

REMARQUE. La perpendiculaire VR à BC, étant la plus courte distance des parallèles CB, PQ, il en résulte que, suivant que la ligne donnée δ sera plus grande que VR, ou égale à VR, ou plus petite que VR, le problème admettra deux solutions, ou une seule solution, ou sera impossible. La position du point donné M est d'ailleurs arbitraire.

46. PROBLÈME (*fig.* 43). *Par un point* M, *pris dans l'angle* BAC, *mener une sécante* ST *telle, que la somme des segmens* AF, AG, *soit égale à une ligne donnée* δ.

Menez MD et ME respectivement parallèles aux côtés CA, BA, de l'angle donné; construisez un rectangle HIKL (*fig.* 41) équivalent au rectangle des lignes AD, AE, et tel que

$$HI + IK = \delta - (AD + AE), \text{ (n° 34, 1°); vous aurez}$$

$$HI \times IK = AD \times AE = ME \times MD.$$

Prenez DF = HI; la droite ST, menée par les points connus F, M, sera la sécante demandée. En effet, MD et ME étant respectivement parallèles aux droites CA, BA, les triangles FDM, MEG, sont semblables; on a donc

$$DF : MD :: ME : EG; \text{ d'où } DF \times EG = ME \times MD.$$

Mais, $ME \times MD = HI \times IK$ et $DF = HI$; donc

$$DF \times EG = HI \times IK = DF \times IK; \text{ d'où } EG = IK.$$

On en déduit, $DF + EG = HI + IK = \delta - (AD + AE)$,

et $(DF + AD) + (EG + AE) = \delta$; ou $AF + AG = \delta$.

La sécante ST résout donc le problème.

Si l'on prend DF′=IK (*fig.* 43 et 41), la sécante S′T′, menée par les points F′, M, résoudra également le problème. En effet, les triangles semblables F′DM, MEG′, donnent DF′ : DM :: EM : EG′.

On en déduit, $DF' \times EG' = DM \times EM = IH \times IK$.

Or, par construction, $DF' = IK$; donc $EG' = IH$.

Il en résulte, $EG' + DF' = IH + IK = \delta - (AD + AE)$,

$$(EG' + AE) + (DF' + AD) = \delta, \quad \text{ou} \quad AG' + AF' = \delta.$$

La sécante S′T′ jouit donc de la propriété demandée.

Remarque. La somme δ, des segmens AF, AG, peut croître indéfiniment, mais on voit que cette somme a une limite de décroissement; il y aura donc des cas dans lesquels le problème sera impossible. On en sera averti par l'impossibilité de construire le rectangle HIKL (*fig.* 41).

47. Problème (*fig.* 43). *Par un point* M, *pris dans l'angle* BAC, *mener une sécante* ST *telle, que la différence* AF — AG *des segmens* AF, AG, *soit égale à une ligne connue* δ.

Menez des parallèles MD, ME, à CA et à BA; construisez (n° 34, 2°) un rectangle HIKL (*fig.* 41) équivalent au rectangle MD × ME, et tel que

$$IH - IK = \delta + MD - ME = \delta + AE - AD.$$

Prenez DF = IH; la droite ST, menée par les points F, M sera la sécante demandée. En effet, les triangles semblables DMF, EGM, donnent

$$DF \times EG = MD \times ME.$$

Mais, $$MD \times ME = IH \times IK;$$

donc, $DF \times EG = IH \times IK$; or, $DF = IH$; donc

$$EG = IK, \quad DF - EG = IH - IK = \delta + AE - AD,$$
$$\delta = (AD + DF) - (EG + AE) = AF - AG.$$

La ligne ST est donc la sécante demandée.

Le problème est toujours possible, car il est évident que la différence AF — AG peut passer par tous les états de grandeur, depuis zéro jusqu'à l'infini.

Cette construction suppose que $\delta + AE > AD$.

Si $\delta + AE$ était moindre que AD, on construirait un rectangle HIKL (*fig.* 41), équivalent au rectangle des lignes MD, ME, et tel que l'on eût

$$HI - IK = AD - (\delta + AE).$$

Prenant $DF = IK$, la droite ST menée par les points F et M serait la sécante demandée ; car on aurait

$$DF \times EG = MD \times ME = IK \times IH;\ \text{or},\ DF = IK;\ \text{donc},$$

$$EG = IH,\ IH - IK = EG - DF = AD - (\delta + AE),$$
$$\delta = (AD + DF) - (EG + AE) = AF - AG.$$

Si $\delta + AE$ était égal à AD, le rectangle HIKL deviendrait un quarré, et la construction serait la même.

Remarque. Par le point M, on peut mener une autre sécante qui jouisse de la propriété demandée. En effet, construisez un rectangle H I'K'L' (*fig.* 41), équivalent au rectangle des lignes MD, ME, et tel que

$$I'H - I'K' = \delta + AD - AE,\ (\text{n}^\circ\ 34,\ 2^\circ).$$

Prenez $DF' = I'K'$, et tirez la droite F'MG' ; vous aurez

$$DF' : DM :: EM : EG';\ \text{d'où}\ DF' \times EG' = MD \times ME = I'H \times I'K',$$

Mais, par construction, $DF' = I'K'$; donc, $EG' = I'H$; donc

$$EG' - DF' = I'H - I'K' = \delta + AD - AE;\ \text{d'où}$$
$$\delta = (EG' + AE) - (DF' + AD) = AG' - AF'.$$

La sécante S'T' jouit donc de la propriété demandée.

48. Problème (*fig.* 44). *Par le sommet* A *d'un angle donné* BAC, *tirer une droite* AD *telle, qu'en menant par l'un quelconque de ses points des droites* MP, MQ, *formant des angles connus* α, β, *avec les côtés* AC, AB, *ces droites soient dans le rapport constant de deux lignes connues,* γ, δ.

Par deux points E, F, pris arbitrairement sur les côtés AC,

AB, menez les droites ES, FR, qui forment avec AC et AB, les angles AES $= \alpha$, AFR $= \beta$; prenez EG $= \gamma$, FH $= \delta$; tirez GK et HK respectivement parallèles à CA et à BA; ces lignes se couperont en un point K; la droite AK, indéfiniment prolongée, jouira de la propriété demandée. En effet, menez KL et KN respectivement parallèles aux lignes GE, HF; vous aurez

KL$=$GE$=\gamma$, KN$=$HF$=\delta$, *angle* ALK$=\alpha$, *angle* ANK$=\beta$.

Par un point quelconque M de AD, menez des parallèles MP, MQ, à KL et à KN; ces parallèles formeront avec AC et AB des angles égaux aux angles donnés α, β; et les propriétés des triangles semblables donneront

$$AM : AK :: MP : KL :: MQ : KN; \text{ donc}$$

$$MP : MQ :: KL : KN :: \gamma : \delta.$$

La droite AD jouit donc des propriétés demandées.

Ce problème est toujours possible, car les droites AB, AC, se coupant, les parallèles GK, HK, à ces lignes se coupent nécessairement.

49. Problème (*fig.* 17). *Par un point* M, *pris sur la circonférence* MB′D′, *mener une droite* MSV *d'une grandeur et d'une position telles, que les parties* SM, SV, *soient dans le rapport connu de* α *à* β, *et que le rectangle* SM$\times$SV *de ces mêmes parties soit équivalent au quarré donné* δ^2.

Menez le diamètre MF′ du cercle donné; prolongez ce diamètre d'une quantité F′E telle, que vous ayez $\alpha : \beta :: F'M : F'E$. Sur ME comme diamètre, décrivez la circonférence MAXC dont le centre est O; cette circonférence sera tangente en M au cercle donné (n° 15); et si vous conduisez par le point M des sécantes quelconques MA, MC, MV, vous aurez (*remarque* du n° 19),

$$B'M : B'A :: D'M : D'C :: SM : SV :: F'M : F'E :: \alpha : \beta.$$

Tirez une corde MX$=2\delta$, et du point O comme centre, décrivez une circonférence *Str* tangente à MX en *t*; le point *t* de tangence sera le milieu de MX, et la circonférence *Str* coupera la circonférence donnée en deux points S, S'. Par les points M et S, menez une droite MS, que vous prolongerez jusqu'à ce qu'elle rencontre la circonférence OE en V; la droite MV jouira des propriétés demandées. En effet, menez par le point S une tangente NQ à la circonférence OS, vous aurez

$$NQ = MX = 2\delta; \quad \text{d'où} \quad SQ = SN = \delta,\ SQ \times SN = \delta^2.$$

Mais, les cordes MV, NQ, se coupant en S, on a

$$SQ : SM :: SV : SN; \ \text{d'où}\ SQ \times SN = SM \times SV.$$

Donc, $SM \times SV = \delta^2$. Or, $SM : SV :: \alpha : \beta$.

La droite MV satisfait donc aux conditions du problème.

On prouverait de même que la droite MS'V', menée par les points M, S', jouit des propriétés demandées.

80. Problème (*fig.* 45). *Par un point* D, *donné dans un cercle* OS, *mener la plus petite corde possible.*

La perpendiculaire ADB à OD est la corde demandée; car en tirant une autre corde CDF, et en menant une perpendiculaire OH à CF, on aura $OD > OH$; donc $AB < CF$.

81. Problème (*fig.* 45). *Par un point* P, *pris hors du cercle* OS, *mener une sécante de manière que la partie interceptée dans le cercle soit égale à une ligne connue* δ.

Dans le cercle OS, inscrivez une corde $AB = \delta$; menez OD perpendiculaire à AB, et du point O comme centre, avec le rayon OD, décrivez une circonférence DTT'; les tangentes PC, PC' à cette circonférence, seront les sécantes demandées; car, soient T et T' les points de tangence, en tirant les rayons OT, OT', on aura

$$OT = OT' = OD;\ \text{d'où}\ CE = C'E' = AB = \delta.$$

Remarque. La même construction subsisterait, si le point donné P était sur la circonférence ou dans le cercle.

82. Problème (*fig.* 45). *Par un point* P, *donné hors d'un cercle* OS, *mener une sécante* PC *qui soit coupée par la circonférence* OS *en moyenne et extrême raison.*

Conduisez la tangente PR au cercle OS ; tirez une sécante PC telle, que CE = PR (n° 51); vous aurez

$$PC : PR :: PR : PE, \text{ ou } PC : CE :: CE : PE.$$

La sécante PC jouit donc de la propriété demandée.

53. Problème (*fig.* 46 *et* 47). *Par un point* M, *donné hors d'un cercle* CA, *mener une sécante* MN, *telle que la partie* PN, *interceptée dans le cercle, soit à la partie extérieure* PM, *dans le rapport de deux lignes connues*, α, β.

Décrivez deux circonférences qui se touchent en B, et qui soient telles, que le rayon C′B de la plus petite soit égal au rayon CA du cercle donné, et que toutes les cordes BH, BD, etc., menées par le point B, donnent

$$\alpha : \beta :: BE : ED :: BK : KH :: BQ : QR \text{ (*)}.$$

Du point C′ comme centre, avec le rayon C′D = CM, décrivez un arc *rs*; cet arc coupera la circonférence BDH en D; tirez la droite BD; du point M comme centre, avec le rayon MN = BD, décrivez un arc *mn*; cet arc coupera la circonférence donnée en deux points N, N′, et les droites MN, MN′, résoudront également la question. En effet :

1°. Menez les droites CN, CP, C′E; les triangles CNM, C′BD, sont égaux; les angles CNM, C′BD, sont donc égaux; or, CN = C′B; les triangles isoscèles CNP, C′BE, sont donc égaux (**); les côtés NP, BE, sont donc égaux.

Or, NM = BD; donc PM = ED.

La proportion, BE : ED :: α : β, devient PN : PM :: α : β.

La sécante MN jouit donc de la propriété demandée.

2°. On prouverait de même que la sécante MN′ satisfait à la question.

(*) Pour construire ces circonférences, prolongez le diamètre connu BQ d'une quantité QR, telle que vous ayez, α : β :: BQ : QR. La proportion du n° 19 donnera, BE : ED :: BK : KH :: BQ : QR :: α : β.

(**) En effet, l'angle CNP = CPN = C′BE = C′EB; les angles NCP, BC′E, sont donc égaux; et par conséquent les triangles NCP, BC′E, sont égaux.

84. PROBLÈME (*fig.* 48). *Connaissant un cercle* DA, *la sécante indéfinie* FB, *et un point* M *de* FB, *mener une sécante* NH *telle, que la partie* GH *comprise dans le cercle soit égale à une ligne donnée* δ, *et que* NH = NM.

Du point A comme centre, avec le rayon δ, décrivez l'arc *rs*; cet arc coupera la circonférence en E. Par le point M et le milieu P de l'arc BE, menez la droite PH; du point H comme centre, avec le rayon δ, décrivez l'arc *r's'*; cet arc coupera la circonférence en un point G. Par les points connus H, G, tirez la droite HN. Je dis que HN sera la sécante demandée.

Il suffit de prouver que NH = NM; car, par construction, GH = δ.

Les cordes AE, GH, étant égales, les arcs qu'elles soutendent sont égaux; la mesure de l'angle NMH est donc

$$\tfrac{1}{2}(PB + GH + GA) = \tfrac{1}{2}(PE + AE + GA) = \tfrac{1}{2}\,GAEP.$$

Mais, $\frac{1}{2}$ GAP est la mesure de l'angle NHM. Les angles NMH, NHM, sont donc égaux. Les côtés NH, NM, sont donc égaux.

85. PROBLÈME (*fig.* 49). *Par un des points d'intersection de deux circonférences, mener une sécante telle, que la différence des cordes qui en résultent dans les deux cercles soit égale à une ligne donnée* δ.

Soient KAB et K'AB, les deux circonférences qui se coupent en A et B; prenez un point quelconque P sur K'AB; tirez AP, PB, AR; construisez un triangle DEF tel, que sa base DE = δ, et que les angles FDE, FED, soient égaux aux angles APR, ARP; prenez une corde AC = FD.

La droite BC sera la sécante demandée, car en tirant la corde AS, vous aurez

$$ASC = 200^\circ - ASB = 200^\circ - ARB = ARP = FED,$$

$$ACB = APB, \text{ ou } ACS = APR = FDE; \text{ donc angle } CAS = DFE.$$

Or, AC = DF; les triangles CSA, DEF, sont donc égaux.

Donc CS = DE = δ; mais BC — BS = CS; donc BC — BS = δ.

La différence des cordes BC, BS, est donc effectivement égale à la ligne donnée δ.

56. PROBLÈME (*fig.* 49). *Par un des points d'intersection de deux circonférences, mener une sécante telle, que la somme des cordes qui en résultent dans les deux cercles soit égale à une ligne donnée* δ.

Supposez que les circonférences se coupent en A et B.

Prenez deux points quelconques K, K', sur les circonférences ; tirez les droites KA, KB, K'A, K'B; construisez un triangle DEF tel, que vous ayez

$$DE = \delta, \quad \text{angle } FDE = AKB, \quad \text{angle } FED = AK'B.$$

Tirez une corde AM = FD. La droite MN, menée par les points M, B, sera la sécante demandée. En effet,

$$AM = FD, \quad \text{l'angle } AMN = AKB = FDE,$$

$$\text{l'angle} \quad ANM = AK'B = FED; \quad \text{d'où l'angle } MAN = DFE.$$

Les triangles AMN, FDE, sont donc égaux; donc

$MN = DE = \delta$. Or, $MB + BN = MN$; donc $MB + BN = \delta$.

57. PROBLÈME (*fig.* 50). *Étant données deux circonférences concentriques*, OA, OC, *le diamètre* AB *et un angle* α, *mener une sécante* MN *qui fasse avec* AB *l'angle* OMN $= \alpha$, *et dont les parties* MR, MN, *comprises entre le diamètre* AB *et les circonférences, soient dans le rapport de deux lignes données*, β, γ.

Par le centre O, menez une droite quelconque OE; prenez OD de manière que vous ayez

$$\beta : \gamma :: OC : OD.$$

Sur CD, décrivez un segment DGC capable de l'angle donné α. L'arc DGC coupera la circonférence OA en un point G; tirez GD, et conduisez OK parallèle à GD; menez la droite GCn, prenez OM = OH; tirez les droites OR, ON, sous les angles MOR = HOC, RON = COG; joignez MR et RN; les triangles MOR, RON, seront respectivement égaux aux triangles HOC, COG, comme ayant un angle égal compris entre deux côtés égaux. Or, GCH étant une ligne droite, l'angle OCH + OCG = 200°;

donc l'angle ORM + ORN = 200°. Donc RN est le prolongement de MR. On a donc

$$MR = HC, \quad RN = CG, \quad MR + RN = MN,$$
$$MR : RN :: HC : CG :: OC : CD;$$
d'où
$$MR : MR + RN :: OC : OC + CD,$$
$$MR : MN :: OC : OD :: \beta : \gamma.$$

D'ailleurs, *angle* OMR = OHC = CGD = α.

La sécante MN jouit donc des propriétés demandées.

58. Problème (*fig.* 51). *Dans un triangle* ABC, *mener une droite* MN *qui coupe deux côtés* AB, AC, *et le prolongement* CE *du troisième côté, de manière que les parties* DM, DN, *soient égales à deux lignes données* α, β.

Menez une droite indéfinie FS; prenez FG = α, GH = β; sur FH et GH décrivez des segmens FIH, GKH, capables des angles connus ABC, ACE; par le point H, tirez HI de manière que IK = BC (n° 55); prenez BM = IF et BN = IH.

Je dis que MN sera la droite demandée. En effet, les triangles MBN, FIH, étant égaux, on a

$$MN = FH = \alpha + \beta, \quad \text{et l'angle } DNC = GHK.$$

Mais, $\quad BN = IH \quad$ et $\quad BC = IK;$

donc $\quad BN - BC = IH - IK, \quad$ ou $\quad CN = KH.$

Or, l'angle GKH = DCN, et l'angle GHK = DNC.

Les triangles DCN, GKH, sont donc égaux. Donc,

$$DN = GH = \beta. \text{ Mais, } MN = \alpha + \beta; \text{ donc } MD = \alpha.$$

La droite MN satisfait donc aux conditions du problème.

§ IV. *Constructions de circonférences qui satisfassent à des conditions données.*

59. Problème (*fig.* 17). *On propose de décrire une circonférence* MB'D', *qui touche une circonférence donnée* MAC, *en un point donné* M, *de manière qu'en menant par ce point une sécante quelconque* MA, *les cordes* MA, MB', *soient dans le rapport de deux lignes connues*, α, β.

Tirez le diamètre ME du cercle donné; on a vu (nº 19) que

$$MA : MB' :: ME : MF'.$$

Or, on veut que $MA : MB' :: \alpha : \beta$;

il faut donc que $\alpha : \beta :: ME : MF'$.

Le diamètre MF′ du cercle demandé est donc une quatrième proportionnelle aux trois lignes connues, α, β, ME. Portant donc sur le diamètre ME, une partie MF′, quatrième proportionnelle aux trois lignes α, β, ME, la circonférence MB′D′ décrite sur MF′ comme diamètre, jouira de la propriété demandée.

60. Problème (*fig.* 17). *Décrire une circonférence* MCA *qui touche le cercle* MD′F′B′ *au point donné* M, *de manière qu'en menant par ce point une sécante quelconque* MA, *les parties* MB′, B′A, *soient dans le rapport des lignes données* α', β'.

Si ME est le diamètre du cercle demandé, on aura

$$\frac{\alpha'}{\beta'} = \frac{MB'}{B'A}; \text{d'où } \frac{\alpha'}{\alpha'+\beta'} = \frac{MB'}{MB'+B'A} = \frac{MB'}{MA} = \frac{MF'}{ME}, \text{ (nº 19).}$$

Le diamètre ME du cercle demandé est donc une quatrième proportionnelle aux trois lignes connues, α', $\alpha' + \beta'$, MF′.

Remarque. La solution de ce problème peut d'ailleurs se déduire de celle du précédent, car la proportion

$$\alpha : \beta :: MA : MB', \quad \text{donne } \alpha - \beta : \beta :: MA - MB' : MB',$$

ou

$$\alpha - \beta : \beta :: B'A : MB'.$$

61. Problème (*fig.* 52). *Par un point donné* M, *faire passer une circonférence tangente à deux droites données*, AB, AC.

Le centre du cercle demandé doit se trouver sur la droite AE qui divise l'angle BAC en deux parties égales. Tirez AM, et d'un point quelconque Q de AE, menez QP perpendiculaire sur AB; du point Q comme centre, avec le rayon QP, décrivez un arc; cet arc touchera AB en P, et coupera AM en R; menez MO parallèle à RQ; je dis que le point O sera le centre du cercle demandé. Pour le démontrer, menez OD et OD′ respectivement perpendiculaires sur AB et AC; vous aurez OD = OD′. Les droites PQ, DO, perpendiculaires à BA, sont parallèles; mais

QR et OM sont aussi parallèles. Donc,

$$OD : QP :: OA : QA :: OM : QR.$$

Or, $QP = QR$; donc $OD = OM = OD'$.

La circonférence décrite du point O comme centre, avec le rayon OD, passera donc par les points D, M, D', et sera tangente aux droites AB, AC, comme l'exige l'énoncé.

L'arc décrit du point Q comme centre avec le rayon QP, coupant AM en un second point R', si l'on mène MO' parallèle à R'Q, le point O' sera le centre d'un second cercle qui jouira également des propriétés demandées.

La question proposée admet donc deux solutions, lorsque le point M est dans l'intérieur de l'angle BAC.

Si le point donné était sur l'un des côtés AB, AC, en D par exemple, AM tomberait sur AB; QR et QR' coïncideraient avec QP; MO et MO' tomberaient sur DO, et la circonférence décrite du point O comme centre, avec le rayon OD, résoudrait le problème.

Enfin, si le point donné était hors de l'angle BAC, le problème serait évidemment impossible.

62. Problème (*fig.* 53). *Décrire un cercle qui soit tangent à une droite donnée* AB, *et qui passe par deux points donnés* M, N.

Tirez MN; par le milieu C de MN, menez SD perpendiculaire à MN; conduisez la droite MD; le centre du cercle demandé sera sur SD; d'un point quelconque Q de SD, menez QP perpendiculaire sur AB, et de ce point comme centre avec le rayon QP décrivez un arc; cet arc touchera AB en P, et coupera MD en R et R'; tirez QR et QR'; par le point M, menez MO et MO' parallèles à RQ et à R'Q; je dis que les points O, O', seront les centres de deux cercles qui satisferont également aux conditions du problème.

Il suffit de prouver que les perpendiculaires OT, O'T', abaissées des points O, O', sur AB, sont respectivement égales à OM et à O'M.

Or, les lignes PQ, TO, T'O', perpendiculaires à AB, sont

parallèles. Donc,

$$\frac{QP}{OT}=\frac{DQ}{DO}=\frac{QR}{OM}, \text{ et } \frac{QP}{O'T'}=\frac{DQ}{DO'}=\frac{QR'}{O'M}.$$

Mais, $QP = QR = QR'$; donc $OT = OM$ et $O'T' = O'M$.

Il existe donc deux circonférences, $mMNn$, $m'MNn'$, qui jouissent des propriétés demandées.

63. Problème (*fig.* 54). *Connaissant une droite* AB *et un cercle* OR, *décrire une circonférence qui touche* AB *en un point donné* M, *et qui soit tangente au cercle donné.*

Menez, par le point M, la perpendiculaire EK à AB; prenez MC = OR; tirez CO, et menez OD sous l'angle COD = OCE; la circonférence MST, décrite du point D comme centre avec le rayon DM, satisfera à la question. En effet, les angles COD, OCD, étant égaux, les côtés opposés DC, DO, sont égaux. Mais CM = OT; donc DM = DT. La circonférence décrite du point D comme centre, avec le rayon DM, touchera donc AB en M, et passera par un point T du cercle donné. Or, les trois points O, T, D, sont en ligne droite, et la distance OD des centres est égale à la somme des rayons; les deux cercles OT, DT, se touchent donc extérieurement.

Si l'on voulait que les deux cercles fussent tangens intérieurement, on prendrait MC' = OR; on joindrait OC', et l'on mènerait OD' sous l'angle C'OD' = OC'E; la circonférence GMK', décrite du point D' comme centre avec le rayon D'M, jouirait des propriétés demandées.

La question proposée admet donc deux solutions.

64. Problème (*fig.* 55). *Deux cercles concentriques* CF, CG, *étant donnés, décrire une circonférence* OM *qui soit telle, que, si aux points* M *et* N, *où elle rencontre les circonférences données, on mène des tangentes* MP, MQ, NT, NR, *aux trois circonférences, les angles* PMQ, RNT, *soient égaux à des angles connus* α, β.

Par deux points quelconques M, L, des circonférences données, menez des tangentes MP, BK, à ces circonférences, et tirez les droites MQ, LI, sous des angles PMQ $=\alpha$, BLI $=\beta$; conduisez MS′ et VLH, perpendiculaires aux lignes MQ, LI; menez à la circonférence CF, une sécante ON telle, que vous ayez NS $=$ LH et ON $=$ OM (*). La circonférence NMED, décrite du point O comme centre, avec le rayon OM, résoudra le problème. En effet, la droite MQ, perpendiculaire au rayon MO, est tangente à la circonférence OM; l'angle PMQ formé par les deux tangentes MP, MQ, est égal à l'angle donné α; et si, par le point N, on mène les droites NT, NR, tangentes aux circonférences CF, ON, l'angle TNR sera égal à l'angle donné β, car les cordes NS, LH, étant égales, les angles TNO HLK, BLV, sont égaux; leurs complémens TNR, BLI, sont donc égaux; mais, par construction, l'angle BLI $=\beta$; donc l'angle TNR $=\beta$. La circonférence NMED satisfait donc à toutes les conditions du problème.

La position du point M étant arbitraire, on peut assujétir la circonférence ON à passer par un point donné de la circonférence CG.

65. Problème (*fig.* 56). *Décrire une circonférence telle, que les distances de l'un quelconque de ses points, aux extrémités* A *et* B *d'une droite* AB, *soient dans le rapport de deux lignes connues*, α, β.

Cherchez sur AB un point P tel, que vous ayez PA : PB :: α : β. Le point P appartiendra à la circonférence demandée.

Prenez deux lignes α', β', qui soient entre elles dans le rapport de α à β, et telles, que vous ayez $AB < \alpha' + \beta'$, $AB > \alpha' - \beta'$. Des points A, B, comme centres, avec les rayons α', β', décrivez des arcs; ces arcs se couperont nécessairement en un point M. Tirez les droites MA, MB, MP; par le point M, menez MK sous l'angle PMK $=$ MPB. La droite MK rencon-

---

(*) Connaissant le cercle CF, la sécante MS′ et un point M de MS′, on a vu (n° 54) comment on peut mener une sécante ON telle, que la partie NS comprise dans le cercle CF soit égale à la ligne connue LH, et que ON$=$OM.

trera le prolongement BF de AB en un point C, qui sera tel que la circonférence PGH, décrite de C comme centre avec le rayon CP, satisfera au problème.

En effet, par construction,

$$MA = \alpha', \ MB = \beta', \quad MA : MB :: \alpha' : \beta' :: \alpha : \beta :: PA : PB.$$

Les angles PMA, PMB, sont donc égaux. Mais

$$PMA + PAM = MPB = PMK = PMB + BMC = PMA + BMC.$$

Les angles PAM, BMC sont donc égaux ; les triangles ACM, MCB, sont donc semblables ; on a donc

$$CB : CM :: CM : CA, \quad \text{ou} \quad (1) \ldots \ CB : CP :: CP : CA.$$

Cela posé : si d'un point quelconque N, de la circonférence CM, on mène les droites NA, NB, NC, on aura CN = CP.

La proportion (1) devient....... CB : CN :: CN : CA.

Les triangles BCN, ACN, ayant un angle égal compris entre côtés proportionnels, sont semblables et donnent

$$(2) \ldots \ NA : NB :: CN : CB :: CP : CB.$$

La proportion (1) conduit à

$$CP : CB :: CA - CP : CP - CB :: AP : PB :: \alpha : \beta.$$

Or, (2) donne CP : CB :: NA : NB. Donc NA : NB :: $\alpha : \beta$.

La circonférence CM jouit donc de la propriété demandée.

§ V. *Constructions de points qui satisfassent à des conditions données.*

66. Problème (*fig.* 57). *Trouver un point* X *tel que la somme des quarrés de ses distances à deux points donnés* A, B, *soit égale à un quarré donné* δ^2.

Soit C le milieu de la droite AB ; tirez AX, BX et CX ; on a vu (n° 1) que

$$\overline{AX}^2 + \overline{BX}^2 = 2\left(\overline{CX}^2 + \overline{AC}^2\right). \quad \text{Or,} \quad \overline{AX}^2 + \overline{BX}^2 = \delta^2;$$

donc $\overline{CX}^2 + \overline{AC}^2 = \frac{1}{2}\delta^2$; d'où $\overline{CX}^2 = \frac{1}{2}\delta^2 - \overline{AC}^2$.

Par conséquent, CX est une quantité consrante et connue. Tous les points de la circonférence décrite du point C comme centre avec le rayon CX, jouissent donc de la propriété demandée.

Pour *construire la valeur du rayon* CX, décrivez une demi-circonférence EDF, de C comme centre avec le rayon $CE = \frac{1}{2}\delta$; tirez la perpendiculaire CD à EF, et sur la droite ED comme diamètre, décrivez une autre demi-circonférence DHE; de E comme centre, avec le rayon EH = AC, décrivez un arc qui coupe cette demi-circonférence en H; la corde DH sera la longueur du rayon CX demandé; car les angles inscrits EDF, EHD, qui s'appuient sur des diamètres, étant droits, on a

$$\delta^2 = \overline{EF}^2 = \overline{DE}^2 + \overline{DF}^2 = 2\overline{DE}^2,\ \overline{DE}^2 = \tfrac{1}{2}\delta^2,$$

$$\overline{DH}^2 = \overline{DE}^2 - \overline{EH}^2 = \tfrac{1}{2}\delta^2 - \overline{AC}^2 = \overline{CX}^2.$$

Pour que le problème soit possible, il faut et il suffit que l'expression $\overline{DE}^2 - \overline{EH}^2$ de $\overline{CX}^2$, ne soit pas négative; c'est-à-dire que le diamètre DE, de la demi-circonférence DHE, ne soit pas moindre que la corde EH = AC que l'on doit inscrire dans cette demi-circonférence.

67. PROBLÈME (*fig.* 58). *Une circonférence* CP *et une sécante* SS' *étant données, trouver sur* SS' *un point* M *tel, que la tangente* MT*, au cercle* CP*, soit égale à une ligne connue* δ.

Sur une tangente quelconque, prenez $PQ = \delta$; tirez CQ, et du point C comme centre, avec le rayon CQ, décrivez une circonférence; elle rencontrera la droite SS' en deux points M, M', qui jouiront de la propriété demandée; car, si l'on mène les tangentes MT, MT', M't, M't', et les droites CP, CT, CT', Ct, Ct', CM, CM', les triangles rectangles CPQ, CTM, CT'M, CtM', Ct'M', seront égaux.

68. PROBLÈME (*fig.* 59). *Connaissant un cercle* ACBN, *et une corde* AB, *trouver sur l'arc* ACB, *un point* D *tel, que les cordes* DA, DB, *soient dans le rapport des lignes données* α, β.

Déterminez sur la corde AB un point E tel, que vous ayez

$$EA : EB :: \alpha : \beta.$$

Prenez le milieu N de l'arc ANB; par les points N, E, tirez la droite NF, qui rencontrera l'arc ACB en D. Je dis que le point D satisfera à la question; car la droite DE divisant l'angle ADB en deux parties égales, on a

$$DA : DB :: EA : EB :: \alpha : \beta.$$

69. Problème (*fig.* 59). *Étant donné un arc* ACB, *et sa corde* AB, *trouver sur cet arc un point* D *tel, que le rectangle des droites* DA, DB, *soit égal à un quarré donné* δ^2.

Prenez le milieu C de l'arc ACB; du point C comme centre, décrivez deux circonférences AGF, DKD′, dont l'une passe par les points A, B, et dont l'autre soit tangente à une corde $RS = 2\delta$. Les points D, D′, où la circonférence DKD′ coupe l'arc ACB, satisfont au problème; c'est-à-dire qu'en tirant les droites DA, DB, D′A, D′B, on aura

$$DA \times DB = D'A \times D'B = \delta^2.$$

En effet, par le point D, menez la tangente FG au cercle DKD′; vous aurez $FG = RS = 2\delta$, $DF = DG = \delta$.

Prolongez AD jusqu'en M; on sait que les cordes AM, FG, se coupent au point D, en parties réciproquement proportionnelles; et les droites DM, DB, étant égales (n° 18), vous aurez

$$DA \times DB = DA \times DM = DF \times DG = \delta^2.$$

On prouverait de même que $D'A \times D'B = \delta^2$.

Ce problème n'est pas toujours possible. En effet, pour que les points D, D′, existent, il faut que l'on puisse décrire la circonférence DKD′, tangente à la corde $RS = 2\delta$; ce qui exige que la corde RS ne soit pas plus grande que le diamètre du cercle CA; le côté δ du quarré donné, ne doit donc pas être plus grand que la corde CA, qui soutend la moitié de l'arc donné.

Ainsi, selon que le côté δ du quarré donné sera plus petit que CA, ou égal à CA, ou plus grand que CA, le problème admettra deux solutions, ou une seule solution, ou sera impossible.

70. Problème (*fig.* 11). *Connaissant les grandeurs et les* *positions de deux droites qui se coupent, construire un point tel, que les trois droites menées de ce point aux extrémités des lignes données forment deux angles connus α, β.*

Supposez que BF et BE soient les lignes données. Les droites menées du point cherché, aux extrémités B, F, de BF, devant former l'angle α, si l'on décrit sur BF un segment BAF capable de l'angle α, le point demandé sera situé sur l'arc BAF qui détermine ce segment. Par la même raison, si l'on décrit sur BE un segment BAE capable de l'angle β, le point cherché sera sur l'arc BAE. Le point demandé sera donc l'intersection A des arcs BAF, BAE, qui déterminent les segmens capables des angles donnés α, β. Et en effet, si l'on mène les droites AF, AB, AE, les angles BAF, BAE, seront respectivement égaux aux angles donnés α, β.

71. Problème (*fig.* 56). *Sur une droite donnée* DE, *trouver un point dont les distances à deux points connus* A, B, *soient proportionnelles à deux lignes connues α, β.*

Décrivez une circonférence CM telle, que les distances de l'un quelconque de ses points à A et B soient proportionnelles aux lignes α, β, (n° 65). Les points M et N, où cette circonférence coupera la ligne donnée, jouiront de la propriété demandée; car on aura, MA : MB :: α : β, et NA : NB :: α : β.

72. Problème (*fig.* 60). *Trouver un point tel, que les droites menées de ce point aux sommets des angles d'un triangle donné, soient proportionnelles aux lignes données, α, β, γ.*

Décrivez deux circonférences telles, que les distances de l'un quelconque des points de la première aux extrémités de AB soient comme α est à β, et que les distances de l'un quelconque des points de la seconde aux extrémités de AC soient comme α est à γ (n° 65). Les points M, M', d'intersection de ces deux circonférences, satisferont aux conditions du problème; car, en tirant les droites MA, MB, MC, M'A, M'B, M'C, on aura MA:MB::α:β, MA:MC::α:γ; d'où MA:MB:MC::α:β:γ.

On prouverait de même que M'A : M'B : M'C :: α : β : γ. Le problème admet donc généralement deux solutions.

73. Problème (*fig.* 61). *Dans l'intérieur d'un triangle* ABC, *trouver un point tel, que les perpendiculaires menées de ce point sur les trois côtés du triangle soient proportionnelles aux lignes données* α, β, γ.

Par les points A, B, tirez des droites AK, BE, telles, que les perpendiculaires menées d'un point quelconque de AK sur les côtés AB, AC, soient dans le rapport de α à β, et que les perpendiculaires menées de l'un quelconque des points de BE sur les côtés BA, BC, soient dans le rapport de α à γ (n° 48); l'intersection S, des droites AK, BE, sera le point demandé; car il résulte de la construction, que si l'on mène par le point S les droites SF, SH, SD, perpendiculaires sur les côtés AB, AC, BC, on aura

$$SF : SH :: \alpha : \beta, \quad \text{et} \quad SF : SD :: \alpha : \gamma.$$

74. Problème (*fig.* 61). *Dans l'intérieur d'un triangle donné, trouver un point tel, qu'en menant des droites de ce point aux trois sommets du triangle, les surfaces des trois triangles partiels qui en résultent soient proportionnelles aux lignes données* α', β', γ'.

1re Solution. Les surfaces des triangles étant proportionnelles aux produits des bases par les hauteurs, ces produits doivent être entre eux comme les lignes α', β', γ'; les hauteurs doivent donc être proportionnelles aux droites connues $\frac{\alpha'\times r}{AB}$, $\frac{\beta'\times r}{AC}$, $\frac{\gamma'\times r}{BC}$, (*); désignant ces droites par α, β, γ, la question sera réduite à trouver un point S tel, que les perpendiculaires SF, SH, SD, menées de ce point sur les trois côtés du triangle ABC, soient proportionnelles aux lignes connues α, β, γ. On déterminera ce point comme dans la question précédente.

2e Solution. Divisez la base BC en parties BQ, CR, QR, pro-

---

(*) Les lignes α, β, γ, sont les derniers termes des proportions

$$AB : \alpha' :: r : \alpha, \quad AC : \beta' :: r : \beta, \quad BC : \gamma' :: r : \gamma.$$

(r désigne la ligne prise pour unité.)

portionnelles aux lignes α', β', γ' ; par les points Q, R, menez des parallèles QS, RS, aux droites BA, CA ; le point S, où ces droites se rencontrent, jouira de la propriété demandée.

En effet, tirez les droites AQ, AR ; vous aurez

surface ABQ : ACR : ABC :: BQ : CR : BC :: $\alpha' : \beta' : \alpha' + \beta' + \gamma'$.

Menant les droites SA, SB, SC, les triangles SAC, RAC, seront équivalens, comme ayant même base AC et même hauteur.

Par la même raison, les triangles SAB, QAB, seront équivalens ; ce qui donnera

$$ASB : ASC : ABC :: \alpha' : \beta' : \alpha' + \beta' + \gamma' ;$$

d'où ABC — ASB — ASC : ASC :: $\alpha' + \beta' + \gamma' - \alpha' - \beta' : \beta'$,

ou SBC : SAC :: $\gamma' : \beta'$. Mais, SAB : SAC :: $\alpha' : \beta'$.

Le point S satisfait donc à toutes les conditions du problème.

On en déduit une solution du problème du n° 73 ; car il suffit de prendre le point S de manière que les surfaces des triangles SAB, SAC, SBC, soient proportionnelles aux lignes $\frac{\alpha \times AB}{r}$, $\frac{\beta \times AC}{r}$, $\frac{\gamma \times BC}{r}$.

§ VI. *Constructions de Triangles.*

78. PROBLÈME (*fig.* 62). *Construire un triangle, connaissant deux de ses côtés, a, b, et la longueur δ de la droite qui divise en deux parties égales l'angle compris par les côtés, a, b.*

Cherchez une ligne d telle, que vous ayez,

$$(1)\ldots\ a : a + b :: \delta : d.$$

Sur une droite AE$=d$, formez un triangle isoscèle CAE tel, que CA $=$ CE $= b$; prolongez EC d'une quantité CB $= a$, et menez BA ; le triangle demandé sera ABC. En effet, dans ce triangle, CB$=a$, CA$=b$; il suffit donc de prouver que la droite CD, qui divise l'angle BCA en deux parties égales, est égale à δ. Or, l'angle BCA $=$ CEA $+$ CAE $=$ 2CEA, l'angle BCA$=$ 2BCD ;

les angles BCD, CEA, sont donc égaux; CD est donc parallèle à EA; on a donc

$$BC : BE :: CD : EA; \text{ ou } (2)\ldots\ a : a+b :: CD : d.$$

Les proportions (1) et (2) prouvent que $CD = \delta$.

76. PROBLÈME (*fig.* 62). *Construire un triangle, connaissant deux de ses côtés, a, b, et la longueur, d, de la droite qui, partant du sommet de l'angle compris par ces côtés, divise le troisième côté en parties proportionnelles à deux lignes données* α, β.

Cherchez des lignes δ, δ', telles, que vous ayez

(1)... $\beta : \alpha :: a : \delta$ et (2)... $a : a+\delta :: d : \delta'$.

Avec les lignes δ, δ', b, construisez un triangle CEA tel, que

$$CE = \delta,\ EA = \delta',\ CA = b.$$

Prolongez EC d'une quantité $CB = a$, et tirez AB.

Le triangle CAB résoudra le problème. Pour le démontrer, prenez sur AB un point D qui satisfasse à la condition

$$(3)\ldots\ DA : DB :: \alpha : \beta.$$

La combinaison des proportions (1) et (3) donne,

$$DA : DB :: \delta : a, \quad \text{ou} \quad DA : DB :: CE : CB;$$

CD est donc parallèle à EA. On a donc

$$BC : BE :: CD : EA, \text{ ou } a : a+\delta :: CD : \delta'.$$

Cette dernière proportion, combinée avec la proportion (2), donne $CD = d$. Mais, $CB = a$ et $CA = b$; le triangle CAB satisfait donc à toutes les conditions du problème.

77. PROBLÈME (*fig.* 63). *Construire un triangle, connaissant un angle* γ, *un côté adjacent, a, et la somme* S *des deux autres côtés.*

Faites l'angle $PCQ = \gamma$; prenez $CD = S$ et $CB = a$; tirez DB, et menez la droite BA sous l'angle $ABD = ADB$.

Le triangle ABC résoudra le problème, car

l'angle $ACB = \gamma$, $CB = a$, $AB + AC = AD + AC = CD = S$.

78. Problème (*fig.* 63). *Construire un triangle, connaissant un angle* γ, *un côté adjacent,* a, *et la différence* δ *des deux autres côtés.*

Faites l'angle $QCP = \gamma$; sur le prolongement de PC, prenez $CR = \delta$. Prenez $CB = a$; tirez la droite RB, et menez BA sous l'angle ABR=ARB. Je dis que ABC sera le triangle demandé; car l'angle $ACB = \gamma$, $CB = a$, $AB - AC = AR - AC = CR = \delta$.

79. Problème (*fig.* 64). *Construire un triangle, connaissant sa base* AB, *ainsi que la somme* S^2 *et la différence* δ^2 *des quarrés des deux autres côtés.*

Prenez le milieu E de AB; du point E comme centre, décrivez une demi-circonférence telle, que la somme des quarrés des distances de l'un quelconque de ses points aux extrémités A, B, de la base, soit égale à S^2 (n° 66); et sur AB élevez une perpendiculaire DP telle, que la différence des quarrés des distances de l'un quelconque de ses points aux extrémités A, B, soit égale à δ^2 (n° 57). Le point C d'intersection de la demi-circonférence avec la perpendiculaire, sera le sommet du triangle demandé; car en tirant les droites CA, CB, la base du triangle CAB est AB, et d'après la construction, les côtés AC, CB, ont entre eux les relations demandées,

$$\overline{CA}^2 + \overline{CB}^2 = S^2, \quad \overline{CA}^2 - \overline{CB}^2 = \delta^2.$$

80. Problème (*fig.* 65). *Construire un triangle, connaissant sa base* c, *l'angle* γ *du sommet, et la hauteur* h.

Sur une droite $AB = c$, décrivez un segment AHB capable de l'angle γ; menez une perpendiculaire MH à AB, et prenez $MT = h$; par le point T conduisez une parallèle CC' à AB. Les points C, C', où cette parallèle rencontre l'arc AHB, sont les sommets de deux triangles CAB, C'AB, qui satisfont également à la question proposée.

81. Problème. *Construire un triangle, connaissant sa base* c, *sa surface* δ^2, *et l'angle* γ *du sommet.*

Désignez la hauteur inconnue par h, vous aurez

$$ch = 2\delta^2; \text{ d'où } c : 2\delta :: \delta : h.$$

La hauteur du triangle demandé sera donc une quatrième proportionnelle aux trois lignes connues, c, 2δ, δ.

Le problème est ainsi ramené au précédent.

82. Problème (*fig.* 66). *Construire un triangle, connaissant sa surface* δ^2, *un angle* BAC, *et le point* M *par lequel doit passer le côté* NO *opposé à l'angle donné* BAC.

Menez MT parallèle à AC; formez le parallélogramme APQR équivalent à δ^2; sur MQ comme diamètre, décrivez une demi-circonférence; inscrivez une corde MD=MP; tirez DQ; prenez RN=DQ; tirez la droite MN qui rencontre AB en O.

Je dis que AON est le triangle demandé; en effet, les triangles QMS, PMO, RNS, étant semblables, on a

$$\textit{surface}\ \text{QMS} : \text{PMO} : \text{RNS} :: \overline{\text{QM}}^2 : \overline{\text{PM}}^2 : \overline{\text{RN}}^2;\ \text{d'où}$$

$$\text{QMS} - \text{PMO} : \text{RNS} :: \overline{\text{QM}}^2 - \overline{\text{PM}}^2 : \overline{\text{RN}}^2.$$

Or, $$\overline{\text{QM}}^2 - \overline{\text{MP}}^2 = \overline{\text{QM}}^2 - \overline{\text{MD}}^2 = \overline{\text{DQ}}^2 = \overline{\text{RN}}^2;$$

donc $$\text{QMS} - \text{PMO} = \text{RNS},\ \text{ou}\ \text{OPQS} = \text{RNS};$$

donc $$\text{OPQS} + \text{AOSR} = \text{RNS} + \text{AOSR},\ \text{ou}\ \text{APQR} = \text{AON}.$$

Mais, *surface* APQR $= \delta^2$. Donc enfin, *surface* AON $= \delta^2$.

Le triangle AON résout donc le problème.

83. Problème (*fig.* 67). *Étant donné un point* M *dans l'angle* BAC, *trouver, sur les côtés de cet angle, deux points* N *et* P *tels, que le triangle* NMP *soit semblable à un triangle donné* EDF.

Tirez la droite AM; sur DE et DF, décrivez des segmens DSGE, DTGF, capables des angles BAM, CAM; les arcs DSGE, DTGF, se couperont en deux points D, G. Tirez les droites GD, GE, GF. Sur les côtés AB, AC, de l'angle donné BAC, prenez des parties AN, AP, telles, que vous ayez

(1)... GD : GE :: AM : AN, (2)... GD : GF :: AM : AP.

Joignez les points M, N, P, par des droites. Je dis que NMP sera le triangle demandé. En effet, d'après la construction, les triangles NAM, MAP, sont respectivement semblables aux triangles EGD, DGF, car ils ont un angle égal compris entre côtés proportionnels. La similitude de ces triangles donne

$$\text{angle } AMN = GDE, \quad \text{angle } AMP = GDF.$$

Les angles NMP, EDF, sont donc égaux. Mais,

$$MN : DE :: MA : DG, \text{ et } MP : DF :: MA : DG.$$

Donc,

$$MN : DE :: MP : DF.$$

Les triangles NMP, EDF, ont donc un angle égal compris entre côtés proportionnels ; ces triangles sont donc semblables.

Le triangle NMP jouit donc des propriétés demandées.

84. Problème (*fig.* 68). *Construire un triangle rectangle, connaissant la longueur α de la perpendiculaire menée du sommet de l'angle droit sur l'hypoténuse, et la différence δ des deux côtés de l'angle droit.*

Décrivez une circonférence avec le rayon $OT = \alpha$; en un point quelconque T de cette circonférence menez une tangente T*t*, et prenez $TA = \delta$; par le point A et le centre O, tirez la sécante AB; sur AB comme diamètre décrivez une demi-circonférence A*e*B; au point B, élevez sur AB une perpendiculaire BE, et prenez $BK = \alpha$; menez KC parallèle à BA, et CD perpendiculaire à AB; CD sera égal à α; tirez les droites AC, BC. Il est facile de voir que CAB sera le triangle demandé, car l'angle ACB est droit, la perpendiculaire CD est égale à α, et je vais prouver que $AC - CB = \delta$.

Les propriétés connues des triangles rectangles, donnent

$$\overline{AC}^2 + \overline{CB}^2 = \overline{AB}^2, \ AC : AB :: DC : CB, \ AC \times CB = AB \times DC.$$

$$\text{Donc } \overline{AC}^2 + \overline{CB}^2 - 2AC \times CB = \overline{AB}^2 - 2AB \times DC = \overline{AB}^2 - AB \times 2DC.$$

$$\text{Or, } 2DC = 2\alpha = BP, \text{ et } \overline{AC}^2 + \overline{CB}^2 - 2AC \times CB = (AC - CB)^2; \text{ donc}$$

$$(AC - CB)^2 = \overline{AB}^2 - AB \times BP = AB(AB - BP) = AB \times AP.$$

Mais, AB : AT :: AT : AP, d'où $AB \times AP = \overline{AT}^2$,

donc enfin, $(AC - CB)^2 = \overline{AT}^2 = \delta^2$; d'où $AC - CB = \delta$.

Si l'on prolonge KC jusqu'en C′, on verra que le triangle AC′B satisfait également aux conditions demandées.

85. Problème (*fig.* 69). *Construire un triangle, connaissant son périmètre* $2p$, *et deux de ses angles* α, β.

Par les extrémités d'une droite $DE = 2p$, menez des droites DC, EC, sous des angles $CDE = \frac{1}{2}\alpha$, $CED = \frac{1}{2}\beta$; par le point C d'intersection, tirez des droites CA, CB, sous les angles $DCA = \frac{1}{2}\alpha$, $ECB = \frac{1}{2}\beta$. Le triangle ABC résoudra le problème ; car il résulte de la construction et des propriétés connues des triangles, que

$$\text{l'angle } CAB = \tfrac{1}{2}\alpha + \tfrac{1}{2}\alpha = \alpha, \quad \text{l'angle } CBA = \tfrac{1}{2}\beta + \tfrac{1}{2}\beta = \beta,$$

et que $$AC = AD, \quad BC = BE.$$

Donc, $AC + AB + BC = AD + AB + BE = DE = 2p$.

86. Problème (*fig.* 70). *Construire un triangle* ABC, *connaissant les longueurs* α, β, γ, *des trois perpendiculaires* AD, BE, CF, *menées des sommets sur les côtés opposés*.

Soient, $BC = a$, $AC = b$, $AB = c$. On aura

surface $ABC = \frac{1}{2}a\alpha = \frac{1}{2}b\beta = \frac{1}{2}c\gamma$; donc, $a : b : c :: \beta : \alpha : \frac{\alpha\beta}{\gamma}$.

Par conséquent, si l'on construit un triangle A′B′C′ avec les trois lignes connues, $B'C' = \beta$, $A'C' = \alpha$, $A'B' = \frac{\alpha\beta}{\gamma}$, ce triangle sera semblable au triangle demandé. Menant donc deux perpendiculaires GH, MN, à la droite $AD = \alpha$, et tirant par le point A deux droites AB, AC, sous des angles $GAB = B'$, $HAC = C'$, le triangle ABC jouira de la propriété demandée.

87. Problème (*fig.* 70). *Construire un triangle* ABC, *connaissant les longueurs des perpendiculaires* AD, BE, *menées des sommets* A, B, *sur les côtés opposés* CB, CA. *La droite* AD *est donnée de position, et l'on connaît le point* O *de* AD *par où passe* BE.

Les points A, O, D, étant donnés, si la longueur de OB était connue, on en déduirait facilement la solution du problème proposé ; car en menant par le point D une perpendiculaire MN à la ligne donnée AD, l'arc décrit du point O comme centre avec le rayon OB, couperait MN en un point B; tirant la droite BR par les points connus B, O; menant ensuite par le point donné A, la perpendiculaire AC à BR, et tirant AB, le triangle ABC serait construit.

La question est donc réduite à *déterminer la longueur de* OB.

Les triangles rectangles OAE, OBD, sont semblables, et fournissent la proportion OA : OB :: OE : OD.

Les droites AD, BE, se coupant au point O en parties réciproquement proportionnelles, on peut les considérer comme deux cordes inscrites dans un même cercle; par conséquent, si l'on fait passer par les points donnés A, D, une circonférence quelconque dont le rayon ne soit pas moindre que $\frac{1}{2}$ BE, et si par le point O on tire dans cette circonférence une corde B'E' dont la longueur soit égale à la ligne connue BE (n° 51), les deux parties OB', OE', de cette corde comprises entre le point O et la circonférence seront les longueurs des lignes inconnues OB, OE; ce qui déterminera la longueur de OB.

88. Problème (*fig.* 70). *Construire un triangle* ABC, *connaissant l'angle* ACB = γ, *et les longueurs des perpendiculaires* BE, AD, *menées des sommets* B, A, *sur les côtés opposés* CA, CB.

Tirez deux droites indéfinies CM, CT, qui forment entre elles l'angle donné γ; par le point C menez deux droites CP, CQ, respectivement perpendiculaires aux droites CM, CT; prenez CH = DA et CK = EB; par les points H, K, menez des parallèles HG, KS, aux côtés CM, CT. Ces parallèles détermineront les points A, B; et le triangle ABC résoudra le problème.

89. Problème (*fig.* 71). *Construire un triangle rectangle équivalent au trapèze* ABCD, *et qui ait un des côtés de l'angle droit égal à l'un des côtés parallèles* AB, DC, *de ce trapèze.*

Tirez la diagonale AC, et par B menez la parallèle FE à CA, qui rencontre en G le prolongement AK de DA; par G menez MN parallèle à DC; élevez CH perpendiculaire à CD, et tirez la droite DH. Le triangle DCH satisfera aux conditions du problème. En effet, ce triangle est rectangle en C; et les triangles de même base et de même hauteur étant équivalens, si l'on tire la droite CG, on aura

$$BAC + ADC = GAC + ADC, \quad \text{ou} \quad ABCD = GDC = HDC.$$

Ce problème est toujours possible.

On obtiendrait un second triangle DCH' qui satisferait à la question, en menant par le point D une perpendiculaire DH' à DC, et en tirant la droite CH'.

90. Problème (*fig.* 72). *Le sommet* M *d'un triangle isoscèle est donné; on sait que les extrémités* N, L, *de la base de ce triangle sont placées sur deux parallèles connues* AB, CD, *et la base du triangle doit faire un angle donné* α *avec ces parallèles. On propose de construire ce triangle.*

Il s'agit d'inscrire, entre les parallèles AB, CD, une droite LN telle, que les droites ML, MN, soient de même longueur, et que l'angle ANL $= \alpha$; le triangle isoscèle MNL résoudra le problème.

Pour construire la droite LN : par un point quelconque F de CD, menez une droite FE sous l'angle CFE $= \alpha$; tirez MG perpendiculaire sur FE, et par le milieu K de IH menez PQ parallèle à EF. Je dis que LN sera la droite demandée.

En effet, les triangles semblables KNI, KLH, donnent

$$KL : KN :: KH : KI.$$

Mais, par construction, KH = KI; donc KL = KN.

La droite MG, perpendiculaire à EF, est perpendiculaire sur la parallèle PQ à EF; MK est donc perpendiculaire sur le milieu K de LN; donc ML = MN. De plus, les angles ANL, LFE, sont égaux à l'angle donné α. Le triangle MNL jouit donc des propriétés demandées.

91. Problème (*fig.* 73). *Construire un triangle, connaissant sa base* AB, *et l'angle* γ *du sommet; on sait de plus que les deux autres côtés sont dans le rapport de deux lignes données,* α, β.

Sur la base AB, décrivez un segment AHB capable de l'angle γ, et achevez la circonférence; prenez le milieu E de l'arc AB; sur la corde AB, cherchez un point D tel, que vous ayez DA : DB :: α : β. Menez les droites EDC, CA, CB; le triangle ABC résoudra le problème. En effet, sa base est AB, l'angle ACB du sommet est égal à l'angle donné γ; les arcs AE, EB étant égaux, les angles ACE, ECB, sont aussi égaux; et la droite CD divisant l'angle ACB en deux parties égales, on a

$$CA : CB :: DA : DB :: \alpha : \beta.$$

92. La solution du problème du n° 65 (*page* 39), conduit très simplement à une autre manière de déterminer le triangle demandé.

En effet, on sait construire une circonférence CG (*fig.* 56), telle, que les distances de chacun de ses points aux extrémités de la base AB, soient comme α est à β; et en décrivant sur AB un segment ADB capable de l'angle donné γ, ce segment coupera la circonférence CG en un point M, qui sera le sommet du triangle AMB demandé.

93. PROBLÈME (*fig.* 56). *Construire un triangle, connaissant sa base* AB; *on sait que ses deux autres côtés sont dans le rapport des lignes données,* α, β, *et que son sommet est sur la droite* DE.

Décrivez une circonférence CG telle, que les distances de chacun de ses points à A et B soient comme α est à β (n° 65). Les points M et N, où cette circonférence coupe DE, sont les sommets de deux triangles MAB, NAB, qui jouissent de la propriété demandée; car la base de ces triangles est AB, le rapport des deux autres côtés est celui de α à β, et les sommets M, N, sont sur la droite DE.

94. PROBLÈME (*fig.* 74). *Construire un triangle, connaissant un angle* β, *la somme* S *des côtés qui comprennent cet angle, et la longueur* δ *de la perpendiculaire menée du sommet de l'angle connu sur le côté opposé.*

Faites l'angle PKR $= \beta$; divisez cet angle en deux parties égales par la ligne KD; sur une perpendiculaire quelconque Mn à KP, prenez MG $= \delta$; tirez GB et BE parallèles à KP et à GM. Par le point B de KD, inscrivez dans l'angle PKR une ligne

AH = S (n° 44), et menez BC de manière que l'angle ABC = β; le triangle ABC résoudra le problème. En effet, l'angle ABC est égal à l'angle donné β, et la perpendiculaire BE, menée du sommet de cet angle sur le côté opposé AC, est égale à δ.

Il ne reste donc plus qu'à prouver que BA + BC = S.

Les triangles ABC, AKH, ayant un angle commun A, et les angles ABC, AKH, étant égaux à β, les angles ECB, KHA, sont égaux. D'ailleurs, si l'on mène BF perpendiculaire à KH, on aura BF = BE; les triangles rectangles BCE, BHF, sont donc égaux. Donc,

$$BC = BH, \quad \text{et } BA + BC = BA + BH = AH = S.$$

95. Problème (*fig.* 75). *Construire un triangle, connaissant un côté α, un des angles adjacens γ, et la perpendiculaire δ menée du sommet de cet angle sur le côté opposé.*

Sur la droite BC = α, décrivez une demi-circonférence; du point C comme centre avec le rayon δ, décrivez un arc qui coupera la demi-circonférence en D; tirez BD que vous prolongerez indéfiniment; menez CA sous l'angle BCA = γ. Le triangle demandé sera ABC; car BC = α, l'angle BCA = γ; et la droite CD, perpendiculaire sur AB, est égale à δ.

Si l'on tire la droite CA', sous l'angle BCA' = γ, le triangle A'BC satisfera également à la question.

96. Problème (*fig.* 76). *Construire un triangle, connaissant sa surface $m \times n$, et deux de ses angles α, γ.*

Dans l'angle BAC = α, inscrivez une droite DE = $2m$, qui forme avec AB l'angle ADE = γ (n° 42). Menez AF perpendiculaire sur DE; cherchez deux moyennes proportionnelles, l'une a, entre m et n, l'autre b, entre AF et m; prenez AM quatrième proportionnelle aux trois lignes b, a, AD; il en résultera

$$a^2 = m \times n, \quad b^2 = m \times AF, \quad b : a :: AD : AM.$$

Menez MN parallèle à DE. Le triangle AMN résoudra le problème. En effet, $b^2 = AF \times m = AF \times \frac{1}{2} DE =$ *surface* ADE,

et *surf.* ADE : *surf.* AMN :: $\overline{AD}^2 : \overline{AM}^2 :: b^2 : a^2 :: b^2 : m \times n$.

Or, *surface* ADE $= b^2$; donc *surface* AMN $= m \times n$.

Mais, l'angle AMN = ADE $= \gamma$, et l'angle MAN $= \alpha$.

Le triangle AMN satisfait donc aux conditions du problème.

Pour trouver une seconde solution, prenez AM' = AM, et menez M'N' sous l'angle AM'N' $= \gamma$; le triangle AM'N', égal à AMN, jouira des mêmes propriétés.

97. Problème (*fig.* 77). *Étant données deux circonférences concentriques* OA', OC', *construire un triangle* A'B'C', *qui ait deux sommets* A', B', *sur la grande circonférence, le troisième sommet* C' *sur la petite circonférence, et qui soit semblable au triangle donné* ABC.

Menez la droite DE tangente à la circonférence OA', et par le point de contact A' menez la droite A'F sous l'angle DA'F = B; décrivez sur A'F un segment FC''C'A' capable de 200° — C; tirez la droite FC'B' par le point F, et par le point C' où l'arc qui détermine ce segment rencontre la circonférence OC'; joignez le point A' aux points C', B'.

Je dis que le triangle A'B'C' satisfera aux conditions du problème. En effet, l'angle A'B'C' = A'B'F = DA'F = B,

l'angle A'C'F = 200° — C = 200° — A'C'B'.

Donc, l'angle A'C'B' = C.

Le triangle A'B'C' est donc semblable à ABC.

Si par le point F et par le second point d'intersection C'' de l'arc FC''C'A' avec la circonférence OC', on mène la droite FC''B'', on déterminera un second triangle A'B''C'', qui satisfera également à la question.

98. Problème (*fig.* 78). *Construire un triangle, connaissant un angle* γ, *le rayon* R *du cercle circonscrit à ce triangle, et le rayon* r *du cercle incsrit.*

Décrivez une circonférence ANBG avec le rayon R ; menez une tangente DE à cette circonférence, et par le point de contact A menez la corde AB sous l'angle EAB $= \gamma$. Menez une parallèle HK à AB, à une distance r de AB ; du milieu G de l'arc AB comme centre, avec GA pour rayon, décrivez la circonférence $Ao'oBM$, qui coupe HK en o et o'. Du point o comme centre et d'un rayon r, décrivez la circonférence $tt'\,t''$; et des points A, B, menez à cette circonférence les tangentes AtT, $Bt'T'$, qui se couperont en un certain point C.

Je dis que le triangle ABC satisfera aux conditions du problème. En effet, par construction, la distance des droites AB, HK, est égale au rayon r du cercle ot; donc la circonférence ot est tangente au côté AB; et par conséquent, les trois côtés du triangle ABC sont tangens au cercle $tt'\,t''$, dont le rayon est r.

En second lieu, menez la tangente AF à la circonférence $Ao'oB$, l'angle FAG sera droit; vous aurez

$$\text{angle } GAB = \tfrac{1}{2}\, EAB = \tfrac{1}{2}\, \gamma.$$

Mais, l'angle $AoB = FAB = 100^\circ + GAB = 100^\circ + \frac{1}{2}\gamma$; et

$$oAB + oBA = 200^\circ - AoB = 200^\circ - (100^\circ + \tfrac{1}{2}\gamma) = 100^\circ - \tfrac{1}{2}\gamma.$$

Or, l'angle $CAo = oAB$, et l'angle $CBo = oBA$; donc

$$CAB + ABC = 2(oAB + oBA) = 200^\circ - \gamma; \text{ donc l'angle } ACB = \gamma.$$

Enfin, puisque l'angle BCA est égal à l'angle BAE, il a pour mesure la moitié de l'arc AGB; donc son sommet C est situé sur la circonférence AGBN, qui a été décrite avec le rayon R; donc le rayon du cercle circonscrit au triangle ABC est égal à R.

L'arc $Ao'oB$ coupe la droite HK en un second point o', qui déterminerait une seconde solution exactement semblable à la première.

99. Problème (*fig.* 78). *Construire un triangle, connaissant un côté c, le rayon* R *du cercle circonscrit, et la distance d des centres des cercles inscrit et circonscrit.*

Prenez une droite $AB = c$, et d'un rayon égal à R décrivez une circonférence AGBN qui passe par les points A, B. Du centre O de cette circonférence, avec un rayon égal à d; décrivez la circonférence $o'mon$, et du milieu G de l'arc AB comme centre avec le rayon GA, décrivez la circonférence $Ao'oBM$. Du point o d'intersection de ces deux circonférences, comme centre, décrivez une circonférence $t\,t'\,t''$ tangente à la corde AB; et des points A, B, menez à cette circonférence les tangentes AtT, $Bt'T'$, qui se couperont en C.

Le triangle ABC satisfera à toutes les conditions du problème. En effet, menez au point A la droite DE tangente à la circonférence OA, et la droite AF tangente à la circonférence $Ao'oBM$; tirez Ao et Bo, vous aurez

$$\text{angle } AoB = FAB = 100° + GAB = 100° + \tfrac{1}{2} EAB.$$

Or, $$oAB + oBA = 200° - AoB = 100° - \tfrac{1}{2} EAB,$$

et $$CAB + CBA = 2\,(oAB + oBA) = 200° - EAB.$$

Donc l'angle ACB = EAB; le point C est donc sur la circonférence OA.

De plus, le rayon OA = R, le côté AB = c; et la distance oO, des centres, o,O, des cercles inscrit et circonscrit au triangle ACB, est égale à d. Ce triangle satisfait donc à la question.

La circonférence $o'mon$ coupe l'arc $Ao'oB$ en un second point o' qui détermine une seconde solution exactement semblable à la première.

100. Problème (*fig.* 79). *Construire un triangle rectangle tel, que la somme des deux côtés de l'angle droit soit égale à la ligne donnée* S, *et que le rapport des quarrés de ces mêmes côtés soit égal à celui des lignes connues*, α, β.

Sur une droite indéfinie MN, prenez des parties DE = α, EF = β, et sur DF comme diamètre décrivez une demi-circonférence; élevez au point E la perpendiculaire EA au diamètre; menez les droites AD, AFK; prenez FH = AD, AG = S; joignez HD; menez GB parallèle à HD, et BC parallèle à DF.

Je dis que le triangle ABC est le triangle demandé. En effet, l'angle DAF est droit; on a

$$(1)\ldots\ AB : AC :: AD : AF,\quad \overline{AB}^2 : \overline{AC}^2 :: \overline{AD}^2 : \overline{AF}^2,$$

et l'on sait que,

$$\overline{AD}^2 : \overline{AF}^2 :: DE : EF.\quad \text{Donc } \overline{AB}^2 : \overline{AC}^2 :: DE : EF :: \alpha : \beta.$$

Mais, $$AG : AH :: AB : AD,$$

et l'on déduit de (1) que AB + AC : AD + AF :: AB : AD;

donc AG : AH :: AB + AC : AD + AF;

or, AD + AF = FH + AF = AH; donc, AB + AC = AG = S.

101. Problème (*fig.* 80). *Construire un triangle, connaissant un côté, c, et les longueurs α, β, des droites menées des sommets des angles adjacens aux milieux des côtés opposés.*

Sur une ligne indéfinie MN, prenez trois parties DA, AB, BE égales à c; sur la base DE, et avec les côtés DC $= 2\alpha$, CE $= 2\beta$, construisez le triangle DCE, et joignez le point C aux points A, B. Je dis que le triangle ACB est le triangle demandé. En effet, menez les droites BF, AG, aux milieux des côtés AC, BC; puisque AB = AD = BE, la droite BF sera parallèle à EC, la droite AG sera parallèle à DC, et vous aurez

$$BF = \tfrac{1}{2} EC = \beta, \quad AG = \tfrac{1}{2} DC = \alpha.$$

102. Problème (*fig.* 81). *Construire un triangle, connaissant les longueurs α, β, γ, des trois droites menées des sommets des angles aux milieux des côtés opposés.*

Avec les côtés, DC $= 2\alpha$, FD $= 2\beta$, CF $= 2\gamma$, construisez le triangle CDF; achevez le parallélogramme DCEF; divisez la diagonale DE en trois parties égales aux points A, B, et menez les droites CA, CB. Je dis que le triangle ACB est le triangle demandé. En effet, menez les droites BG, AH, aux milieux des côtés AC, CB. Puisque AB = BE = AD, la droite AH sera parallèle à DC, la droite BG sera parallèle à EC, et vous aurez

$$AH = \tfrac{1}{2} DC = \alpha, \quad BG = \tfrac{1}{2} EC = \beta.$$

Mais le point K, milieu de la diagonale DE, l'est aussi de AB, et CK $= \tfrac{1}{2}$ CF $= \gamma$. Le triangle ACB satisfait donc à toutes les conditions du problème.

103. Problème (*fig.* 82). *Par trois points donnés* B, R, Q, *mener des droites* MN, PN, PM, *qui forment un triangle* MNP *égal à un triangle donné* DEF.

Tirez les droites BQ, BR; sur ces droites décrivez des segmens

BMQ, BNR, capables des angles FDE, FED; par le point B menez une sécante MN telle, que MN = DE (n° 56); tirez les droites MQP, NRP; le triangle MNP satisfera à toutes les conditions du problème; car

MN = DE, l'angle PMN = FDE, et l'angle PNM = FED.

Les triangles MNP, DEF, sont donc égaux.

La sécante M'N' = MN, donnerait une seconde solution.

104. PROBLÈME (*fig.* 83). *Circonscrire au triangle donné* BST, *le plus grand triangle équilatéral possible.*

Sur les côtés BS, BT, décrivez des segmens BDFS, BGET, capables de $\frac{200^\circ}{3}$; achevez les circonférences CB, C'B; par le point B, menez DE perpendiculaire à la corde AB; les droites DS, ET, prolongées se rencontreront en un point H. Le triangle DEH résoudra le problème. En effet, par construction, les angles HDE, HED, étant de $\frac{200^\circ}{3}$, l'angle H vaut $\frac{200^\circ}{3}$; le triangle DEH est donc équilatéral.

Il suffit de prouver que la surface de ce triangle est plus grande que celle de tout autre triangle équilatéral circonscrit FGR. Or, tous les triangles équilatéraux étant semblables, on a

$$\text{DEH} : \text{FGR} :: \overline{\text{DE}}^2 : \overline{\text{FG}}^2$$

Mais DE est plus grand que FG (n° 14); la surface du triangle DEH est donc plus grande que celle du triangle FGR.

Le triangle DEH jouit donc de la propriété demandée.

105. PROBLÈME (*fig.* 84). *Inscrire dans un cercle donné un triangle isoscèle, connaissant la somme* S *de la base et de la hauteur de ce triangle.*

Par le centre O du cercle donné, tirez une sécante quelconque AQ; prenez AF = S; d'un point quelconque M de AF, conduisez MH perpendiculaire sur AF; prenez MN = $\frac{1}{2}$ FM, et par les points F, N, tirez la droite FP, qui rencontre la circonférence donnée en C et C'. Menez les cordes CB, C'B', perpendiculaires sur AQ; les points D, D′, seront les milieux de ces cordes; et en tirant les droites AB, AC, AB′, AC′, les triangles ABC, AB′C′, satisferont à la question.

En effet, les triangles FMN, FDC, sont semblables, et

$$FM = 2MN \text{; donc}$$

$$FD = 2DC = BC\text{; donc } AD + BC = AD + FD = AF = S.$$

On démontrerait de même que $AD' + B'C' = S$.

Quand la somme S n'est pas plus grande que le diamètre du cercle donné, le problème n'admet qu'une solution.

Lorsque S est telle qu'en prenant $AF' = S$, et $MN' = \frac{1}{2} MF'$, la droite F′N′P′ est tangente en T au cercle OT, on tire la perpendiculaire TT′ à AQ, et on mène les droites AT, AT′; le triangle ATT′ est le seul qui satisfasse à la question.

Enfin, quand la somme S est plus grande que AF′, le problème est impossible.

Pour calculer le *maximum* AF′ de S, au moyen du rayon $OT = R$, on observe que les triangles OTF′, TLF′, étant rectangles et semblables, on a

$$OT : TF' :: TL : LF'\text{; or, } LF' = 2TL\text{, donc } TF' = 2OT = 2R.$$

$$\text{Mais,} \quad OF' = \sqrt{\overline{OT}^2 + \overline{TF'}^2} = \sqrt{5R^2} = R\sqrt{5},$$

$$\text{et } AF' = R + OF'\text{; donc } AF' = (1 + \sqrt{5}) \times R.$$

§ VII. *Des Lieux géométriques.*

106. Problème (*fig.* 85). *Soit* XX′X″ *un cercle donné*, O *son centre, et* P *un point donné dans le plan du cercle; on tire des droites* PX, PX′, PX″, *etc., du point fixe* P *aux différens points* X, X′, X″, *etc., de la circonférence* OA; *sur les prolongemens de ces droites, on prend des parties* PY, PY′, PY″, *etc., telles qu'on ait constamment*

$$a : b :: PX : PY :: PX' : PY' :: PX'' : PY'' :: \text{etc.}$$

(*a et b désignent des lignes données*). *Il s'agit de trouver le lieu géométrique des points* Y, Y′, Y″, *etc., ainsi déterminés.*

Menons le rayon OX, et par un des points Y du lieu géométrique, tirons YZ parallèle à OX. Les triangles semblables POX, PZY, donnent

$$PO : PZ :: OX : ZY :: PX : PY :: a : b.$$

Donc (1)... $PZ = \frac{b}{a} \times PO$, et (2)... $ZY = \frac{b}{a} \times OX$.

On aurait de même $ZY' = \frac{b}{a} \times OX'$, $ZY'' = \frac{b}{a} \times OX''$, etc.

La valeur (1) de PZ est constante, car a, b et PO sont donnés; elle détermine la position du point fixe Z.

Or, les distances ZY, ZY', ZY'', etc., sont égales entre elles, car les rayons OX, OX', OX'', etc., sont égaux.

Le lieu géométrique cherché est donc une circonférence, dont le centre Z *et le rayon* ZY *sont déterminés par les équations* (1) *et* (2).

107. PROBLÈME (*fig.* 86). *On donne de position un point* P, *et une droite* AB; *on tire une droite* PX, *du point* P *à un point quelconque* X *de* AB, *et l'on mène une droite* PK *qui forme avec* PX *l'angle donné* γ; *on prend sur* PK *une partie* PY *telle, que* PX *soit à* PY *dans le rapport de deux lignes données*, a, b. *Il s'agit de trouver le lieu géométrique de l'extrémité* Y *de la droite* PY.

Abaissons PC perpendiculaire sur AB; menons PF sous l'angle CPF $= \gamma$, et prenons PD de manière qu'on ait,

$$a : b :: PC : PD.$$

Si de l'angle CPD et de son égal XPY, on retranche l'angle commun XPD, on aura l'angle CPX = DPY.

D'ailleurs, $PC : PD :: PX : PY$;

donc les triangles PCX, PDY, sont semblables; donc l'angle D est droit.

Tous les points du lieu géométrique cherché sont donc les différens points de la perpendiculaire HG *élevée à l'extrémité* D *de la droite* PD *connue de grandeur et de position.*

REMARQUE. La droite PD pouvant être située des deux côtés de PC, le problème proposé est susceptible de deux solutions.

108. Problème (*fig.* 87). *On donne de position un point* P *et une droite* AB *; on mène une droite* PX, *du point* P *à un point quelconque* X *de* AB*; et l'on détermine sur* PX *un point* Y *tel, que le rectangle* $PX \times PY$ *soit égal à un quarré donné* a^2. *On demande le lieu géométrique des points* Y.

Du point P, abaissez sur AB la perpendiculaire PC, et prenez sur PC un point D tel que $PC \times PD = a^2$; D sera un des points du lieu géométrique demandé. Mais on a aussi,

$$PX \times PY = a^2; \text{ donc } PX : PC :: PD : PY;$$

donc les triangles PXC, PYD, sont semblables; donc l'angle PYD est droit.

Par conséquent, *le lieu géométrique cherché est une circonférence dont* PD *est le diamètre.*

109. Problème (*fig.* 87). *On donne un point* P *sur une circonférence* PYD *connue de grandeur et de position ; on mène par le point* P *une corde quelconque* PY, *que l'on prolonge d'une longueur* YX *telle, que* $PX \times PY$ *soit égal à un quarré donné* a^2. *Trouver le lieu géométrique des points* X.

Le problème précédent conduit immédiatement à cette construction : tirez par le centre O la droite PC, de manière que $PD \times PC = a^2$; *la perpendiculaire* AB *à* PC, *menée par le point* C, *sera le lieu géométrique demandé.*

110. Problème (*fig.* 88). *On donne un point* P *et un cercle* OA. *On joint le point fixe* P *avec un point quelconque* X *de la circonférence* OA, *et l'on tire une droite* PM *qui forme avec* PX *un angle constant* γ. *On prend sur* PM *une partie* PX′ *telle, que les longueurs* PX, PX′, *soient dans le rapport de deux lignes données,* a, b. *Il s'agit de trouver le lieu géométrique des points* X′ *ainsi déterminés.*

Menez la droite PB par le point P et le centre O; tirez PN sous l'angle $BPN = \gamma$; vous obtiendrez deux points A′, B′, du lieu géométrique demandé, en portant sur PN des parties PA′, PB′, telles que vous ayez,

$$a : b :: PA : PA', \quad a : b :: PB : PB'.$$

Ces deux proportions donnent

$$PA : PA' :: PB : PB' :: a : b;\ \text{d'où}$$

(1)... $PB + PA : PB' + PA' :: PB - PA : PB' - PA' :: a : b.$

Or, $PB = PO + OB = PO + OA$; $PA = PO - OA$;

donc, $PB + PA = 2PO$, et $PB - PA = 2OA$.

On verra de même, en prenant le milieu O' de la droite A'B', que $PB' + PA' = 2PO'$, $PB' - PA' = 2O'A'$.

La proportion (1) devient

$$2PO : 2PO' :: 2OA : 2O'A' :: a : b.$$

Donc, $PO : PO' :: a : b$. D'ailleurs $PX : PX' :: a : b$;

donc, $PO : PX :: PO' : PX'$.

Or, l'angle $XPX' = OPO' = \gamma$; donc l'angle $OPX = O'PX'$.

Les triangles OPX, O'PX', sont donc semblables, comme ayant les angles égaux en P compris entre deux côtés proportionnels; on a donc

$$OX : O'X' :: PO : PO' :: a : b;\ \text{d'où}\ O'X' = \frac{b}{a} \times OX.$$

Tous les points X', du lieu géométrique demandé, sont donc éloignés du point O' d'une quantité constante. Par conséquent, *le lieu géométrique cherché est une circonférence, décrite du point* O' *comme centre avec un rayon égal à* $\frac{b}{a} \times OX$.

111. Problème (*fig.* 89). *On donne, de grandeur et de position, le cercle* OX *et la droite* AB. *Par un point quelconque* X *de la circonférence, on tire une droite* XY *parallèle et égale à* AB. *Il s'agit de trouver le lieu géométrique des points* Y.

Du centre O menez OZ parallèle et égale à AB, la figure OZYX sera un parallélogramme; donc $ZY = OX$. Par conséquent, *le lieu géométrique cherché est la circonférence d'un cercle dont* Z *est le centre, et dont le rayon est égal à* OX.

112. Problème (*fig.* 90). *Deux droites indéfinies* BB', CC', *étant données de position, trouver le lieu géométrique des points X tels qu'en menant des droites XP, XQ, qui forment avec BB' et CC' des angles donnés* α, β, *les longueurs* XP, XQ, *soient dans le rapport constant de deux lignes connues*, a, b.

Soit x un second point du lieu géométrique cherché; si l'on tire les parallèles xp, xq, à XP et XQ, et les droites PQ, pq, les triangles PXQ, pxq, seront semblables, comme ayant les angles égaux PXQ, pxq, compris entre côtés proportionnels; donc les angles QPX, qpx, sont égaux, et les droites PQ, pq, sont parallèles; on a donc

$$AP : Ap :: PQ : pq :: PX : px; \text{ d'où } AP : PX :: Ap : px;$$

les triangles APX, Apx, sont donc semblables, comme ayant un angle APX = Apx compris entre côtés proportionnels; les angles XAB, xAB, sont donc égaux; les trois points A, x, X, sont donc en ligne droite (*fig.* 91).

Par conséquent, *tous les points du lieu géométrique cherché se trouvent sur une droite qui passe par l'intersection* A *des droites données*.

Pour *construire le lieu géométrique demandé*, tirez des droites FF', NN' (*fig.* 92), qui forment avec BB' et CC' les angles donnés α, β; à partir des points E, M, où ces droites rencontrent les droites données, prenez des longueurs EG = a, Mm = b; par les points G, m, tirez des parallèles GH, mK, aux lignes BB', CC'; l'intersection n des droites GH, mK, sera un des points du lieu géométrique cherché; car en conduisant par n des parallèles ng, nd, aux lignes FF', NN', ces parallèles formeront les angles α, β, avec les droites données BB', CC', et on aura

$$ng = GE = a,\ nd = mM = b, \quad \text{d'où} \quad ng : nd :: a : b.$$

La droite DAD' menée par les points connus, n, A, sera donc le lieu géométrique demandé.

La question proposée admet une seconde solution. Car, en prenant Mm' = b, et en tirant une parallèle m'K' à CC', qui rencontre GH en n', il est facile de voir, par des raisonnemens analogues aux précédens, que tous les points de la droite RS menée par n' et A, jouissent de la propriété demandée.

113. Problème (*fig.* 93). *Deux droites indéfinies* AA', BB', *étant données de position, déterminer le lieu géométrique des points* X *tels qu'en menant les perpendiculaires* XP, XQ, *aux droites* AA', BB', *la somme des produits de ces perpendiculaires par les lignes connues, a, b, soit égale à un quarré donné* δ^2.

Il s'agit de satisfaire à la condition

$$a \times XP + b \times XQ = \delta^2.$$

Pour ramener cette question à la précédente, on prolonge la droite QX, de X vers E, et l'on porte sur QE une partie QR déterminée par la proportion

$$b : \delta :: \delta : QR; \text{ de sorte que } \delta^2 = b \times QR.$$

Il ne s'agit plus que de satisfaire à la condition

$$a \times XP + b \times XQ = b \times QR; \text{ d'où}$$

$$a \times XP = b(QR - XQ) = b \times XR.$$

Donc $a \times XP = b \times XR$; d'où $XP : XR :: b : a$.

Par conséquent, si l'on tire par le point connu R, une parallèle CD à B'B, la question sera réduite à *déterminer le lieu géométrique des points* X *tels qu'en menant les perpendiculaires* XP, XR, *aux droites indéfinies* AA', CD, *les longueurs de ces perpendiculaires soient dans le rapport constant des lignes connues, b, a*. On a vu (n° 112) que *le lieu géométrique demandé est le système de deux droites qui passent par le point* G, et l'on a donné le moyen de construire ces droites.

114. Problème (*fig.* 94). *Deux points* A, B, *étant donnés sur une droite indéfinie* HH', *trouver le lieu géométrique des points* X *tels que la différence* $\overline{XA}^2 - \overline{XB}^2$, *soit égale à un quarré donné* δ^2.

On a vu (n° 37) que le lieu géométrique cherché est une perpendiculaire SS' à HH'; et nous avons donné le moyen de construire cette perpendiculaire.

115. Problème (*fig.* 95). *Deux points* A, B, *étant donnés,*

déterminer le lieu géométrique des points X tels, que la somme $\overline{AX}^2 + \overline{BX}^2$ *soit égale à un quarré donné* δ^2.

On a vu (n° 66) que le lieu géométrique demandé est une circonférence dont le centre C est le milieu de la droite AB, et on a donné le moyen de construire le rayon.

116. Problème (*fig.* 96). *Deux points* A, B, *étant donnés, trouver le lieu géométrique des points* X *tels, que les distances* XA, XB, *soient constamment dans le rapport des lignes données, a, b.*

Divisez la droite AB en deux parties telles, que l'on ait
CA : CB :: a : b. Il faudra que XA : XB :: CA : CB.
La droite XC divise donc l'angle AXB en deux parties égales.
Cela posé : soit pris sur le prolongement de AB un point D,
tel que l'on ait DA : DB :: a : b;
on aura aussi XA : XB :: DA : DB.

Cette dernière proportion démontre que si l'on tire le prolongement XE de AX, la droite XD divisera l'angle BXE en deux parties égales. En effet, conduisez la parallèle BK à DX, vous aurez

XA : XK :: DA : DB; d'ailleurs XA : XB :: DA : DB;
donc XK = XB; donc l'angle XBK = XKB.

Mais, les droites BK, DX, étant parallèles,
l'angle XBK = BXD, l'angle XKB = EXD; donc l'angle BXD = EXD. La droite XD divise donc l'angle BXE en deux parties égales. Or, XC divise l'angle BXA en deux parties égales, et l'angle BXE + BXA = 200°; donc l'angle BXC + BXD = 100°.

Le point X appartient donc à la circonférence décrite sur CD comme diamètre; et par conséquent, *le lieu géométrique cherché est une circonférence.*

Pour construire le point D, on observera que la proportion
DA : DB :: a : b, donne DA — DB : DB :: $a-b$: b,
ce qui revient à AB : BD :: $a-b$: b.

On obtiendra donc BD, en construisant une quatrième proportionnelle géométrique aux trois lignes connues $a-b$, b, AB.

DEUXIÈME PARTIE.

PROPRIÉTÉS GÉNÉRALES DES POINTS, DES LIGNES ET DES SURFACES, SITUÉS D'UNE MANIÈRE QUELCONQUE DANS L'ESPACE.

---

§ Ier. *Des plans. De la perpendiculaire et des obliques à un plan. Problèmes.*

117. Définition. Le *plan* est une surface indéfinie sur laquelle une droite s'applique exactement dans tous les sens.

Une droite menée par deux points quelconques d'un plan, est donc tout entière dans ce plan.

Pour fixer les idées, nous assignerons des formes déterminées aux plans; mais il faudra toujours concevoir que ces portions de plans sont prolongées indéfiniment dans tous les sens.

118. Théorème. *L'intersection d'une droite avec un plan est un point;* car si la droite avait deux points communs avec le plan, elle serait tout entière dans le plan, ce qui est contre l'hypothèse.

119. Théorème (*fig.* 98). *Par deux droites qui se coupent, on peut toujours mener un plan, et l'on n'en peut mener qu'un seul.*

Tirez deux droites BE, BD, qui se coupent en B, et concevez un plan qui tourne autour de BD; quand ce plan rencontrera un point C de BE, la droite BE sera tout entière dans ce plan (n° 117); et si le plan continuait à tourner, il quitterait nécessairement le point C, de sorte que la droite BE n'y serait plus comprise.

De là, il suit: 1°. que, *par trois points non en ligne droite, on ne peut faire passer qu'un seul plan;*

2°. Que *trois points non en ligne droite, ou deux droites qui se coupent, déterminent la position d'un plan;*

3°. Que *deux plans coïncident lorsqu'ils ont trois points communs non en ligne droite.*

120. Théorème (*fig.* 99). *Par deux droites parallèles, on ne peut conduire qu'un seul plan;* car si l'on pouvait mener deux plans qui continssent chacun les parallèles AB, CD, en prenant trois points E, F, G, de ces parallèles, les deux plans passeraient par ces trois points non en ligne droite, ce qui est impossible (n° **119**, 1°).

Un plan assujetti à passer par deux parallèles est donc entièrement déterminé.

121. Théorème (*fig.* 100). *Par un point donné, on ne peut conduire qu'une seule parallèle à une droite donnée.*

Si, par le point E, on pouvait mener deux parallèles EB, EQ à la droite CD, les deux plans QECD, BECD, se confondraient, car ils passent par trois points E, C, D, non en ligne droite; on pourrait donc conduire par un même point et dans un même plan, deux parallèles EB, EQ, à CD; ce qui est absurde.

122. Théorème (*fig.* 101). *Lorsque deux droites sont parallèles, si par une de ces droites et un point de l'autre droite, on mène un plan, cette dernière droite sera tout entière dans le plan.*

En effet, si les droites AB, CD, sont parallèles, elles seront situées dans un même plan. Par la droite CD et un point quelconque E de AB, menez un plan, et tirez une droite EC du point E, à un point quelconque C de CD. Les droites CD, CE, seront dans ce dernier plan; mais elles sont aussi dans le plan des parallèles; donc ces deux plans se confondent (n° **119**).

123. Théorème (*fig.* 102). *Lorsque par un point d'un plan, on mène une parallèle à une droite située dans ce plan, cette parallèle est tout entière dans le plan.*

Par le point E du plan MN, menez une parallèle EB à la droite CD située dans le plan MN. Si EB n'était pas dans le plan MN, on pourrait conduire dans ce plan une parallèle EQ à CD; les deux droites EQ, EB, seraient donc parallèles à CD; ce qui n'est pas possible (nº 121).

124. Théorème (*fig.* 103). *Toutes les parallèles menées par les différens points d'une droite, sont dans un même plan.*

Conduisez un plan CRK par les droites RC, RK ; si par un point quelconque M de RK, vous menez une parallèle ML à RC, cette parallèle sera dans le plan CRK (nº 123). Toutes les parallèles à RC, menées par des points quelconques de RK, sont donc dans le plan CRK.

125. Théorème. *L'intersection de deux plans est une ligne droite;* car si l'on pouvait trouver trois points de l'intersection qui ne fussent pas en ligne droite, les deux plans se confondraient (nº 119, 3º) ; ce qui est contre l'hypothèse.

Une ligne droite est donc entièrement déterminée, lorsqu'elle doit se trouver à la fois dans deux plans qui se coupent.

126. Théorème (*fig.* 104). *L'intersection de trois plans qui ne passent pas par la même droite et qui se coupent deux à deux, est un point;* car l'intersection de deux plans CK, LN, étant une droite AB, un troisième plan EG, qui ne passe pas par AB, coupe la droite AB en un point P, et ce point est l'intersection des trois plans CK, LN, EG.

Un point est donc entièrement déterminé, lorsqu'il doit se trouver en même temps sur trois plans donnés qui ne passent pas par la même droite, et qui se coupent deux à deux.

127. Définition. *Une droite est dite perpendiculaire à un plan, lorsqu'elle ne penche d'aucun côté de ce plan; c'est-à-dire, lorsqu'elle forme des angles droits avec toutes les droites menées par son* pied *dans le plan.*

Réciproquement, *on dit qu'un plan est perpendiculaire à une droite, lorsque cette droite est perpendiculaire à ce plan.*

128. Théorème (*fig.* 105). *Une droite, perpendiculaire à deux autres qui passent par son pied dans un plan, est perpendiculaire à ce plan.*

Il s'agit de faire voir que si la droite AP est perpendiculaire aux droites PB, PC, menées par son pied P dans le plan GE, elle sera perpendiculaire à toute autre droite PD menée par le point P dans le même plan. Tirez une droite quelconque MN qui rencontre les trois droites PB, PD, PC, en B, D, C ; prolongez AP d'une longueur PA' = PA ; tirez les droites AB, AD, AC, A'B, A'D, A'C; les triangles rectangles APB, A'PB, sont égaux, comme ayant un angle égal compris entre côtés égaux chacun à chacun ; donc AB = A'B. Par une raison semblable, AC = A'C. Les triangles ACB, A'CB, sont donc égaux ; et par suite, l'angle ACD = A'CD. Les triangles ACD, A'CD, sont donc égaux, comme ayant le côté commun CD, le côté AC = A'C, et l'angle ACD = A'CD. Donc AD = A'D. On en déduit que les triangles APD, A'PD, sont égaux, comme ayant un côté PD commun, et les deux autres côtés égaux chacun à chacun. Les angles APD, A'PD, sont donc égaux ; la droite APA' est donc perpendiculaire à PD.

129. Théorème (*fig.* 106). *Par un point donné, on ne peut conduire qu'un seul plan perpendiculaire à une droite.*

Si, par le point P, on pouvait mener deux plans PR, PQ, perpendiculaires à la droite AB, cette droite serait perpendiculaire à ces deux plans (n° **127**) ; conduisant un plan par le point P et par la droite AB, les intersections PG, PH, de ce plan avec les plans PR, PQ, seraient perpendiculaires à AB ; donc, par un même point P, on pourrait mener dans le plan d'une droite AB, deux perpendiculaires PG, PH, à cette droite ; ce qui est impossible.

130. Théorème (*fig.* 107). *Si, par un point d'une droite, on mène un plan perpendiculaire à cette droite, et des perpendiculaires à cette droite, toutes ces perpendiculaires seront dans ce plan.*

Par le point B de AF, conduisez le plan GE perpendiculaire à AF, et menez des droites BN, BM, BD, etc., perpendiculaires à AF ; toutes ces perpendiculaires seront dans le plan GE, car si la perpendiculaire BD à BA, n'était pas dans le plan GE, le plan mené par les droites AB, BD, couperait le plan GE, suivant une droite BI, perpendiculaire à BA (n° **127**) ;

les angles ABI, ABD, situés dans un même plan, seraient donc droits; ce qui est absurde. La droite BD est donc dans le plan GE.

131. Théorème. 1°. *Par un point donné, hors d'un plan ou sur un plan, on ne peut mener qu'une seule perpendiculaire à ce plan.*

Si par le point A (*fig.* 108), pris hors du plan GE, on pouvait mener deux perpendiculaires AB, AI, à ce plan, le triangle ABI aurait deux angles droits ABI, AIB; ce qui est impossible.

Si par le point B (*fig.* 109) du plan GE, on pouvait élever deux perpendiculaires BA, BP, à ce plan, en menant un plan par ces deux lignes, il couperait le plan GE suivant une droite BI, et les angles ABI, PBI, seraient droits (n° **127**); ce qui est impossible, puisque les droites BA, BP, BI, sont dans un même plan.

2°. *La perpendiculaire* AB (*fig.* 110) *menée d'un point quelconque* A, *sur un plan* GE, *est plus courte qu'une oblique quelconque* AI; car le triangle ABI, rectangle en B, donnant $\overline{AB}^2 = \overline{AI}^2 - \overline{BI}^2$, on a $\overline{AB}^2 < \overline{AI}^2$, d'où $AB < AI$.

3°. *Deux obliques* AI, AD, (*fig.* 110), *qui s'écartent également du pied de la perpendiculaire* AB, *sont égales;* car les triangles rectangles ABI, ABD, sont égaux, et donnent $AI = AD$.

4°. *De deux obliques, celle qui s'approche le plus de la perpendiculaire, est la plus courte.*

Soit $BI < BC$ (*fig.* 110); les triangles rectangles ABI, ABC, donnent

$$\overline{AC}^2 = \overline{AB}^2 + \overline{BC}^2, \quad \text{et} \quad \overline{AI}^2 = \overline{AB}^2 + \overline{BI}^2.$$

Or, BI est plus petit que BC; donc AI est moindre que AC.

5°. On prouverait de même que *deux obliques égales s'écartent également du pied de la perpendiculaire,* et que *si une oblique est plus courte qu'une autre, elle est plus près de la perpendiculaire.*

132. Théorème (*fig.* 111). *Lorsqu'une droite fait des angles égaux avec trois droites menées par son pied dans un plan, elle est perpendiculaire à ce plan.*

Concevez que la droite AB forme des angles égaux avec les droites BC, BD, BK, menées par son pied dans le plan GE; prenez BI=BM=BN ; tirez les droites AI, AM, AN; les triangles ABI, ABM, ABN, seront égaux; les obliques AI, AM, AN, sont donc égales; elles s'écartent donc également du pied de la perpendiculaire, menée du point A sur le plan GE; le pied de cette perpendiculaire est donc également distant des points I, M, N; il est donc le centre B de la circonférence qui passe par ces trois points; AB est donc perpendiculaire au plan GE.

133. Théorème (*fig.* 112). *Si du pied* B *de la perpendiculaire* AB *au plan* GE, *on mène une perpendiculaire* BI *à la droite* HK *située dans le plan* GE, *la droite* AI *sera perpendiculaire sur* HK.

Prenez IC=ID; tirez BC, BD, AC et AD; les obliques BC, BD étant égales, les triangles ABC, ABD, rectangles en B, sont égaux; AC est donc égal à AD; les triangles AIC, AID, sont donc égaux; les angles AIC, AID, sont donc égaux; AI est donc perpendiculaire à HK.

134. Théorème (*fig.* 113). *Lorsqu'une droite est perpendiculaire à un plan, toute parallèle à cette droite est perpendiculaire au même plan.*

La ligne BA étant perpendiculaire au plan GE, si, par un point quelconque I de ce plan, on mène une parallèle IP à BA, et si l'on tire la droite BIH, l'angle PIH sera droit, comme égal à l'angle droit ABH. Dans le plan GE, tirez la droite CID perpendiculaire à BI, et joignez AI; l'angle AID sera droit (n° 133); mais déjà l'angle BID est droit; donc DI est perpendiculaire au plan ABIP des droites IA, IB; donc l'angle DIP est droit. Ainsi, PI est perpendiculaire aux droites IH, ID, menées par son pied dans le plan GE; la ligne PI est donc perpendiculaire au plan GE (n° 128).

135. Théorème (*fig.* 114). *Deux perpendiculaires à un même plan, sont parallèles.*

Si les droites AB, PI, perpendiculaires au plan GE, n'étaient pas parallèles, par un point quelconque A de AB, on pourrait tirer une parallèle AN à PI; AN serait perpendiculaire au plan GE (n° 134); on pourrait donc mener par un point A, deux perpendiculaires AN, AB, au plan GE; ce qui est absurde (n° 131).

136. Théorème (*fig.* 115). *Deux droites parallèles à une troisième, sont parallèles entre elles*; car les droites AB, CD, étant parallèles à FH, le plan GE, mené perpendiculairement à FH, sera perpendiculaire aux droites AB, CD, parallèles à FH (n° 134); les droites AB, CD, perpendiculaires au plan GE, sont parallèles entre elles (n° 135).

137. Théorème. *Les perpendiculaires abaissées, sur un plan, des différens points d'une droite, sont dans un même plan.*

En effet, ces perpendiculaires sont parallèles entre elles (n° 135); or, les parallèles menées par les différens points d'une droite, sont situées dans un même plan (n° 124); le principe est donc démontré.

138. Problème. (*fig.* 116). *Par un point* B, *pris sur la droite* AB, *mener un plan perpendiculaire à cette droite.*

Suivant AB, conduisez deux plans ABC, ABD; dans ces plans, tirez des perpendiculaires BC, BD, sur AB; le plan GE, mené par les droites BC, BD, sera perpendiculaire à AB (n° 128).

139. Problème (*fig.* 117). *Par un point* C, *pris hors d'une droite* AB, *mener un plan perpendiculaire à cette droite.*

Du point C, menez une perpendiculaire CF à BA; par le point B, tirez BD perpendiculaire sur AB; le plan GE, conduit suivant les droites CF, BD, sera perpendiculaire à BA et passera par le point C.

140. Problème (*fig.* 118). *Par un point* A, *pris hors d'un plan* GE, *mener une perpendiculaire à ce plan.*

Dans le plan GE, prenez trois points I, M, N, également distans du point A; si AB est la perpendiculaire demandée, les obliques égales AI, AM, AN, seront également éloignées du pied B de la perpendiculaire; le point B sera donc le centre de la circonférence qui passe par les points I, M, N.

Ainsi, pour construire le point B, il suffit de tirer des perpendiculaires sur les milieux des droites MI, MN; ces perpendiculaires se couperont au point B demandé.

141. Problème (*fig.* 119). *Par un point* D, *pris sur un plan* GE, *mener une perpendiculaire à ce plan.*

Par un point quelconque A, pris hors du plan GE, menez une perpendiculaire AB à ce plan (n° **140**); la parallèle DC à BA sera la perpendiculaire demandée (n° **134**).

§ II. *Des droites et des plans parallèles; de la plus courte distance.*

142. Définitions. *Un plan et une droite sont dits* parallèles, *lorsqu'ils ne peuvent pas se rencontrer, quelque loin qu'on les prolonge. Deux plans sont parallèles, lorsqu'ils ne peuvent pas se rencontrer, quelque loin qu'on les prolonge.*

143. Théorème (*fig.* 120). *Toute parallèle* AB, *à une droite* CD *située dans un plan* PQ, *est parallèle à ce plan;* car les parallèles AB, CD, étant dans un même plan ABDC, la droite AB ne pourrait rencontrer le plan PQ, qu'en un des points de la droite CD; ce qui est impossible, puisque AB est parallèle à CD.

144. Théorème (*fig.* 120). *Quand une droite* AB *est parallèle à un plan* PQ, *tout plan conduit par cette droite, coupe le plan* PQ, *suivant une parallèle* CD *à* AB.

En effet, la parallèle AB au plan PQ, ne peut pas rencontrer la droite CD, située dans ce plan; mais les droites AB, CD, sont dans un même plan AD; elles sont donc parallèles.

145. Théorème (*fig.* 121). *Lorsqu'une droite* AB *est parallèle à un plan* PQ, *si, par un point* C *du plan* PQ, *on mène une parallèle* CD *à* AB, *cette parallèle sera tout entière dans le plan* PQ.

Si la droite CD n'était pas dans le plan PQ, le plan des parallèles AB, CD, couperait le plan PQ, suivant une parallèle CI à AB (nº **144**); on pourrait donc mener par le point C deux parallèles CD, CI, à AB; ce qui est absurde (nº **121**).

146. Théorème (*fig.* 122). *Quand deux plans se coupent, si par un point de l'un des plans, on mène une parallèle à l'intersection, cette parallèle sera dans ce plan, et sera parallèle à l'autre plan.* Réciproquement, *si par un point de l'un des plans, on mène dans ce plan une parallèle à l'autre plan, cette dernière ligne sera parallèle à l'intersection.*

Soient deux plans GE, GF, qui se coupent suivant la droite GA; si par un point C du plan GF on mène une parallèle CF à GA, la ligne CF sera dans le plan GF (nº **123**), et CF sera parallèle au plan GE (nº **143**).

Réciproquement. Si par le point C du plan GF, on mène dans ce plan une parallèle CF au plan GE, cette ligne sera parallèle à GA; car les droites CF, GA, étant situées dans un même plan GF, si la première droite n'était pas parallèle à la seconde, elle la rencontrerait en un point du plan GE; la droite CF, parallèle au plan GE, rencontrerait donc ce plan; ce qui est absurde.

147. Théorème (*fig.* 123). *Une droite, parallèle à l'intersection de deux plans, est parallèle à chacun de ces plans;* et réciproquement, *toute droite parallèle à deux plans, est parallèle à l'intersection de ces plans.*

Concevez une droite CF, parallèle à l'intersection AH, des plans HD, HB; la parallèle CF à la droite AH située dans les plans HD, HB, est parallèle à chacun de ces plans (nº **143**).

Réciproquement. Si la droite CF est parallèle aux plans HB, HD, elle sera parallèle à l'intersection AH de ces plans; car si l'on mène par un point de l'intersection AH, une parallèle à CF, elle sera située dans les deux plans HB, HD, qui sont parallèles à CF (nº **145**); donc cette parallèle n'est autre que l'intersection AH; donc les droites CF, AH, sont parallèles.

148. Théorème (*fig.* 124). *Lorsqu'une droite* RK *est parallèle à un plan* GE, *toutes les perpendiculaires menées des dif-*

férens points de la droite sur le plan, sont perpendiculaires à cette droite.

Menez RC perpendiculaire au plan GE; conduisez un plan RD, par les droites RK, RC; ce plan coupera le plan GE suivant une droite CD parallèle à RK (n° 144); mais l'angle RCD est droit; l'angle CRK est donc droit; CR est donc perpendiculaire à RK.

149. Théorème (*fig.* 124). *Lorsqu'une droite* RK *est parallèle à un plan* GE, *toutes les perpendiculaires menées des différens points de cette droite sur le plan, sont égales entre elles.*

Tirez des perpendiculaires RC, ML, KD, au plan GE; ces perpendiculaires seront parallèles (n° 135), et situées dans un même plan CDKR (n° 137); ce plan coupera le plan GE, suivant une droite CD parallèle à RK (n° 144); les parallèles RC, ML, KD, comprises entre les parallèles RK, CD, seront égales entre elles, ce qui démontre le principe énoncé.

Les parallèles RC, ML, KD, sont perpendiculaires à la droite RK (n° 148), et au plan GE.

150. Problème. *Une droite étant parallèle à un plan, on demande la plus courte distance de la droite au plan.*

Les perpendiculaires menées des différens points de la droite sur le plan étant plus courtes que les obliques menées de ces points sur le plan, et ces perpendiculaires étant égales (n° 149), chacune d'elles mesure la plus courte distance demandée. Cette plus courte distance est perpendiculaire au plan et à la droite.

Tous les points d'une parallèle à un plan sont donc également éloignés du plan.

151. Théorème (*fig.* 124). *Lorsque deux points* R, K, *d'une droite, sont à égale distance d'un plan, cette droite est parallèle au plan;* car les perpendiculaires RC, KD, au plan GE, étant égales et parallèles (n° 135), RK est parallèle à CD; et par conséquent, RK est parallèle au plan GE (n° 143). Ce qui démontre le principe énoncé.

152. Théorème (*fig.* 125). *Deux plans* MN, PQ, *perpendiculaires à une même droite* AC, *sont parallèles.*

Si ces plans n'étaient pas parallèles, ils se couperaient. Soit O l'un des points de l'intersection; joignons ce point avec les points A, C, où la ligne AC rencontre les plans MN, PQ; la droite AC serait perpendiculaire aux lignes OA, OC, menées par son pied dans ces plans (n° **127**); on pourrait donc tirer deux perpendiculaires d'un même point O sur une droite AC, ce qui est absurde; les plans MN, PQ, ne peuvent donc pas se rencontrer; ils sont donc parallèles.

153. Théorème (*fig.* 126). *Les intersections de deux plans parallèles, par un même plan, sont parallèles.*

Si les intersections AB, CD, des plans parallèles MN, PQ, par le plan ABDC, n'étaient pas parallèles, comme elles sont dans ce dernier plan, elles se rencontreraient; les plans parallèles MN, PQ, se rencontreraient donc; ce qui est absurde.

154. Théorème (*fig.* 127). *Par un point donné, on ne peut conduire qu'un seul plan parallèle à un plan donné.*

Supposons qu'on puisse mener par le point A, deux plans AR, AQ, parallèles au plan GKE; si l'on conduit par le point A un plan quelconque ABKG, les intersections AB, AH, de ce plan avec les plans AQ, AR, seraient parallèles à GK (n° **153**); on pourrait donc tirer par le point A, deux parallèles à GK; ce qui est absurde (n° **121**).

155. Théorème (*fig.* 128). *Lorsque deux plans sont parallèles, la perpendiculaire à l'un de ces plans est perpendiculaire à l'autre.*

Concevez deux plans parallèles MN, PQ; menez la droite AC perpendiculaire au premier plan; je dis qu'elle sera perpendiculaire au second; car en conduisant un plan quelconque ABDC par AC, les intersections de ce plan avec les plans parallèles MN, PQ, seront deux parallèles AB, CD; la perpendiculaire AC au plan MN, est perpendiculaire à la droite AB menée par son pied dans ce plan; mais CD est parallèle à AB; la ligne AC est donc perpendiculaire à une droite quelconque CD, menée par son pied dans le plan PQ; AC est donc perpendiculaire au plan PQ.

156. Théorème (*fig.* 129). *Deux plans parallèles à un troisième, sont parallèles entre eux.*

Concevez deux plans L, M, parallèles au plan N, et menez une perpendiculaire CD à ce dernier plan; CD sera perpendiculaire aux plans L et M (nº **155**); les plans L, M, seront donc parallèles comme perpendiculaires à une même droite CD (nº **152**).

157. Théorème (*fig.* 130). *Les parallèles comprises entre plans parallèles, sont égales.*

Soient les parallèles AB, CD, comprises entre les plans parallèles MN, PQ; menez le plan BC suivant ces parallèles; les intersections AC, BD, du plan BC avec les plans parallèles MN, PQ, seront parallèles; mais AB et CD sont parallèles; ABDC est donc un parallélogramme; AB est donc égal à CD; ce qui démontre le principe énoncé.

158. Théorème (*fig.* 131). *Lorsque deux droites qui se coupent, sont parallèles à deux autres droites qui se coupent, les angles formés par les deux premières droites, sont respectivement égaux aux angles formés par les deux autres droites.*

Par deux points quelconques A, A′, menez des droites BD, CE, B′D′, C′E′, parallèles deux à deux. Prenez AB=A′B′ et AC=A′C′; tirez les droites AA′, BB′, CC′, BC, B′C′. Les lignes AB, A′B′, étant égales et parallèles, BB′ est égal et parallèle à AA′; de même, AC étant égal et parallèle à A′C′, les droites CC′, AA′, sont égales et parallèles; BB′ est donc égal et parallèle à CC′ (nº **156**); BC est donc égal à B′C′; les triangles ABC, A′B′C′, sont donc égaux; les angles BAC, B′A′C′, sont donc égaux; ce qui démontre le principe énoncé.

159. Théorème. (*fig.* 132). *Lorsque deux droites qui se coupent, sont respectivement parallèles à deux autres droites qui se coupent, le plan des deux premières droites est parallèle au plan des deux autres.*

Par deux points quelconques A′, A, menez des droites A′B′, A′C′, respectivement égales et parallèles aux deux droites AB, AC; les trois droites AA′, BB′, CC′, seront égales et parallèles. Si les plans BAC, B′A′C′, n'étaient pas parallèles, on pourrait mener par le point A, un plan *b*A*c* parallèle au plan B′A′C′; le plan *b*A*c* couperait BB′ et CC′, en *b* et *c*, et l'on aurait (nº **157**),

$AA'=bB'=cC'$; mais, $AA'=BB'=CC'$; donc, $BB'=bB'$, $CC'=cC'$; ce qui est absurde; les plans ABC, A'B'C', sont donc effectivement parallèles.

160. THÉORÈME (*fig.* 133). *Lorsque deux droites qui se coupent, sont parallèles à un plan donné, le plan conduit par ces droites est parallèle au plan donné.*

En effet, si les lignes AB, AC, sont parallèles au plan MN, la perpendiculaire AP au plan MN, sera perpendiculaire aux droites AB, AC, (n° 148); les plans MN, BAC, sont donc perpendiculaires à la droite AP; ces plans sont donc parallèles (n° 152).

161. PROBLÈME. *Déterminer la plus courte distance entre deux plans parallèles.*

La plus courte distance d'un point à un plan étant la perpendiculaire menée du point sur le plan, la plus courte distance demandée est nécessairement l'une des perpendiculaires menées de l'un des plans sur l'autre plan. Mais, toute perpendiculaire à l'un des plans est perpendiculaire à l'autre plan (n° 155); la plus courte distance demandée sera donc une perpendiculaire commune aux deux plans; or, ces perpendiculaires sont parallèles (n° 135), et égales (n° 157); chacune d'elles mesure donc la plus courte distance demandée.

Ainsi, *deux plans parallèles sont partout à égale distance, et leur plus courte distance est une droite perpendiculaire à chacun d'eux.*

162. THÉORÈME (*fig.* 134). *Étant données trois droites* AB, CD, EF, *égales et parallèles, si l'on joint leurs extrémités par des droites, les triangles* ACE, BDF, *qui en résulteront, seront égaux, et les plans de ces triangles seront parallèles.*

Les droites AB, CD, EF, étant égales et parallèles, les quadrilatères BC, BE, DE, sont des parallélogrammes. Par conséquent, AC est égal et parallèle à BD, et AE est égal et parallèle à BF; les angles CAE, DBF, sont donc égaux (n° 158); les triangles CAE, DBF, sont donc égaux, et les plans de ces triangles sont parallèles (n° 159).

163. Théorème (*fig.* 135). *Lorsque par plusieurs points* B, D, F, H, *d'un plan* MN, *on mène des droites* BA, DC, FE, HG, *égales et parallèles, les extrémités* A, C, E, G, *de ces droites, sont dans un même plan parallèle au plan* MN*;* car si cela n'était pas, en conduisant par le point A un plan PQ, parallèle au plan MN, il couperait les droites données en des points, *c*, *e*, *g*, tels que l'on aurait (n° **157**),

$$BA = Dc = Fe = Hg. \quad \text{Or,} \quad BA = DC = FE = HG;$$

il faudrait donc que l'on eût, $DC = Dc$, $FE = Fe$, $HG = Hg$; ce qui ne peut avoir lieu que lorsque les points C, E, G, sont dans le plan PQ, parallèle au plan MN.

164. Théorème (*fig.* 136). *Si par quatre points quelconques* B, D, F, K, *de deux parallèles* GH, ST, *on mène quatre droites parallèles* BM, DN, FP, KR*; et si après avoir pris* BA = DC, *on conduit par les points* A, C, *un plan quelconque qui coupe* FP *et* KR, *en des points* E, I, *les droites* FE, KI, *seront égales.*

Les lignes AB, BD, étant respectivement parallèles aux droites IK, KF, le plan ABDC des deux premières droites est parallèle au plan IKFE des deux autres (n° **159**) ; les intersections AC, IE, de ces plans parallèles avec le plan IACE, sont donc parallèles; les lignes BA, DC, étant égales et parallèles, AC est parallèle à BD ; les droites KF, AC, parallèles à BD, sont parallèles entre elles ; les lignes IE, KF, sont donc parallèles entre elles, comme parallèles à AC; mais IK est parallèle à EF; EFKI est donc un parallélogramme; les droites FE, KI, sont donc égales.

165. Théorème (*fig.* 136). *Lorsque par quatre points quelconques* B, D, F, K, *de deux parallèles* GH, ST, *on mène quatre droites parallèles* BM, DN, FP, KR, *sur lesquelles on prend* BA = DC, FE = KI, *les points* A, C, E, I, *sont dans un même plan;* car s'ils n'y étaient pas, le plan mené par les points A, C, E, couperait KR en un point *i* tel, que l'on aurait FE = K*i* (n° **164**); mais par hypothèse FE = KI ; les droites KI, K*i*, seraient donc égales, ce qui est absurde.

166. Problème (*fig.* 137). *Trouver la plus courte distance* *entre deux droites AB, CD, situées d'une manière quelconque dans l'espace.*

Le plus court chemin d'un point à un autre étant la droite qui joint ces points, et la ligne la plus courte qu'on puisse tirer d'un point à une droite étant la perpendiculaire menée de ce point sur la droite, il est facile d'en conclure que *la plus courte distance entre deux droites AB, CD, non situées dans un même plan, est une perpendiculaire commune à ces deux droites.*

Pour construire cette perpendiculaire, par un point quelconque C de CD, tirez une parallèle CF à AB; conduisez un plan MN par les droites CD, CF, ce plan sera parallèle à AB (n° 143); par un point quelconque H de AB, menez HK perpendiculaire au plan MN; par le pied K de cette perpendiculaire, menez KS parallèle à FC; prenez HP = KS. La droite PS sera la perpendiculaire demandée; car les lignes KS, AB, étant parallèles à FC, sont parallèles entre elles (n° 136); et la perpendiculaire HK à KS est perpendiculaire sur AB; mais HP est égal et parallèle à KS; PHKS est donc un rectangle; PS est donc perpendiculaire à la droite AB, et au plan MN (n° 134); la ligne PS, perpendiculaire au plan MN, est aussi perpendiculaire à la droite CD, qui passe par son pied dans ce plan; la droite PS est donc à la fois perpendiculaire aux deux lignes AB, CD.

Cela posé: je dis que la droite PS est plus courte qu'une droite quelconque HD, terminée aux droites AB, CD. En effet, si par le point H on tire une perpendiculaire au plan MN, le pied de cette perpendiculaire ne pourra pas tomber en un point E de CD, car HE serait parallèle à PS (n° 135), et les droites AB, CD, seraient dans un même plan PHES; ce qui est contre l'hypothèse. Soit donc HK une perpendiculaire au plan MN, elle est plus courte que l'oblique HD; mais HK = PS, car AB est parallèle au plan MN; la droite PS est donc plus courte que HD; cette droite est donc la plus courte distance demandée.

§ III. *Angles formés par des droites et des plans.*

167. Deux droites, situées d'une manière quelconque dans

l'espace, peuvent ne pas se couper, quoiqu'elles ne soient pas parallèles. Pour prendre une idée de l'*inclinaison* de ces lignes, on mène par un point quelconque deux parallèles à ces lignes, et l'on est convenu de prendre l'angle formé par ces nouvelles lignes, pour la mesure de l'inclinaison des droites données.

D'après cette convention, *pour évaluer l'angle que deux droites font entre elles, on mène des parallèles à ces droites, par un même point; l'angle formé par ces nouvelles lignes, mesure l'inclinaison des droites données.*

Remarque. Si les droites données étaient parallèles entre elles, en menant par un point quelconque deux parallèles aux lignes données, ces parallèles se confondraient; l'inclinaison des lignes données serait donc nulle. Il résulte donc de la convention établie pour la mesure des angles, que l'*angle formé par deux parallèles est nul.*

Il en résulte aussi qu'*une droite perpendiculaire à un plan, fait un angle droit avec toutes les droites situées dans ce plan.*

En effet (*fig.* 139), soit la droite BG, perpendiculaire au plan MN; tirez dans ce plan une droite quelconque FE, et par le point F, menez FC parallèle à GB; l'angle CFE sera droit (n° 154); mais cet angle mesure l'inclinaison des droites BG, FE; donc ces lignes font entre elles un angle droit.

168. Théorème (*fig.* 140). *Si d'un point quelconque* M, *d'une oblique* BM *au plan* GE, *on mène une perpendiculaire* MD *sur ce plan; et si l'on tire la droite* BD *par le pied de l'oblique et le pied de la perpendiculaire, l'angle* MBD *sera le plus petit de tous les angles formés par l'oblique* BM *avec les droites menées par son pied dans le plan* GE.

Conduisez une droite quelconque BK dans le plan GE; prenez BC = BD, et tirez MC. La perpendiculaire MD au plan GE sera plus courte que l'oblique MC; mais les côtés MB, BD, du triangle MBD, sont respectivement égaux aux côtés MB, BC, du triangle

MBC, et MD est plus petit que MC; l'angle MBD est donc plus petit que l'angle MBC.

Remarque. L'angle MBD est celui qu'on prend pour la mesure de l'inclinaison de l'oblique BM sur le plan GE; et le triangle rectangle MBD montre que l'*angle formé par une droite avec un plan est le complément de l'angle formé par cette droite avec la perpendiculaire menée de l'un de ses points sur le plan.*

169. Théorème (*fig.* 141). *Les angles formés par une droite quelconque* GC, *avec des plans parallèles* DN, PQ, *sont égaux.*

En effet, menez d'un point quelconque G de GC, une perpendiculaire GB au plan DN, elle sera perpendiculaire au plan PQ (n° 155); conduisez un plan CGB par les droites GC, GB, il coupera les plans parallèles DN, PQ, suivant deux droites AH, MK, qui seront parallèles (n° 153); donc les angles GAH, GMK, que la ligne GC forme avec les plans parallèles DN, PQ, seront égaux.

170. Théorème (*fig.* 142). *Quand plusieurs droites menées par un point donné font des angles égaux avec un plan, elles rencontrent ce plan en des points situés sur la circonférence qui a pour centre le pied de la perpendiculaire abaissée du point donné sur le plan.*

Du point donné A, tirez des obliques AI, AM, AN, etc., qui forment des angles égaux avec le plan GE, et qui rencontrent ce plan en I, M, N, etc.; menez AB perpendiculaire au plan GE; par le pied B de cette perpendiculaire, et les points I, M, N, etc., tirez les droites BI, BM, BN, etc.; les angles AIB, AMB, ANB, etc., que forment les obliques avec le plan GE sont supposés égaux; les triangles rectangles ABI, ABM, ABN, etc., sont donc égaux; les droites BI, BM, BN, etc., sont donc égales. Les points I, M, N, etc., sont donc situés sur la circonférence décrite du point B comme centre, avec le rayon BI.

171. Théorème (*fig.* 142). *Lorsque plusieurs droites égales*

AI, AM, AN, *etc., font des angles égaux avec une droite* AD, *les extrémités* I, M, N, *etc., de ces droites, sont situées sur une circonférence dont le plan* GE *est perpendiculaire à* AD. *Le point de rencontre de* AD *avec le plan* GE *est le centre* B *de la circonférence.*

Par le point I, menez un plan GE perpendiculaire à AD; ce plan rencontrera AD en un point B. Tirez les droites BI, BM, BN, etc.; les triangles ABI, ABM, ABN, etc., seront égaux comme ayant un angle aigu égal, compris entre côtés égaux ; les angles ABI, ABM, ABN, etc., seront donc égaux; mais l'angle ABI est droit ; les lignes BI, BM, BN, etc., sont donc perpendiculaires à AD; toutes ces lignes sont donc dans le plan GE perpendiculaire à AD (n° 130). Mais, les droites BI, BM, BN, etc., sont égales ; le principe est donc démontré.

172. Pour concevoir l'*angle formé par les deux plans* ABCD, ABEF (*fig.* 143), qui se coupent suivant la droite AB, supposons que ces plans étant d'abord appliqués l'un sur l'autre, on laisse fixe le plan AC, et que l'autre plan tourne autour de la droite AB; la quantité dont le second plan s'écarte du premier est ce qu'on nomme l'*angle dièdre* formé par les deux plans.

173. On fait dépendre la mesure de cet angle dièdre, de l'angle rectiligne formé par deux droites AD, AF, (*fig.* 145), menées dans les deux plans par un point quelconque A de l'intersection. Or, pour que l'angle rectiligne DAF puisse servir de mesure à l'angle des plans, il faut et il suffit que ces deux angles soient nuls en même temps, et qu'ils varient dans le même rapport.

La première condition exige que les droites AD, AF forment des angles égaux avec l'intersection AB; car autrement l'angle DAF de ces droites ne deviendrait pas nul, quand le plan mobile AE coïnciderait avec le plan fixe AC. Nous supposerons donc que les angles BAD, BAF, sont égaux.

La seconde condition ne saurait avoir lieu, si les angles BAD, BAF, ne sont pas droits. En effet, si le plan AE, d'abord couché sur le plan AC, fait une demi-révolution autour de AB, de manière à venir s'appliquer sur le prolongement AG du plan AC, les deux plans, prolongés indéfiniment, coïncideront dans toute leur étendue; la droite AF prendra la position AK; et il faudra que AK soit le prolongement de AD, car autrement l'*inclinaison* de deux plans qui coïncident serait mesurée par un angle rectiligne KAD, qui serait aigu ou obtus; ce qui ne peut avoir lieu. Mais, les angles BAK, BAD, sont égaux; ces angles sont donc droits.

Par conséquent, *pour que l'angle dièdre de deux plans qui se coupent, puisse être mesuré par l'angle rectiligne de deux droites menées dans ces deux plans par un même point de l'intersection des plans, il faut que ces deux droites soient perpendiculaires à l'intersection des plans.*

174. Théorème. *Un angle dièdre a pour mesure l'angle formé par les perpendiculaires menées dans les deux plans, à un même point de l'intersection.*

1°. L'angle des perpendiculaires est le même, en quelque point de l'intersection qu'on les élève; car en menant dans les plans AC, AE, (*fig.* 143), des perpendiculaires AD, EC, AF, BE, sur l'intersection AB de ces deux plans, BC sera parallèle à AD, et BE sera parallèle à AF; les angles CBE, DAF, sont donc égaux (n° 158).

Il ne reste donc plus qu'à démontrer que l'angle rectiligne des deux perpendiculaires, varie dans le même rapport que l'angle des plans.

2°. (*fig.* 143 et 144). Lorsque l'angle dièdre DABF, formé par les plans AC, AE, est égal à l'angle dièdre D'A'B'F', formé par les plans A'C', A'E', si l'on mène dans ces plans des perpendiculaires AD, AF, A'D', A'F', aux intersections AB, A'B', les angles rectilignes DAF, D'A'F', seront égaux; car les angles dièdres étant égaux, si l'on applique le plan A'C' sur le plan AC, de manière que les côtés A'B', A'D', de l'angle droit B'A'D', tombent sur les côtés AB, AD, de l'angle droit BAD, le plan A'E' prendra la direction du plan AE, et A'B' tombant sur AB, la perpendiculaire A'F' à A'B' tombera sur la perpendiculaire AF à AB; les deux côtés A'D', A'F', de l'angle D'A'F', tombant sur les deux côtés AD, AF, de l'angle DAF, ces deux angles sont égaux.

Réciproquement, lorsque les angles rectilignes DAF, D'A'F', sont égaux, les angles dièdres DABF, D'A'B'F', sont égaux; car en appliquant l'angle rectiligne D'A'F' sur son égal DAF, de manière que A' tombe en A, et que les côtés A'D', A'F', tombent respectivement sur AD et AF, la perpendiculaire A'B' au plan de l'angle D'A'F' coïncidera nécessairement avec la perpendiculaire AB au plan de l'angle DAF; les deux plans qui forment l'angle dièdre D'A'B'F', coïncideront donc avec les deux plans qui forment l'angle dièdre DABF; ces angles dièdres sont donc égaux.

3°. *L'angle des perpendiculaires varie dans le même rapport que l'angle dièdre.* En effet, soient trois plans quelconques AB', AE', AC' (*fig.* 146), qui se coupent suivant une droite AA'; si par un point quelconque A de l'intersection, on mène dans les trois plans des perpendiculaires AB, AE, AC, à cette intersection, ces perpendiculaires seront dans un plan perpendiculaire à AA' (nº 130). Il s'agit de prouver que

(1)..... { *l'angle dièdre* BAA'C : *l'angle dièdre* BAA'E
:: *l'angle* BAC : *l'angle* BAE.

Lorsque les angles BAC, BAE, sont dans un rapport commensurable, si l'on décrit un arc BEC de A comme centre avec un rayon quelconque, les arcs BC, BE, seront entre eux dans le même rapport. Supposons que le rapport donné soit celui de q à q'; si l'on divise l'arc BC en q parties égales, l'une de ces parties sera contenue q' fois dans l'arc BE; de sorte qu'on aura

angle BAC : *angle* BAE :: q : q'.

Menant un plan par chaque point de division de l'arc BC et par la droite AA', il résulte de (2°) que l'angle dièdre BAA'C sera divisé en q parties égales, et que l'angle dièdre BAA'E contiendra q' de ces parties; on aura donc,

angl. dièdre BAA'C : *angle dièdre* BAA'E :: q : q'.

Ces deux dernières proportions font voir que

l'angle dièdre BAA'C : *l'angle dièdre* BAA'E
:: *l'angle* BAC : *l'angle* BAE..

4°. La proportion (1) convenant à des angles commensurables quelconques, j'ai démontré dans mon *Algèbre* que cette proportion doit encore subsister quand les angles rectilignes BAC, BAE, sont incommensurables.

On peut d'ailleurs démontrer directement cette propriété. En effet, si le dernier terme de la proportion (1) n'était pas l'angle BAE, il serait plus grand ou plus petit. Supposons-le plus grand, et soit, s'il est possible,

(2)..... { *angle dièdre* BAA'C : *angle dièdre* BAA'E
:: *angle* BAC : *angle* BAP.

Divisons l'arc BC en parties égales moindres que EP, il tomberait au moins un point de division R sur EP ; et en menant le plan A'ARR', les arcs BC, BR, seraient commensurables ; on aurait donc

angle dièdre BAA'C : *angle dièdre* BAA'R
:: *angle* BAC : *angle* BAR.

Cette proportion, combinée avec la précédente, donnerait

angle dièdre BAA'E : *angle dièdre* BAA'R
:: *angle* BAP : *angle* BAR.

Mais, l'angle dièdre BAA'E est plus petit que BAA'R ; il faudrait donc, pour que la dernière proportion pût exister, que l'angle BAP fût plus petit que l'angle BAR ; ce qui n'a pas lieu. La proportion (1) ne peut donc pas subsister avec un quatrième terme plus grand que BAE.

On prouverait de même que cette proportion ne peut subsister avec un quatrième terme plus petit que BAE.

Donc la proportion (1) est vraie dans tous les cas ; donc l'angle dièdre est mesuré par l'angle des perpendiculaires.

175. Définition. *Lorsque deux plans font entre eux un angle droit, on dit qu'ils sont perpendiculaires l'un à l'autre.*

176. THÉORÈME (*fig.* 147). *Quand deux plans se rencontrent, la somme des deux angles adjacens formés par ces plans est égale à deux angles droits.*

Soit ABC un plan qui rencontre le plan PQ; par un point D de l'intersection AB, menez EF perpendiculaire à AB dans le plan PQ, et DG perpendiculaire à AB dans le plan AC; les angles GDF, GDE, mesurent les inclinaisons du plan AC avec les deux parties BQ, BR, du plan PQ; or, GDF + GDE est égal à deux angles droits; donc le plan AC fait avec le plan PQ, deux angles adjacens dont la somme est égale à deux angles droits.

177. THÉORÈME (*fig.* 148). *Lorsque deux plans se coupent, ils forment des angles opposés au sommet qui sont égaux.*

Soient les deux plans PQ, CH; par un point D de leur intersection AB, menez dans les deux plans des perpendiculaires EF, GI à AB; les angles formés par ces deux perpendiculaires mesureront les angles dièdres correspondans formés par les plans; or,

l'angle GDE = IDF, et *l'angle* GDF = IDE.

La proposition est donc démontrée.

178. THÉORÈME (*fig.* 149). *Deux plans parallèles, coupés par un troisième, jouissent des mêmes propriétés dans les angles qu'ils forment avec ce troisième plan, que deux droites parallèles à l'égard d'une troisième droite qui les coupe.*

En effet, si l'on coupe deux plans parallèles QY, NV, par un plan RF, les intersections Pz, DC, seront parallèles. Par un point quelconque z de Pz, menez un plan ST perpendiculaire à Pz; ce plan sera perpendiculaire sur la droite CD parallèle à Pz (n° 134), et les intersections du plan ST avec les plans QY, NV, RF, seront les droites Q*y*, N*b*, *a*R; les deux premières droites seront parallèles; N*b* et *a*R seront perpendiculaires à CD; *a*R et Q*y* seront perpendiculaires sur Pz; les angles formés par les droites Q*y*, N*b*, *a*R, mesureront donc les angles formés par les plans QY, NV, RF. Mais, les propriétés des parallèles Q*y*, N*b*, coupées par la droite *a*R, donnent

angle QzC + NCz = *deux angles droits*,

angle RzQ = RCN = *azy* = *a*C*b*,
angle R*zy* = RC*b* = *az*Q = *a*CN.

Le principe énoncé est donc démontré.

Remarque (*fig.* 150). *La réciproque n'est pas vraie ;* car il est évident, par exemple, que deux plans ABC, DEF, qui ne sont pas parallèles, peuvent former des angles égaux avec un troisième plan PQ.

179. Théorème (*fig.* 151). *Lorsque deux plans qui se coupent sont respectivement parallèles à deux autres plans, l'intersection des deux premiers plans est parallèle à l'intersection des deux autres, et les angles formés par les deux premiers plans sont respectivement égaux aux angles formés par les deux autres plans.*

Concevez quatre plans PQ, PR, TN, TS, parallèles deux à deux, et qui se coupent suivant les droites PZ, TG ; prolongez les plans PR, TN, jusqu'à leur intersection CD; les intersections CD, ZP, du plan DR, avec les plans parallèles DN, PQ, seront parallèles; les intersections CD, GT, du plan TN, avec les plans parallèles DR, TS, seront aussi parallèles; les intersections TG, PZ seront donc parallèles entre elles (nº **136**).

De plus, en vertu du théorème précédent, l'angle dièdre RZPQ est égal à RCDN, et RCDN est égal à SGTN; donc RZPQ est égal à SGTN ; ce qui démontre le principe énoncé.

180. Théorème (*fig.* 152). *Lorsqu'une droite est perpendiculaire à un plan, tous les plans conduits par cette droite sont perpendiculaires au premier plan.*

Par la droite ML perpendiculaire au plan GE, menez un plan quelconque CK ; dans le plan GE, tirez LN perpendiculaire sur l'intersection CD des plans GE, CK ; la droite ML, perpendiculaire au plan GE, sera perpendiculaire à la ligne LN située dans ce plan; l'angle MLN sera donc droit; mais cet angle mesure l'inclinaison des plans CK, GE (nº **174**) ; ces plans sont donc perpendiculaires l'un à l'autre.

181. Théorème (*fig.* 153). *Tout plan parallèle à une perpendiculaire à un plan, est perpendiculaire à ce dernier plan.*

La droite ON étant perpendiculaire au plan GE, menez un plan CK parallèle à ON; du pied N de la perpendiculaire ON, menez NL perpendiculaire sur l'intersection CD des plans GE, CK; par les droites NO, NL, conduisez un plan ONL, il coupera le plan CK suivant une droite LM parallèle à NO (n° 144). Mais, NO est perpendiculaire au plan GE; LM est donc perpendiculaire à ce même plan (n° 134); donc le plan CK, qui contient LM, est perpendiculaire au plan GE (n° 180).

182. Théorème (*fig.* 152). *Quand deux palns sont perpendiculaires l'un à l'autre, si par un point de l'un de ces plans on mène dans ce plan une perpendiculaire à l'intersection des deux plans, cette droite sera perpendiculaire à l'autre plan.*

Soit le plan CK perpendiculaire au plan GE; par un point quelconque M du plan CK, menez dans ce plan une perpendiculaire ML à l'intersection CD, et, par le point L, menez dans le plan GE la droite LN perpendiculaire à CD; l'angle MLN mesurera l'inclinaison des plans CK, GE; cet angle sera donc droit. Mais l'angle MLC est droit; la ligne ML est donc perpendiculaire à deux droites LN, LC, qui passent par son pied dans le plan GE; donc elle est perpendiculaire au plan GE (n° 128).

183. Théorème (*fig.* 152). *Lorsque deux plans sont perpendiculaires l'un à l'autre, si d'un point quelconque de l'un de ces plans on mène une perpendiculaire à l'autre plan, elle sera tout entière dans le premier plan.*

Concevez deux plans CK, GE, perpendiculaires l'un à l'autre, et qui se coupent suivant CD; d'un point quelconque M du premier plan, menez ML perpendiculaire à CD; la droite ML, située dans le plan CK, sera perpendiculaire au plan GE (n° 182). Mais, par le point M, on ne peut conduire qu'une perpendiculaire au plan GE; la perpendiculaire menée du point M sur le plan GE est donc dans le plan CK.

184. Théorème (*fig.* 154). *Lorsque deux plans sont perpendiculaires l'un à l'autre, toute perpendiculaire à l'un des plans est parallèle à l'autre plan;* car les plans CK, GE, étant perpendiculaires l'un à l'autre, si la perpendiculaire au plan GE, tirée par un point quelconque N de ce plan, n'était pas parallèle au plan CK, elle rencontrerait ce plan en un point M; menant de ce point une perpendiculaire ML sur l'intersection CD des plans GE, CK, la ligne ML serait perpendiculaire au plan GE (nº **182**). Mais la droite MN est aussi perpendiculaire au plan GE ; donc on pourrait abaisser du même point deux perpendiculaires à un plan; ce qui est impossible (nº **131**, 1º).

185. Théorème (*fig.* 155). *L'intersection de deux plans perpendiculaires à un troisième, est perpendiculaire à ce troisième plan.*

Soient les plans LN, CK, perpendiculaires au plan GE; si par le point B, pris sur l'intersection des deux premiers, on menait une perpendiculaire au plan GE, elle devrait se trouver dans chacun des plans LN, CK (nº **183**); cette perpendiculaire est donc l'intersection AB des plans LN, CK.

186. Théorème (*fig.* 155). *Tout plan perpendiculaire à deux autres, est perpendiculaire à l'intersection de ces deux derniers plans.*

Le plan GE étant perpendiculaire aux plans CK, LN, ces deux derniers plans sont perpendiculaires au plan GE; leur intersection AB est donc perpendiculaire au plan GE (nº **185**); le plan GE est donc perpendiculaire à l'intersection AB des plans CK, LN.

187. Théorème (*fig.* 156). *Lorsqu'une droite* CF *n'est pas perpendiculaire à un plan* PQ, *on ne peut mener par cette droite qu'un seul plan perpendiculaire au plan* PQ; car si l'on pouvait conduire par la ligne CF deux plans CD, CE, perpendiculaires au plan PQ, en tirant d'un point quelconque C de CF des perpendiculaires CA, CB, sur les intersections AD, BE, du plan PQ avec les plans CD, CE, les droites CA, CB, seraient perpendiculaires au plan PQ (nº **182**); on pourrait donc mener d'un point C, deux perpendiculaires CA, CB, au plan PQ ; ce qui est absurde (nº **131**, 1º).

188. Théorème (*fig.* 157). *Pour conduire par la droite* EF, *un plan* EFDA *perpendiculaire au plan* PQ, *il suffit de mener* *d'un point quelconque* C *de* EF, *une perpendiculaire* CA *au plan* PQ (n° 140); *le plan* EFDA, *conduit par les droites* EF, CA, *sera le plan demandé* (n° 180).

Si EF était perpendiculaire au plan PQ, les droites EF, CA, se confondraient, et le plan EFDA de ces droites pourrait prendre une infinité de positions.

189. Théorème (*fig.* 158). *Lorsque par deux droites parallèles,* NA, MH, *on mène des plans* AP, HK, *perpendiculaires à un plan* GE, *les intersections* BP, FK, *de ces plans avec le plan* GE *sont parallèles.*

Si par deux points N, M, des parallèles NA, MH, on mène des droites NP, MK, perpendiculaires au plan GE, ces droites seront parallèles (n° 155) et situées dans les plans AP, HK (n° 183); les droites NA, NP, étant respectivement parallèles aux droites MH, MK, les plans AP, HK, de ces droites sont parallèles (n° 159); les intersections BP, FK, de ces plans avec le plan GE sont donc parallèles (n° 155).

§ IV. *Des Lignes proportionnelles.*

190. Théorème (*fig.* 159). *Si d'un point* I, *pris hors du plan* EG, *on tire des droites à différens points* K, L, M, A, B, C, D, F, *de ce plan, et si l'on mène un plan* eg *parallèle à* EG, *qui rencontre ces droites en* k, l, m, a, b, c, d, f, *les droites* IK, IL, IM, IA, IB, IC, ID, IF, *seront coupées en parties proportionnelles; les triangles* KLM, klm, *seront semblables, ainsi que les polygones* ABCDF, abcdf; *les surfaces de ces triangles et de ces polygones seront proportionnelles aux quarrés des perpendiculaires* IP, Ip, *menées du point* I *sur les plans* EG, eg. *De sorte qu'on aura*

(1)... $IK : Ik :: IL : Il :: IM : Im :: IA : Ia :: IB : Ib$, etc.;

(2)... $\overline{IP}^2 : \overline{Ip}^2 :: KLM : klm :: ABCDF : abcdf$.

En effet, les intersections LM, *lm*, du plan ILM, avec les

plans parallèles EG, *eg*, sont parallèles. Par une raison semblable, les droites MK, KL, MA, AB, BC, etc., sont respectivement parallèles aux droites *mk*, *kl*, *ma*, *ab*, *bc*, etc. ; on a donc

$$\frac{MK}{mk}=\frac{IK}{Ik}=\frac{KL}{kl}=\frac{IL}{Il}=\frac{LM}{lm}=\frac{IM}{Im}$$
$$=\frac{IP}{Ip}=\frac{IA}{Ia}=\frac{AB}{ab}=\frac{IB}{Ib}=\frac{BC}{bc}, \text{ etc.}$$

On en déduit, LM : *lm* :: IP : I*p*, AB : *ab* :: IP : I*p*,

(1)... IK : I*k* :: IL : I*l* :: IM : I*m* :: IA : I*a* :: IB : I*b*, etc.,

(3)... KL : *kl* :: LM : *lm* :: MK : *mk*.

Il résulte des proportions (1) que les droites IK, IL, IM, IA, IB, etc., sont coupées en parties proportionnelles par les plans parallèles EG, *eg*.

Les proportions (3) démontrent que les triangles KLM, *klm*, sont semblables.

On prouverait de même que les triangles ABC, ACD, ADF, sont respectivement semblables aux triangles *abc*, *acd*, *adf* ; les polygones ABCDF, *abcdf*, sont donc semblables.

Les surfaces semblables étant entre elles comme les quarrés de leurs côtés homologues, on a

$$KLM : klm :: \overline{LM}^2 : \overline{lm}^2 :: \overline{IP}^2 : \overline{Ip}^2,$$

et $$ABCDF : abcdf :: \overline{AB}^2 : \overline{ab}^2 :: \overline{IP}^2 : \overline{Ip}^2.$$ Donc

$$(2)\ldots\ \overline{IP}^2 : \overline{Ip}^2 :: KLM : klm :: ABCDF : abcdf.$$

191. Théorème (*fig.* 160). *Deux droites situées d'une manière quelconque dans l'espace, sont coupées en parties proportionnelles par trois plans parallèles.*

Concevez trois plans parallèles L, M, N, qui coupent deux droites AB, CD, aux points A, P, B, C, R, D ; menez la parallèle CK à AB, qui rencontre les plans M, N, en H et K ; les lignes HR, KD, sont parallèles (n° 185) ; les droites CK, CD, sont donc coupées en parties proportionnelles aux points H, R ; on a donc CH : HK :: CR : RD. Or, AP = CH, PB = HK (n° 157); donc, AP : PB :: CR : RD.

§ V. *Propriétés des Angles solides.*

192. Définition. *L'espace indéfini compris entre plusieurs plans qui se réunissent en un même point, se nomme* angle solide. Ainsi (*fig.* 161), les plans BDE, BEF, BDF, forment l'angle solide B; les *arètes* de cet angle solide sont les intersections BD, BE, BF, de ces trois plans ; et les angles plans DBE, EBF, DBF, sont les *faces* de l'angle solide.

193. Théorème (*fig.* 161). *Lorsque trois angles plans forment un angle solide, chaque angle plan est plus petit que la somme des deux autres.*

Il suffit de prouver que le plus grand des trois angles plans est moindre que la somme des deux autres. Concevez un angle solide B, formé par trois angles plans DBE, EBF, DBF, et supposez que DBF soit le plus grand de ces trois angles. Dans le plan DBF, menez la droite BK sous un angle DBK = DBE; prenez BH = BE; par un point quelconque F de BF, et les points H, E, tirez les droites FHD, FE; menez la droite DE. Les triangles DBE, DBH, seront égaux, comme ayant un angle égal compris entre côtés égaux ; les côtés DE, DH, seront donc égaux. Or,

$$DH + HF < DE + EF \text{ ; donc } HF < EF.$$

Les côtés BF, BH, du triangle HBF, étant respectivement égaux aux côtés BF, BE, du triangle EBF, et HF étant plus petit que EF, on sait que l'angle HBF est plus petit que EBF. Mais les angles HBD, EBD, sont égaux ; donc

$$HBF + HBD < EBF + EBD, \text{ ou } DBF < EBF + EBD.$$

Ce qui démontre le principe énoncé.

194. Théorème (*fig.* 162). *La somme des angles plans, qui*

forment un angle solide CONVEXE (*), *est moindre que quatre angles droits.*

Menons un plan qui coupe les faces de l'angle solide A, suivant le polygone CBEFD; si, d'un point quelconque M, pris dans l'intérieur de ce polygone, on tire des droites MC, MB, ME, MF, MD, aux sommets des angles du polygone, le théorème précédent donnera

$$MCB+MCD<ACB+ACD,\quad MBC+MBE<ABC+ABE,\ \text{etc.}$$

Cela posé : considérons les côtés du polygone comme servant de bases aux triangles dont les sommets sont en M, et à ceux dont les sommets sont en A; nous pouvons déjà conclure que la somme des angles à la base des premiers est plus petite que la somme des angles à la base des seconds. Mais il y a autant de triangles autour du point M qu'autour du point A; donc la somme de tous les angles des premiers est égale à la somme de tous les angles des derniers; donc la somme des angles qui sont au point M doit être plus grande que la somme des angles qui sont au point A. Or, la somme des angles en M est égale à quatre angles droits; donc la somme des angles plans assemblés en A est moindre que quatre angles droits.

195. THÉORÈME (*fig.* 163). *Lorsque les trois angles plans qui forment un angle solide, sont respectivement égaux aux trois angles plans qui forment un autre angle solide, les angles plans égaux sont également inclinés l'un sur l'autre.*

Concevez deux angles solides S, S', formés par trois angles plans égaux chacun à chacun,

$$DSE = D'S'E',\quad DSF = D'S'F',\quad ESF = E'S'F'.$$

Pour démontrer que l'angle formé par les plans DSE, DSF, est égal à l'angle formé par les plans D'S'E', D'S'F', il suffit de faire voir que les angles rectilignes qui mesurent ces angles dièdres sont égaux entre eux. A cet effet, par un point quelcon-

(*) On dit qu'un angle solide est *convexe*, lorsqu'une droite ne peut pas rencontrer ses faces en plus de deux points.

que A de l'intersection SD des plans DSE, DSF, on mènera dans ces plans des perpendiculaires AB, AC, à l'intersection SD ; l'angle BAC mesurera l'inclinaison des plans ASB, ASC. Prenant S'A'=SA, et menant dans les plans D'S'E', D'S'F', des perpendiculaires A'B', A'C', sur l'intersection S'D' de ces deux plans, l'angle B'A'C' mesurera l'inclinaison des plans A'S'B', A'S'C'. Il suffit donc de démontrer que les angles BAC, B'A'C' sont égaux. Cela n'offre aucune difficulté; car les angles ASB, A'S'B' étant égaux par hypothèse, et les angles BAS, B'A'S', étant droits par construction, les triangles BAS, B'A'S', ont un côté égal AS=A'S', et les angles adjacens égaux ; ces triangles sont donc égaux. On prouverait de même que les triangles rectangles CAS, C'A'S', sont égaux ; donc

$$AB = A'B', \quad AC = A'C', \quad SB = S'B', \quad SC = S'C'.$$

Les triangles BSC, B'S'C', ayant un angle égal BSC = B'S'C', compris entre côtés égaux, sont égaux ; donc BC = B'C' ; les triangles BAC, B'A'C', sont donc égaux ; et par suite, les angles BAC, B'A'C', sont égaux ; l'angle des plans ASB, ASC, est donc égal à celui des plans A'S'B', A'S'C'.

1re Remarque. *Lorsque les droites* SE, S'E', *sont placées du même côté par rapport aux plans* DSF, D'S'F', *les angles solides* S, S', *sont égaux. Lorsque ces droites tombent de différens côtés des mêmes plans, les angles solides* S, S', *ne peuvent plus coïncider ; on dit alors que ces angles sont* SYMÉTRIQUES, *parce que toutes leurs parties constituantes sont les mêmes, mais disposées seulement dans un ordre inverse.*

En effet, les angles DSE, DSF, sont respectivement égaux aux angles D'S'E', D'S'F', et les plans de ces angles sont également inclinés. Par conséquent :

1°. Lorsque les droites SE, S'E', tomberont du même côté des plans DSF, D'S'F', en plaçant les angles égaux DSF, D'S'F', l'un sur l'autre, de manière que leurs côtés coïncident, les plans DSE, D'S'E', coïncideront, et SE tombera sur S'E'; de sorte que les plans des angles solides S, S', coïncideront ; ces angles solides seront donc égaux.

2°. Quand la droite SE, étant placée en avant du plan DSF, la droite S'E' est placée derrière le plan D'S'F', en S'E'', par exemple; si l'on pose l'angle D'S'F' sur son égal DSF, les plans D'S'E'', F'S'E'', tomberont derrière le plan DSF; et leur intersection S'E'' tombera en *Se*, derrière le plan DSF, tandis que la droite SE est en avant de ce plan; les faces des angles solides S, S', ne pourront donc pas coïncider; ces angles solides seront *symétriques*. Prenant *Sb* = SB, et tirant les droites *b*A, *b*C, toutes les faces de la pyramide triangulaire SA*b*C seront respectivement égales aux faces de la pyramide SABC; les inclinaisons de ces faces seront les mêmes, mais les pyramides ne pourront pas coïncider, et seront *symétriques*.

Les solidités de ces pyramides sont égales (*).

2e Remarque. Si l'on appliquait la face ASC sur une *glace plane*, la pyramide BASC se peindrait de l'autre côté de la glace en *b*ASC.

Cette propriété est générale : *lorsqu'on présente un corps devant une glace plane, on aperçoit dans la glace un corps symétrique*. Les parties constituantes de ces deux corps sont les mêmes, elles sont seulement disposées dans un ordre inverse.

196. Théorème (*fig.* 164). *Si d'un point pris dans l'intérieur d'un angle dièdre, on abaisse des perpendiculaires sur les deux plans qui forment cet angle dièdre, l'angle formé par ces perpendiculaires sera le supplément de l'angle dièdre formé par ces deux plans.*

Par un point quelconque P, menez des perpendiculaires PC, PN, aux plans AX, AY; le plan CPN, conduit par ces deux lignes, étant perpendiculaire aux plans AX, AY (n° 180), sera perpendiculaire à l'intersection AB de ces deux derniers plans (n° 186); les droites QC, QN, intersections de ces plans avec le plan CPN, seront donc perpendiculaires sur AB; l'angle CQN mesurera donc l'inclinaison des plans AX, AY. Mais, dans le quadrilatère QCPN, les angles N et C étant droits,

(*) Voyez la *Géométrie* de Legendre.

la somme des angles Q, P, vaut deux angles droits. L'angle CPN, formé par les perpendiculaires PC, PN, aux plans AX, AY, est donc le *supplément* de l'angle CQN formé par ces plans.

197. Théorème (*fig.* 165). *Si d'un point pris dans l'intérieur d'un angle solide triple*(*), *on abaisse des perpendiculaires sur les trois faces, ces perpendiculaires seront les arètes d'un nouvel angle solide triple; et les angles plans de l'un quelconque de ces deux angles solides seront les supplémens des angles dièdres correspondans de l'autre angle solide.*

En effet, soient SA, SB, SC, les arètes d'un angle solide triple S; les perpendiculaires OP, OQ, OR, abaissées d'un point intérieur O sur les faces ASB, ASC, BSC, seront les arètes d'un nouvel angle solide triple O.

Cela posé : 1°. les droites OP, OQ, étant respectivement perpendiculaires aux faces ASB, ASC, on a vu (n° **196**) que l'angle plan POQ de l'angle solide O est le supplément de l'angle dièdre BASC formé par les faces ASB, ASC, de l'angle solide S.

On prouverait de la même manière que les angles plans POR, QOR, de l'angle solide O, sont les supplémens des angles dièdres ABSC, ACSB, formés par les faces de l'angle solide S.

2°. Le plan POQ passant par deux droites OP, OQ, respectivement perpendiculaires aux faces ASB, ASC, est perpendiculaire à l'intersection SA de ces deux faces; ainsi, l'arète SA de l'angle solide S, est perpendiculaire à la face POQ de l'angle solide O. Par une raison semblable, les deux autres arètes SB, SC, de l'angle solide S, sont respectivement perpendiculaires aux deux autres faces POR, QOR, de l'angle solide O.

Par conséquent, il résulte du principe général qui a été démontré (1°), que les angles plans de l'angle solide S sont les supplémens des angles dièdres de l'angle solide O.

L'angle solide O, formé par les perpendiculaires OP, OQ, OR, aux faces de l'angle solide S, se nomme ordinairement l'*angle solide supplémentaire* de l'angle solide S.

(*) On appelle *angle solide triple* ou *angle trièdre*, l'angle formé par trois plans qui se coupent en un point.

§ VI. *Propriétés relatives aux centres des parallélogrammes et des parallélépipèdes. Propriétés relatives à la sphère.*

198. Le *centre* d'un polygone ou d'un polyèdre est le point qui divise en deux parties égales toute droite menée par ce point, et terminée à deux côtés du polygone ou à deux faces du polyèdre.

La même définition s'applique aux lignes et aux surfaces courbes.

199. 1er Théorème (*fig.* 20). *Le point de rencontre des diagonales d'un parallélogramme est le milieu de ces diagonales; ce point est le centre du parallélogramme, et les droites qui joignent les milieux des côtés opposés passent par le centre.* En effet :

1°. Soit O le point d'intersection des diagonales AC, BD, du parallélogramme ABCD. Les côtés AB, DC, étant égaux et parallèles, l'angle ABO = CDO, et l'angle BAO = DCO; les triangles OAB, OCD, sont donc égaux ; on a donc, OA = OC, OB = OD.

2°. Si l'on mène par le point O une droite quelconque EF, terminée à deux côtés du parallélogramme, les triangles OAF, OCE, seront égaux, car ils ont

l'angle OAF = OCE, *l'angle* AOF = COE, et le côté OA = OC.

Donc OE = OF. Le point O est donc le centre du parallélogramme.

3°. Si l'on tire une droite MON par le milieu M du côté AD et par le centre O, on prouvera comme ci-dessus que les triangles OAM, OCN, sont égaux ; donc AM = CN.

Or, AB = CD, AM = $\frac{1}{2}$ AB = $\frac{1}{2}$ CD; donc CN = $\frac{1}{2}$ CD.

Le point N est donc le milieu de CD. La droite, menée par les milieux de deux côtés opposés d'un parallélogramme, passe donc par le centre de ce parallélogramme.

2e Théorème. *Toutes les diagonales d'un parallélépipède se coupent en un même point, qui est le milieu de ces diagonales ;*

ce point est le centre du parallélépipède, et les trois droites qui joignent les centres des faces opposées passent par le centre du parallélépipède.

Soit le parallélépipède DG (*fig.* 166). On sait que toutes ses faces sont des parallélogrammes.

Pour démontrer que deux diagonales quelconques DG, AF, du parallélépipède DG, se coupent en un point O, on observe que les droites AG, DF, étant égales et parallèles à CE, sont égales et parallèles entre elles; et par conséquent, les diagonales DG, AF, se rencontrent, puisqu'elles sont dans le plan des deux parallèles AG, DF.

De plus, si l'on mène les droites AD, GF, la figure ADFG sera un parallélogramme; et l'on a prouvé que dans ce parallélogramme, les diagonales DG, AF, se coupent en un point O, qui est le milieu de ces diagonales. Donc, OD=OG et OA=OF.

Il est facile de faire voir que toutes les autres diagonales du parallélépipède passent par le milieu O de la diagonale DG. Car en tirant une diagonale quelconque CH, les droites HG, DC, égales et parallèles à FE, sont égales et parallèles entre elles; et en menant les droites DH, CG, la figure CDHG est un parallélogramme, dans lequel la diagonale CH passe par le milieu O de la diagonale DG; on a OC = OH.

Le milieu O de la diagonale DG est le centre du parallélépipède; car en menant par ce point une droite PQ qui rencontre les faces BG, DE, en P et Q, les intersections PG, QD, du plan PGDQ, avec les plans parallèles BG, DE, seront parallèles; mais OG=OD; les triangles équiangles OPG, OQD, sont donc égaux; la droite PQ est donc divisée en deux parties égales au point O; ce point est donc le centre du parallélépipède.

Enfin, toute droite menée par les centres de deux faces opposées, passe par le centre O du parallélépipède; car en conduisant un plan par les parallèles DC, HG, il coupera les faces parallèles BDFH, ACEG, suivant des droites DH, CG, qui seront parallèles; les milieux M, L, de ces droites, seront les centres des faces opposées BDFH, ACEG; et l'on a fait voir que dans le parallélogramme DCGH, la droite qui joint les milieux M, L, des côtés DH, CG, passe par le centre O de ce parallélogramme.

200. PROBLÈME (*fig.* 167). *Connaissant les côtés d'un parallélépipède rectangle, déterminer la grandeur de la diagonale, ainsi que les angles qu'elle forme avec ces côtés.*

Désignez les côtés connus, FH, FD, FE, par a, b, c, la diagonale AF par d, et les angles AFH, AFD, AFE, par α, β, γ; tirez les droites BF, AH, AE, AD; les angles BHF, ABF, étant droits, vous aurez

$$\overline{BF}^2 = a^2 + b^2, \quad \overline{AF}^2 = d^2 = \overline{BF}^2 + \overline{BA}^2 = a^2 + b^2 + c^2.$$

Les angles FHA, FDA, FEA, étant droits, les *sinus* de ces angles sont égaux au *rayon des lignes trigonométriques*, et les angles FAH, FAD, FAE, sont les *complémens* des angles α, β, γ. Supposant donc le *rayon* égal à l'unité, les triangles rectangles FHA, FDA, FEA, donneront

$$\begin{aligned}
FA : FH &:: \sin AHF : \sin FAH, \text{ ou } d : a :: 1 : \cos\alpha,\\
FA : FD &:: \sin ADF : \sin FAD, \text{ ou } d : b :: 1 : \cos\beta,\\
FA : FE &:: \sin AEF : \sin FAE, \text{ ou } d : c :: 1 : \cos\gamma.
\end{aligned}$$

On a donc

$$d^2 = a^2 + b^2 + c^2, \quad \cos\alpha = \frac{a}{d}, \quad \cos\beta = \frac{b}{d}, \quad \cos\gamma = \frac{c}{d}.$$

Ces formules serviront à trouver les valeurs des quatre inconnues d, α, β, γ.

Si l'on ajoute les quarrés des trois cosinus, on trouvera

$$\cos^2\alpha + \cos^2\beta + \cos^2\gamma = \frac{a^2 + b^2 + c^2}{d^2} = \frac{d^2}{d^2} = 1.$$

On voit donc que *la somme des quarrés des cosinus des angles que la diagonale d'un parallélépipède rectangle fait avec trois arètes contiguës de ce parallélépipède, est égale au quarré du rayon des lignes trigonométriques.*

201. THÉORÈME (*fig.* 168). *Deux plans se rencontrent nécessairement, lorsqu'ils sont respectivement perpendiculaires à deux droites qui ne sont pas parallèles.*

Les droites EF, GH, n'étant pas parallèles, conduisez deux

plans AD, BR, respectivement perpendiculaires à ces droites; si ces plans ne se rencontraient pas, ils seraient parallèles; la droite EF, perpendiculaire au plan AD, serait aussi perpendiculaire au plan BR, parallèle au plan AD (n° 155); les droites EF, GH, perpendiculaires au plan BR, seraient donc parallèles (n° 153), ce qui est contre l'hypothèse.

202. Théorème (*fig.* 169). *La droite* AC *étant perpendiculaire au plan* PQ, *et la droite* GH *n'étant pas parallèle à ce plan, tout plan perpendiculaire à* GH, *rencontre la droite* AC.

Menez le plan BR perpendiculaire à GH; si ce plan ne rencontrait pas la droite AC, il serait parallèle à cette droite; mais AC est perpendiculaire au plan PQ; le plan BR serait donc perpendiculaire au plan PQ (n° 181); la ligne GH, perpendiculaire au plan BR, serait donc parallèle au plan PQ (n° 184), ce qui est contre l'hypothèse. Tous les plans perpendiculaires à GH, rencontrent donc la droite AC.

203. Théorème (*fig.* 170). *Lorsque par le milieu d'une droite on mène un plan perpendiculaire à cette droite, il en résulte que :*

1°. *Les distances de chaque point du plan aux extrémités de la droite sont égales entre elles;*

2°. *Les points de ce plan, jouissent seuls de cette propriété.*

1°. Par le milieu B de AD, conduisez le plan GE perpendiculaire sur AD; d'un point quelconque R du plan GE, menez des droites aux extrémités de AD, et tirez BR; les angles RBA, RBD, seront droits; or, BA = BD; les triangles rectangles RBA, RBD, sont donc égaux; les distances RA, RD, sont donc égales.

2°. Si par un point S situé hors du plan GE, on mène la droite SA qui rencontre le plan GE en R; et si l'on tire les droites DR, DS, on aura

$$RA = RD\ (1°),\ \text{et}\ SD < RS + RD,\ SD < RS + RA,\ SD < SA.$$

204. Problème (*fig.* 171). *Circonscrire une sphère à une pyramide triangulaire;* ou, en d'autres termes, *déterminer une sphère dont la surface passe par les quatre sommets d'une pyramide triangulaire.*

Soit la pyramide triangulaire ABCD; la surface de la sphère devant passer par les quatre sommets A, B, C, D, le centre de la sphère doit être également éloigné de ces quatre points. Cela posé : tous les points également distans des extrémités B, C, de BC, sont dans le plan MPE conduit perpendiculairement à BC, par le milieu M de BC (n° **203**); le centre de la sphère demandée est donc situé dans le plan MPE. Si par le milieu N de CD, on mène un plan NPE perpendiculaire à CD, le centre devra aussi se trouver dans ce plan. Le centre sera donc situé sur l'intersection PE des plans MPE, NPE. Or, le centre doit aussi se trouver dans le plan GH perpendiculaire sur le milieu Q de AB; l'intersection I de ce plan avec la droite PE, sera donc le centre de la sphère demandée. Et en effet, les plans MPE, NPE, GH, étant respectivement perpendiculaires sur les milieux des droites BC, CD, AB, le point I qui appartient à ces trois plans est également distant de B et C, de C et D, de B et A (n° **203**); les droites IA, IB, IC, ID, sont donc égales. La sphère décrite du point I comme centre, avec le rayon IA, passera donc par les quatre sommets A, B, C, D, de la pyramide.

Le centre I *existe toujours.* En effet, les droites CB, CD, se coupant, les plans MPE, NPE, perpendiculaires à ces droites, se rencontrent toujours suivant une droite PE (n° **201**); les droites CB, CD, étant respectivement perpendiculaires aux plans MPE, NPE, le plan BCD est perpendiculaire à chacun des plans MPE, NPE, (n° **180**); le plan BCD est donc perpendiculaire à l'intersection PE (n° **186**); d'ailleurs, la droite AB n'étant jamais parallèle au plan BCD, le plan GH, perpendiculaire sur AB, rencontre toujours PE en un point I (n° **202**); et l'on a démontré que ce point est le centre de la sphère demandée.

Il n'existe qu'un seul centre I*;* car les trois plans MPE, NPE, GH, ne peuvent se couper qu'en un seul point; et tout point qui ne serait pas situé dans ces trois plans, ne serait pas également distant des quatre points donnés (n° **203**, 2°).

Il suit de là qu'*une sphère est entièrement déterminée, lorsque sa surface est assujétie à passer par quatre points donnés qui ne sont pas dans un même plan.*

L'intersection de deux sphères est une courbe plane (*) ; car si quatre points de cette intersection n'étaient pas dans un même plan, les deux sphères passant par ces quatre points se confondraient, ce qui est contre l'hypothèse.

205. THÉORÈME (*fig.* 172). *Lorsqu'un plan divise l'angle de deux autres plans en deux parties égales, il en résulte que :*

1°. *Les perpendiculaires menées d'un point quelconque du premier plan, sur les deux autres plans, sont égales entre elles ;*

2°. *Les points de ce plan jouissent seuls de cette propriété.*

1°. Concevez un plan PzR, qui divise l'angle des plans PQ, PX, en deux parties égales ; par un point A, de l'intersection Pz de ces trois plans, menez un plan IAH perpendiculaire à Pz ; les plans PzQ, PzR, PzX, seront perpendiculaires au plan IAH (n° **180**), et ce dernier coupera les trois autres suivant des droites AH, Ag, AI, perpendiculaires à Pz ; les angles formés par ces droites mesureront donc les inclinaisons des plans PQ, PR, PX ; les angles gAH, gAI, seront donc égaux.

D'un point quelconque g, de l'intersection des plans PR, IAH, menez dans ce dernier plan des perpendiculaires gH, gI, sur les intersections AH, AI ; les droites gH, gI, seront perpendiculaires aux plans PQ, PX (n° **182**) ; les triangles rectangles AIg, AHg, seront égaux, comme ayant la même hypoténuse Ag, et l'angle aigu gAI $=$ gAH ; donc gI $=$ gH.

2°. Si d'un point quelconque p, situé hors du plan PR, on mène des perpendiculaires pq, pH, sur les plans PX, PQ, ces perpendiculaires seront inégales. En effet, du point g, où la droite pH rencontre le plan PR, menez gI perpendiculaire au plan PX ; joignez le pied I de cette perpendiculaire avec p ; gI sera égal à gH (1°), et la perpendiculaire pq au plan PX sera plus courte que l'oblique pI. Or, le triangle pgI donne

$$pI < pg + gI ; \quad \text{donc}\ pI < pg + gH, \quad \text{ou}\ pI < pH.$$

(*) On dit qu'une *courbe* est *plane*, lorsque tous ses points sont dans un même plan. Une *courbe* est dite *à double courbure*, quand tous ses points ne sont pas dans un même plan.

Mais, $pq < pI$; donc $pq < pH$.

206. PROBLÈME (*fig.* 173). *Inscrire une sphère dans une pyramide triangulaire ;* c'est-à-dire, *déterminer une sphère dont la surface soit tangente aux quatre faces d'une pyramide triangulaire.*

La sphère devant être tangente aux quatre faces de la pyramide, les quatre perpendiculaires menées du centre de cette sphère sur les faces de la pyramide, doivent être égales ; le centre de la sphère doit donc se trouver dans les plans qui divisent en deux parties égales les angles dièdres formés par les faces de la pyramide (n° **205**) ; l'intersection de ces plans sera donc le centre de la sphère inscrite.

Ainsi, pour inscrire une sphère dans la pyramide triangulaire ABCD, on mènera par les arêtes BC, BD, CD, des plans IBC, IBD, ICD, qui divisent en deux parties égales les angles formés par les faces qui se coupent suivant ces arêtes ; l'intersection I de ces trois plans sera le centre de la sphère inscrite.

On démontrerait, par des raisonnemens analogues à ceux du n° **204**, que *le centre* I *existe toujours,* et qu'*il n'existe qu'une seule sphère inscrite.*

207. THÉORÈME (fig. 174). 1°. *Toutes les sections d'une sphère par des plans, sont des cercles ;* 2°. *les plans également éloignés du centre de la sphère, coupent la sphère suivant des cercles égaux ;* 3°. *les plans les plus près du centre, donnent les cercles les plus grands ;* 4°. *tous les points de la surface de la sphère, qui sont également distans d'un point fixe de cette surface, se trouvent sur une même circonférence.*

Menez un plan quelconque BGEH ; ce plan coupera la surface de la sphère CA, suivant une courbe BGEH ; par le centre C de la sphère, tirez une perpendiculaire CF au plan BGEH ; du pied F de cette perpendiculaire, menez des droites FB, FG, FE, FH, etc., aux points B, G, E, H, etc., et tirez les rayons CB, CG, CE, CH, etc.

1°. Le centre C étant également distant de tous les points de la surface de la sphère, les obliques CB, CG, CE, CH, etc., sont égales; elles s'écartent donc également du pied F de la perpendiculaire CF (n° 131); les droites FB, FG, FE, FH, etc., sont donc égales; la courbe BGEH est donc une circonférence dont le centre est F. La section de la sphère, par le plan BGEH, est donc un cercle dont le centre est le pied F de la perpendiculaire CF au plan BGEH, et dont le rayon est BF.

Il en résulte que *si l'on mène par le centre d'un cercle de la sphère une perpendiculaire au plan de ce cercle, cette perpendiculaire passera nécessairement par le centre de la sphère.*

Pour démontrer les deux propriétés énoncées (2°) et (3°), coupez la sphère CA par un autre plan quelconque QST; il résulte de (1°) que la section sera un cercle QRST, dont le centre sera le pied P de la perpendiculaire CP au plan QST. Tirez le rayon PQ et l'oblique CQ; les triangles rectangles CFB, CPQ, donneront

$$\overline{CF}^2 + \overline{FB}^2 = \overline{CB}^2,\quad \overline{CP}^2 + \overline{PQ}^2 = \overline{CQ}^2.\ \text{Mais, } CB = CQ;\ \text{donc}$$

$$\overline{CF}^2 + \overline{FB}^2 = \overline{CP}^2 + \overline{PQ}^2;\quad \text{d'où}\quad \overline{CF}^2 - \overline{CP}^2 = \overline{PQ}^2 - \overline{FB}^2.$$

Dans cette dernière équation,

$CP = CF$ donne $PQ = FB$, et $PQ = FB$ donne $CP = CF$;

$CP < CF$ donne $PQ > FB$, et $PQ > FB$ donne $CP < CF$.

Ce qui démontre les principes énoncés (2°) et (3°).

Dans l'équation $\overline{PQ}^2 = \overline{CQ}^2 - \overline{CP}^2$, le rayon CQ étant constant, on voit que *tous les plans conduits par le centre de la sphère, donnent des cercles égaux;* que *ces cercles sont plus grands que ceux qui résultent de la section de la sphère par des plans qui ne passent pas par le centre,* et que *les rayons de ces grands cercles sont égaux au rayon de la sphère.*

4°. Soient pris sur la surface de la sphère des points A, E, G, B, etc., également distans du point fixe N; tous les rayons CA, CE, CG, CB, etc., de la sphère sont égaux entre eux, et par hypothèse les droites NA, NE, NG, NB, etc., sont égales entre elles. Par conséquent, si l'on tire la droite CN, les triangles CNA, CNE, CNG, CNB, etc., seront égaux, comme ayant les trois côtés égaux chacun à chacun; les angles CNA, CNE, CNG, CNB, etc., sont donc égaux; les points A, E, G, B, etc., se trouvent donc sur une circonférence AEGB, (n° 171).

Remarque. Cette dernière propriété fournit le moyen de *tracer un arc de cercle sur la surface de la sphère*; car en fixant la pointe d'un compas, dont les branches sont recourbées, sur un point N de la sphère, et en faisant mouvoir l'autre pointe sur la surface sphérique, sans changer l'ouverture des branches du compas, la pointe mobile décrira un arc de cercle AEGB. Le point fixe N est ce qu'on nomme le *pôle* de cet arc.

208. Théorème (*fig.* 175). *L'intersection de deux sphères est un cercle dont le plan est perpendiculaire à la droite qui joint les centres des sphères. Cette droite passe par le centre du cercle.*

1re *Démonstration.* Soient A, B, C, D, etc., des points de la ligne d'intersection de deux sphères dont les centres sont en O et O'; les triangles OAO', OBO', OCO', ODO', etc., seront égaux comme ayant les trois côtés égaux chacun à chacun. Les droites égales OA, OB, OC, OD, etc., formeront donc des angles égaux avec la droite OO'; les points A, B, C, D, etc., seront donc sur une circonférence dont le plan ABC sera perpendiculaire à OO', et OO' passera par le centre P de cette circonférence (n° 171).

2e *Démonstration.* L'intersection de deux surfaces sphériques est une courbe plane (n° 204, *page* 104); cette courbe résultant de la section de la sphère par un plan, est une circonférence (n° 207, 1°). De plus, la droite qui joint les centres des deux sphères est perpendiculaire au plan de la circonférence, et passe par le centre de cette circonférence; car, d'après ce qui a été démontré (n° 207, 1°), la perpendiculaire au plan de la circonférence, menée par le centre de cette circonférence, passe par les centres des deux sphères.

§ VII. *Plus court chemin d'un point à un autre sur la surface de la sphère.*

209. Théorème (*fig.* 138). *Le plus court chemin d'un point à un autre, sur la surface d'une sphère, est l'arc de grand cercle qui joint ces deux points;* c'est-à-dire que *de toutes les lignes tracées sur la sphère entre deux points* A, B, *de cette surface, la ligne la plus courte est l'arc* ADB *de grand cercle qui passe par* A *et* B (*). En effet,

1°. *Si* AmnpB *est la ligne la plus courte qui puisse exister sur la sphère entre les points* A, B, *une partie quelconque*, *mnp*, *de cette ligne sera le plus court chemin de m à p;* car si l'on pouvait tracer entre *m* et *p* une ligne *mqp* plus courte que *mnp*, la ligne AmqpB serait moins longue que le plus court chemin AmnpB entre A et B, ce qui est absurde.

2°. *Lorsque deux arcs* AD, AC, *sont égaux*, *les* distances AD, AC, *sont égales;* car en faisant tourner le plan ADA′ de l'arc AD autour du diamètre AA′, on pourra toujours amener le point D en C; et les arcs AD, AC, coïncidant, la distance entre les extrémités de l'un de ces arcs coïncidera nécessairement avec la distance entre les extrémités de l'autre arc.

(*) Cet *arc* ne peut dépasser une demi-circonférence. Tout *arc* dont on ne désignera pas l'espèce, sera un *arc de grand cercle* tracé sur la surface sphérique. Par *distance* entre deux points, il faudra toujours entendre la *ligne la plus courte* possible, tracée sur la surface de la sphère entre ces deux points; le *signe* δ indiquera cette *distance*. Ainsi, $\delta AB = An + nB$ exprimera que la *distance* entre A et B est égale à la distance du point A au point n, augmentée de la distance de n à B; l'inégalité,

$$\delta An + nB < AD + DB,$$

indiquera que la distance de A à n, augmentée de celle de n à B, est plus petite que la somme des distances de A à D et de D à B. Enfin, l'équation

$$\text{arc } neB + Adn < DB + AD,$$

exprimera que la somme des arcs neB, Adn, est moindre que la somme des arcs DB, AD.

3°. *Quand un arc* ADB *est plus grand qu'un arc* AC, *la distance entre* A *et* B *est plus grande que celle de* A *à* C; *la réciproque est vraie.*

En effet, si AmnpB est la ligne la plus courte de A à B, l'arc CDE de petit cercle décrit de A comme *pôle*, coupera la ligne AmnpB en un certain point n (*); et les arcs Adn, AC, étant égaux, il résulte de (1°) que les distances An, AC, seront égales.

Or, $\delta AB = An + nB$; donc $\delta AB > \delta AC$.

Réciproquement, lorsqu'on a, $\delta AB > \delta AC$, l'arc ADB est plus grand que l'arc AC; car, d'après ce qui a été démontré, si ces deux arcs étaient égaux, on aurait $\delta AB = \delta AC$ (2°), ce qui est contre l'hypothèse; et si l'arc ADB était moindre que l'arc AC, il en résulterait $\delta AB < \delta AC$, ce qui est contre l'hypothèse.

Le principe énoncé (3°) est donc démontré.

4°. *Le plus court chemin de* A *à* B, *est l'arc* ADB *de grand cercle, conduit par ces deux points.* En effet, si un point n de ce plus court chemin était situé hors de l'arc de grand cercle ADB, on pourrait tracer deux arcs de grand cercle Adn, Ben, qui ne se confondraient pas avec l'arc ADB, et l'on aurait,

$$\delta AB = An + nB \text{ (1°)}; \quad \text{donc } \delta AB > An;$$

$$\text{donc, arc } ADB > Adn \text{ (3°)}.$$

Prenant sur l'arc ADB une partie AD = Adn, les distances AD, An, seraient égales (2°). Or, par hypothèse,

$$\delta An + \delta nB < AD + BD; \quad \text{donc } \delta nB < DB.$$

Donc, l'arc neB < DB (3°); mais l'arc Adn = AD;

donc, arc neB + Adn < DB + AD,

ou arc neB + Adn < ADB.

Le côté ADB du *triangle sphérique* AnB serait donc plus

(*) Cela est évident, car l'arc AB étant plus grand que l'arc AC, on peut prendre sur le premier arc une partie AD = AC; les points A, B, seront donc situés de part et d'autre du plan de l'arc CDE; la ligne la plus courte entre A et B rencontrera donc ce plan en un certain point n.

grand que la somme des deux autres; ce qui est absurde (*). Aucun point du plus court chemin entre A et B ne peut donc se trouver hors de l'arc ADB. Ce qui démontre le principe énoncé.

Remarque. Quand les deux points donnés A, B, ne sont pas les extrémités d'un diamètre de la sphère, le plan mené par ces points et par le centre de la sphère, coupe la surface sphérique suivant une circonférence ABA'F de grand cercle; cela détermine deux arcs ADB, AFA'B, qui passent par A et B; le plus petit de ces deux arcs est un arc ADB moindre que la demi-circonférence; l'arc ADB est le *plus court chemin* de A à B.

Lorsque les deux points donnés sont les extrémités A, A', d'un diamètre, chacune des demi-circonférences qui passent par A et A', exprime la plus courte distance entre A et A'.

§ VIII. *Des Surfaces de révolution.*

210. Lorsqu'une ligne NMP (*fig.* 176), située dans l'espace, tourne autour d'une droite fixe AD, de manière que chaque point M de cette courbe décrive une circonférence dont le centre C est sur AD, et dont le plan est perpendiculaire à AD, la surface engendrée est ce qu'on nomme une *surface de révolution*; la droite fixe AD est l'*axe de révolution*, et la ligne NMP est la *génératrice* de la surface de révolution.

Le *cône droit*, le *cylindre droit* et la *sphère*, sont des surfaces de révolution; car, pour engendrer ces surfaces, il suffit de prendre pour génératrice une droite qui coupe l'axe, ou une parallèle à l'axe, ou une demi-circonférence qui tourne autour de son diamètre.

§ IX. *Propriétés relatives aux Surfaces gauches.*

211. Théorème (*fig.* 177). *Si l'on divise proportionnellement les côtés opposés d'un quadrilatère gauche* (**), *de sorte qu'on ait*

(*) On déduit des principes des nos **193**, **269**, et **274**, que *dans tout triangle sphérique, formé par trois arcs de grands cercles, chaque côté est moindre que la somme des deux autres.*

(**) On nomme ainsi un quadrilatère dont les quatre côtés ne sont pas dans le même plan.

(1)... DG : GC :: AH : HB, AE : ED :: BF : FC,

les droites GH, EF, *se couperont en un point* O, *et l'on aura*

(2) .. EO : OF :: AH : HB, HO : OG :: BF : FC.

Menez BC′ parallèle à AD, et DC′ parallèle à AB ; la figure ABC′D sera un parallélogramme. Joignez CC′ ; conduisez les parallèles FF′, GG′, à CC′; les droites EF′, HG′, étant dans un même plan ABC′D, se rencontreront en un point K.

Je dis que HG′ et EF′ sont respectivement parallèles à AD et AB. En effet, GG′ étant parallèle à CC′, on a

$$DG : GC :: DG' : G'C'.$$

Or, par hypothèse, DG : GC :: AH : HB. Donc,

DG′ : G′C′ :: AH : HB; d'où DG′+G′C′ : DG′ :: AH+HB : AH.

Mais, DG′ + G′C′ = DC′, AH + HB = AB et DC′ = AB.

Donc DG′ + G′C′ = AH + HB. Donc DG′ = AH.

Les droites DG′, AH, étant parallèles et égales, les droites HG′, AD, sont aussi parallèles et égales.

On prouverait semblablement que EF′ est parallèle à AB.

Cela posé : la droite CC′ est parallèle à chacun des plans EFF′, HGG′ (n° **143**) ; et ces plans se coupent suivant une ligne KR, qui est elle-même parallèle à CC′ (n° **147**), et qui passe par le point K, situé sur HG′.

Nous allons faire voir que KR va couper EF et GH au même point O. Il suffit de chercher les distances du point K à chacune des intersections de KR avec EF et GH, et de prouver que ces distances sont égales entre elles.

Désignons par x la distance du point K au point où EF rencontre KR ; chacune des droites RK, CC′, étant parallèle à FF′, on a

$$x : FF' :: EK : EF', \text{ d'où } x = \frac{EK}{EF'} \times FF' ;$$

et $$FF' : CC' :: BF' : BC' ; \text{ d'où } FF' = \frac{BF'}{BC'} \times CC'.$$

Substituant cette valeur de FF′ dans celle de x, on trouve

$$(3) \ldots x = \frac{EK}{EF'} \times \frac{BF'}{BC'} \times CC'.$$

De même, si l'on désigne par y la distance du point K au point où GH rencontre KR, les parallèles RK, GG', CC', donneront

$$y : GG' :: HK : HG', \text{ d'où } y = \frac{HK}{HG'} \times GG',$$

et $GG' : CC' :: DG' : DC'$, d'où $GG' = \dfrac{DG'}{DC'} \times CC'$.

On en déduit $(4) \ldots y = \dfrac{DG'}{DC'} \times \dfrac{HK}{HG'} \times CC'$.

Or, d'après ce qui précède, les trois droites AD, HG', BC', sont parallèles, et les droites AB, EF', DC', sont aussi parallèles. On a donc

$$EK = DG', \ EF' = DC', \ BF' = HK, \ BC' = HG';$$

et par suite, les expressions (3), (4), de x et y, démontrent que $x = y$.

Les droites GH, EF, passent donc par un même point O de KR; elles se coupent donc au point O.

Pour trouver le rapport de EO à OF, observons que OK étant parallèle à FF', on a $EO : OF :: EK : KF'$.

Or, les droites EK, AH, sont égales, comme parallèles comprises entre parallèles.

Par une raison semblable, $KF' = HB$.

Donc, $EO : OF :: AH : HB$.

On prouvera avec la même facilité que, $HO : OG :: BF : FC$.

Le théorème est donc démontré.

Corollaire. Les proportions (1) et (2) démontrent que si les points G, H, E, F, sont les milieux des côtés du quadrilatère gauche ABCD, le point O sera le milieu des droites GH, EF.

Le principe du n° **24** n'est qu'un cas particulier du théorème général que nous venons de démontrer.

212. Problème (*fig.* 181). *Déterminer le volume du solide*

ABCDA'B'C'D', *terminé par un plan horizontal* ABCD, *par quatre plans verticaux, parallèles deux à deux,* ADD'A', BCC'B', ABB'A', CDD'C', *et par une portion de* SURFACE GAUCHE A'B'C'D' (*).

Désignez le volume demandé par x, la surface connue du parallélogramme ABCD par s, et les longueurs des arètes BB', AA', CC', DD', par a, a', b, b'. Prolongez ces arètes de manière que vous ayez, $A'A'' = BB' = a$, $B'B'' = AA' = a'$,

$$D'D'' = CC' = b, \quad C'C'' = DD' = b'.$$

Il en résultera, $AA'' = BB'' = a + a'$, $CC'' = DD'' = b + b'$.

Les quatre points A'', B'', C'', D'', seront donc dans un même plan (n° 165).

Représentez le volume ABCDA''B''C''D'' par V ; je dis que le volume cherché en sera la moitié. Il est facile de concevoir que cela se réduit à prouver que toute section RMQP du solide V, par un plan parallèle au plan ABB''A'', est divisée en deux parties équivalentes par la *surface gauche*.

Il s'agit donc de démontrer que les trapèzes RMKK', PQKK', sont équivalens. Pour y parvenir, menez les droites B'C, A''D', qui coupent MQ et RP en E et E'; les propriétés des parallèles donnent

$$\frac{EM}{B'B} = \frac{CE}{CB'} = \frac{C'K}{C'B'}, \quad \text{d'où} \quad EM = a \times \frac{C'K}{C'B'};$$

$$\frac{EK}{CC'} = \frac{B'K}{B'C'}, \quad \text{d'où} \quad EK = b \times \frac{B'K}{C'B'};$$

$$\frac{E'P}{D'D''} = \frac{A''E'}{A''D'} = \frac{A'K'}{A'D'}, \quad \text{d'où} \quad E'P = b \times \frac{A'K'}{A'D'};$$

$$\frac{E'K'}{A''A'} = \frac{D'K'}{D'A'}, \quad \text{d'où} \quad E'K' = a \times \frac{D'K'}{D'A'}.$$

(*) La *surface gauche* est engendrée par une droite indéfinie SS', qui se meut parallèlement au plan fixe ABB'A', en s'appuyant sur deux droites quelconques A'D', B'C', situées dans les deux plans parallèles ADD'A', BCC'B'. Il en résulte que toute section de la surface gauche par un plan RMKK' parallèle au plan ABB'A', est une droite KK'.

Si les droites A'D', B'C', étaient parallèles, la surface engendrée deviendrait un plan ; la surface gauche a reçu, par cette raison, le nom de *plan gauche.*

Or, $MK = EM + EK$, $PK' = E'K' + E'P$.

Substituant les valeurs de EM, EK, E'K', E'P, on trouve

$$MK = a \times \frac{C'K}{C'B'} + b \times \frac{B'K}{B'C'},$$

$$PK' = a \times \frac{D'K'}{D'A'} + b \times \frac{A'K'}{A'D'}.$$

D'ailleurs, les plans parallèles ABB″A″, RMQP, DCC″D″, coupant les droites A'D', B'C', en parties proportionnelles (nº 191), on a

$$\frac{C'K}{C'B'} = \frac{D'K'}{D'A'}, \quad \frac{B'K}{B'C'} = \frac{A'K'}{A'D'}.$$

Donc, $MK = PK'$.

On prouverait de même que $RK' = QK$.

Les trapèzes RMKK', PQKK', sont donc égaux en surface; car ils ont même hauteur, et leurs côtés parallèles MK, PK', RK', QK, sont égaux deux à deux.

Le solide x demandé est donc la moitié du solide V.

Cela posé : menons le plan ACC″A″ ; le solide V peut être considéré comme formé de deux prismes triangulaires tronqués, ayant pour bases ADC et ABC. Mais,

$$\textit{prisme } ADCA''D''C'' = \tfrac{1}{3} ADC \times (AA'' + DD'' + CC''),$$
$$\textit{prisme } ABCA''B''C'' = \tfrac{1}{3} ABC \times (AA'' + BB'' + CC'').$$

Ajoutant ces équations membre à membre, observant que les triangles ADC, ABC, sont égaux à $\frac{1}{2} s$, que $V = 2x$, et que $AA'' = BB'' = a + a'$, $CC'' = DD'' = b + b'$, il vient

$$2x = \tfrac{1}{3} \times \tfrac{1}{2} s \times (AA'' + DD'' + CC'' + AA'' + BB'' + CC'')$$
$$= \tfrac{1}{6} s\,(3AA'' + 3CC'') = \tfrac{1}{2} s(AA'' + CC'') = \tfrac{1}{2} s(a + a' + b + b').$$

Donc enfin, (3)... $x = s \times \frac{1}{4}(a + a' + b + b')$.

Cette formule démontre que *le volume* ABCDA'B'C'D', *terminé par la surface gauche* A'B'C'D', *est égal au produit de la base* ABCD, *par le quart de la somme des hauteurs* AA', BB', CC', DD'.

§ X. *Propriétés relatives à des Pyramides et à des Cônes.*

213. Théorème (*fig.* 178). *Dans toute pyramide triangulaire* ABCD, *les trois droites* EG, HF, IK, *qui joignent les milieux des arètes opposées (non situées dans un même plan), passent par un même point* O, *et elles y sont divisées en deux parties égales.*

1re *Démonstration.* Les quatre arètes AB, BC, CD, DA, forment un *quadrilatère gauche*, dont les côtés opposés sont divisés en deux parties égales par les droites EG, HF; donc ces deux droites se coupent mutuellement en deux parties égales (nº **211**); la droite EG passe donc par le milieu de HF.

Les quatre arètes AB, BD, DC, CA, forment aussi un quadrilatère gauche, dans lequel les droites IK, HF, se coupent en parties égales; la droite IK passe donc aussi par le milieu de HF.

Le théorème est donc démontré.

2e *Démonstration.* Tirez les droites EF, FG, GH, HE; puisque les côtés CB, CD, sont divisés aux points E, F, en deux parties égales, la droite EF est parallèle à BD et égale à $\frac{1}{2}$ BD; par une raison semblable, HG est parallèle à BD et égale à $\frac{1}{2}$ BD; donc EF est égal et parallèle à HG; la figure EFGH étant un parallélogramme, les diagonales EG, HF, se coupent mutuellement en deux parties égales; donc EG passe par le milieu de HF. On prouvera de même que les droites HK, KF, FI, IH, forment un parallélogramme; donc la diagonale IK passe aussi par le milieu de HF, et OK = OI. Le théorème est donc démontré.

Remarque (*fig.* 179). Par le point F et par l'arète AB, conduisez un plan, il contiendra la droite FH, et coupera le triangle CBD suivant la droite BF. Par le point O où se coupent EG et FH, menez la droite AO qui va couper BF en P; enfin, menez HQ parallèle à AP. Puisque BH = HA, on aura BQ = QP; et puisque HO = OF, on aura QP = PF. Donc PF = $\frac{1}{3}$ BF.

Les triangles BHQ, BAP, sont semblables, ainsi que les triangles FOP, FHQ, et

BH = $\frac{1}{2}$ BA, FO = $\frac{1}{2}$FH; donc, HQ = $\frac{1}{2}$AP, OP = $\frac{1}{2}$ HQ = $\frac{1}{4}$ AP.

On en déduit ce nouveau théorème :

Une pyramide triangulaire ABCD (*fig.* 179) *étant donnée, si l'on mène dans la base une droite* BF *de l'un des sommets au milieu* F *du côté opposé* CD, *qu'on prenne le tiers* PF *de* BF, *la droite* AP *passera par le point* O *d'intersection des droites qui unissent les milieux de deux arêtes opposées quelconques (non situées dans un même plan); et la droite* AP *sera divisée en ce point au quart de sa longueur à partir de la base* BCD.

214. Théorème (*fig.* 180). *Un point* O *étant pris arbitrairement dans l'intérieur d'une pyramide triangulaire* ABCD, *si l'on mène les droites* AO, BO, CO, DO, *qu'on les prolonge jusqu'à ce qu'elles rencontrent en* A', B', C', D', *les faces* BCD, ACD, ABD, ABC, *on aura* $\frac{OA'}{AA'}+\frac{OB'}{BB'}+\frac{OC'}{CC'}+\frac{OD'}{DD'}=1.$

On démontrera ce théorème par des considérations analogues à celles du n° 8.

215. Problème (*fig.* 182). *Parmi tous les cônes droits circonscrits à une sphère donnée, déterminer le cône dont la surface est la plus petite possible.*

Désignez par r le rayon de la sphère donnée. Sur une droite $AB=2r$ comme diamètre, décrivez le demi-cercle ATB; conduisez AE perpendiculaire à AB, et par un point quelconque S du prolongement de AB, tirez une tangente SD au demi-cercle ATB. Soient, T le point de tangence, et C le milieu de AB. Si le triangle SAD tourne autour de SA, le demi-cercle ATB engendrera la sphère donnée dont le centre sera C; le cône droit engendré par le triangle SAD sera circonscrit à cette sphère, car l'hypoténuse SD engendre la surface convexe d'un cône droit qui touche la sphère suivant la circonférence dont le centre est le pied n de la perpendiculaire Tn à SA, et le côté AD engendre le cercle qui sert de base au cône, et qui est tangent en A à la sphère. Le cône ainsi déterminé, peut donc être considéré comme un cône quelconque circonscrit à la sphère donnée; la hauteur de ce cône est SA, son apothème est SD, et le rayon de sa base est AD.

La détermination du cône circonscrit ne dépendant que de

sa hauteur, tout se réduit à chercher quelle doit être cette hauteur, pour que la surface du cône circonscrit soit un *minimum*.

Si l'on représente par x la surface totale du cône circonscrit, et par π le rapport de la circonférence au diamètre, la surface de la base de ce cône sera $\pi \times \overline{AD}^2$, et sa surface convexe sera égale à $2\pi \times AD \times \frac{1}{2} SD$. Donc,

$$x = \pi \times \overline{AD}^2 + 2\pi \times AD \times \tfrac{1}{2} SD = \pi \times AD \times (SD + AD).$$

Le rayon CT étant perpendiculaire à la tangente SD, les triangles rectangles SAD, STC, sont semblables, et donnent

$$\overline{AD}^2 : \overline{CT}^2 :: \overline{SA}^2 : \overline{ST}^2,\ SD : AD :: SC : CT.$$

Donc, $\quad SD + AD : AD :: SC + CT : CT.$

Or, $CT = CA$, $SC + CT = SC + CA = SA$. Donc

$$SD + AD : AD :: SA : CA; \text{ d'où}$$

$$\pi \times AD \times (SD + AD) : \pi \times \overline{AD}^2 :: SA : CA, \quad \text{ou}$$

$$(1) \ldots\ x : \pi \times \overline{AD}^2 :: SA : CA.$$

Or, $\overline{ST}^2 = SA \times SB$; la proportion $\overline{AD}^2 : \overline{CT}^2 :: \overline{SA}^2 : \overline{ST}^2$, devient donc, $\overline{AD}^2 : \overline{CT}^2 :: \overline{SA}^2 : SA \times SB$; d'où

$$(2)\ \ldots\ \overline{AD}^2 : \overline{CT}^2 :: SA : SB.$$

Multipliant les proportions (1) et (2), on trouve

$$x : \pi \times \overline{CT}^2 :: \overline{SA}^2 : CA \times SB; \text{ d'ou } x = \pi r \times \frac{\overline{SA}^2}{SB}.$$

Pour que cette valeur de x soit la plus petite possible, il faut et il suffit que le rapport $\frac{\overline{SA}^2}{SB}$ soit le plus petit possible.

Mais, $SA = SB + BA = SB + 2r$; donc

$$\frac{\overline{SA}^2}{SB} = \frac{(SB + 2r)^2}{SB} = SB + 4r + \frac{4r^2}{SB}.$$

Par conséquent, il faut que $SB + \frac{4r^2}{SB}$ soit un *minimum*.

Mais, le produit de SB par $\frac{4r^2}{SB}$ est une constante $4r^2$. On peut donc regarder SB et $\frac{4r^2}{SB}$ comme les deux côtés variables d'un rectangle dont la surface constante est $4r^2$, et dont le demi-périmètre variable $SB + \frac{4r^2}{SB}$ doit être un *minimum*. Les côtés de ce rectangle doivent donc être égaux (*page* 18); ce qui donne

$$SB = \frac{4r^2}{SB}; \text{ d'où } \overline{SB}^2 = 4r^2, \quad SB = 2r = AB,$$

$$SA = SB + AB = 4r.$$

La hauteur du cône demandé doit donc être égale au double du diamètre de la sphère donnée.

On peut calculer le rayon AD de la base, l'apothème SD, la surface x, et la solidité z du cône minimum, au moyen du rayon donné r. En effet, on a vu que

$$SD : AD :: SC : CT.$$

D'ailleurs, $SC = SB + BC = 2r + r = 3r = 3CT$;

donc $$SD = 3AD.$$

Mais, $\overline{SA}^2 = 16r^2 = \overline{SD}^2 - \overline{AD}^2 = 9\,\overline{AD}^2 - \overline{AD}^2 = 8\,\overline{AD}^2$.

Donc, $\overline{AD}^2 = \frac{16r^2}{8} = 2r^2$, $AD = r\sqrt{2}$, $SD = 3AD = 3r\sqrt{2}$.

Or, on a trouvé que la surface x du cône circonscrit est égale à $\pi r \times \frac{\overline{SA}^2}{SB}$. Remplaçant SA et SB par leurs valeurs $4r$, $2r$, on parvient à, $x = 4\pi r^2 \times 2$.

Le volume z du cône circonscrit étant égal à sa base multipliée par le tiers de sa hauteur, on a

$$z = \pi \times \overline{AD}^2 \times \frac{SA}{3} = \pi \times 2r^2 \times \frac{4r}{3} = \frac{4}{3}\pi r^3 \times 2.$$

Mais, $4\pi r^2$ est la surface de la sphère inscrite, et $\frac{4}{3}\pi r^3$ est son volume. Donc, *parmi tous les cônes circonscrits à une sphère donnée, le cône dont la surface est la plus petite possible, jouit des propriétés suivantes : sa hauteur est double du diamètre de la sphère, son apothème est le triple du rayon de sa base; sa surface et son volume sont respectivement doubles de la surface et du volume de la sphère inscrite.*

TROISIÈME PARTIE.

ÉLÉMENS DE GÉOMÉTRIE DESCRIPTIVE.

§ Ier. *But de la Géométrie descriptive. Propriétés relatives aux projections des points et des lignes, et aux traces des plans.*

216. Les constructions qu'il faut effectuer pour résoudre les problèmes des n[os] **204** et **206**, paraissent fort simples au premier coup d'œil; mais, dans la réalité, elles ne donnent que des déterminations purement théoriques et fort difficilement exécutables. En effet, comment trouver les plans perpendiculaires sur les milieux des arêtes, ou qui divisent les angles dièdres en deux parties égales? et ensuite, comment déterminer la droite suivant laquelle se coupent les deux premiers plans, puis le point où cette droite est rencontrée par le troisième plan?

Ces réflexions s'appliquent à tous les problèmes qui se rapportent aux trois dimensions de l'étendue; car, alors, il n'est plus possible de renfermer dans un seul plan les données et les constructions que la question semble exiger. Il faut donc de nouvelles méthodes pour résoudre les problèmes de cette espèce. Ces méthodes constituent la partie des Mathématiques, nommée *Géométrie descriptive, dont l'objet spécial est de résoudre, par des constructions effectuées sur un plan, tous les problèmes qui se rapportent aux trois dimensions de l'étendue.*

217. Le procédé que cette nouvelle branche des Mathématiques met en œuvre, est la *méthode des projections;* elle consiste à rapporter à deux plans fixes qui se coupent, toutes les parties de l'espace; de telle sorte, par exemple, qu'étant donné un point ou une ligne dans l'espace, on les remplace par des points ou des lignes situés dans les deux plans; puis on fait tourner l'un de ces plans autour de la droite d'intersection, afin de le rabattre sur l'autre plan; alors, toutes ces données, qui dérivent des premières, étant situées dans un seul plan, il faut chercher un système de constructions qui, sans sortir de ce plan, conduisent à des résultats d'où il soit facile de passer à la véritable solution du problème proposé. Nous allons entrer dans tous les détails de cet important et ingénieux procédé.

218. (*fig.* 183). *La* PROJECTION *d'un point sur un plan est le pied de la perpendiculaire menée du point sur le plan.* Ainsi, concevez que du point A on abaisse sur le plan GE la perpendiculaire AB; le *pied* B de cette perpendiculaire sera la *projection* du point A sur le plan GE. Il est clair que le point B est la projection commune de tous les points de la droite indéfinie AB.

219. (*fig.* 184). *La* PROJECTION *d'une ligne sur un plan est la ligne qui passe par les projections de tous les points de la première ligne.* Ainsi, en abaissant des différens points de la courbe SRX, des perpendiculaires sur le plan GE, la ligne S'R'X', qui passera par les pieds de toutes ces perpendiculaires, sera la projection de la courbe SRX sur le plan GE. L'ensemble de ces perpendiculaires forme une surface de la nature de celles qu'on nomme *cylindriques;* et il est évident que toute courbe *mnp*, tracée sur la surface de ce cylindre, aura pour projection la même ligne S'R'X'.

220. Quand la ligne SRX est droite, les perpendiculaires SS', RR', XX', etc., sont dans un même plan (n° **137**) qui est perpendiculaire au plan GE (n° **180**); les pieds S', R', X', etc., de ces perpendiculaires sont donc en ligne droite; *la projection d'une ligne droite est donc une ligne droite.*

Or, deux points déterminent une droite. Par conséquent, pour projeter la droite AM (*fig.* 185) sur le plan GE, il suffit de mener par deux points A, M, de cette droite, des perpendiculaires AB, MD, au plan GE; la droite BD, menée par les pieds de ces perpendiculaires, sera la projection demandée.

Ainsi, *la projection d'une ligne droite est la droite qui passe par les projections de deux points de la ligne donnée.*

221. Le plan perpendiculaire au plan GE (*fig.* 185), mené par AM, et qui contient toutes les perpendiculaires AB, MD, etc., au plan GE, se nomme *plan projetant ;* et le plan GE sur lequel se fait la projection, se nomme *plan de projection.*

222. *Lorsqu'une droite est perpendiculaire à un plan, la projection de cette droite sur le plan est le pied de cette perpendiculaire ;* car les perpendiculaires menées des différens points de la droite sur le plan, se confondent avec cette droite.

223. (*fig.* 186). *Lorsque deux droites sont parallèles, leurs projections sur un même plan sont parallèles.*

En effet, pour *projeter* les parallèles NA, MH, sur le plan GE, il suffit de conduire par ces droites des plans NB, MF, perpendiculaires au plan GE; les intersections de ces plans avec le plan GE, sont des droites parallèles PB, KF, (n° 189). Mais, ces intersections sont les projections des lignes NA, MH ; le principe est donc démontré.

Ainsi, *pour être en état de construire les projections de deux droites parallèles, il suffit de connaître deux points de l'une des projections et un point de l'autre projection.*

224. Quand une ligne est située dans un plan parallèle à celui sur lequel on la projette, elle a évidemment pour projection une ligne qui lui est parfaitement égale ; et toute ligne située dans un plan perpendiculaire au plan de projection, a pour projection une droite qui est l'intersection de ces deux plans.

225. (*fig.* 187). *Lorsque deux plans se coupent, si l'on projette un point sur chacun de ces plans, les perpendiculaires menées des deux projections du point sur l'intersection des deux plans, passent toujours par un même point de cette intersection.*

En effet, concevons deux plans xyz, xyu, qui se coupent suivant la droite xy; si d'un point M, situé hors de ces plans, on mène des perpendiculaires Mm, Mm', à ces plans, le plan

mMm', conduit par ces droites, coupera xy en un point p, et sera perpendiculaire aux plans xyz, xyu (nº 180); le plan mMm' sera donc perpendiculaire à l'intersection xy des plans xyz, xyu (nº 186); la droite xy sera donc perpendiculaire au plan $Mmpm'$; cette droite sera donc perpendiculaire aux droites mp, $m'p$, qui passent par son pied dans le plan Mp. Mais les points m, m', sont les projections du point M sur les plans xyz, xyu; les perpendiculaires menées des points m, m', sur l'intersection xy, passent donc par un même point p de cette intersection. Ce qui démontre le principe énoncé.

Il suit de là que *deux points situés dans deux plans qui se coupent, ne peuvent pas être les projections sur ces plans d'un même point de l'espace, si les perpendiculaires abaissées de ces deux points sur l'intersection des deux plans, ne vont pas concourir en un même point de cette intersection.*

226. *Lorsque deux points m, m' (fig. 187), situés dans deux plans xu, xz, qui se coupent, sont tels, que les perpendiculaires menées par ces points sur l'intersection xy des plans, passent par un même point p de l'intersection, on peut regarder ces points comme les projections d'un même point de l'espace, et ce point est entièrement déterminé.*

En effet, l'intersection xy étant perpendiculaire au plan mpm' des droites pm, pm', (nº 128), les deux plans de projection xz, xu, qui passent par xy, sont perpendiculaires au plan mpm' (nº 180); et réciproquement, le plan mpm' est perpendiculaire à chacun des plans xz, xu; les perpendiculaires aux plans xz, xu, menées par les points m, m', sont donc dans le plan mpm' (nº 183); ces perpendiculaires se rencontrent donc nécessairement en un point M, dont m et m' sont les projections sur les plans xz, xu; ce qui démontre la propriété énoncée.

227. *Pour connaître si deux points de deux plans qui se coupent, sont les projections d'un point unique sur ces plans, il suffit de mener par ces deux points des perpendiculaires à l'intersection des plans donnés. Quand ces perpendiculaires passent par un même point de l'intersection, les deux points donnés* *sont les projections d'un point unique* (n° 226) ; *et quand ces perpendiculaires ne passent pas par un même point de l'intersection, les points donnés ne sont pas les projections d'un même point de l'espace* (n° 225).

228. *Une droite est généralement déterminée, quand on connaît ses projections sur deux plans qui se coupent ;* car en menant, par chaque projection, un plan perpendiculaire au plan de projection, la droite devra se trouver dans chacun des plans ainsi conduits (n° 220) ; la droite sera donc l'intersection de ces deux plans.

Par exemple, si ab et $a'b'$ (*fig.* 188), sont les projections d'une droite AB sur deux plans xyz, xyu, qui se coupent suivant xy, en menant par ces projections des plans abBA, $a'b'$BA, respectivement perpendiculaires aux plans xyz, xyu, les plans projetans abBA, $a'b'$BA, contiendront la droite AB ; cette droite sera donc l'intersection de ces deux derniers plans.

Deux droites $a\alpha$, $b'\beta$ (*fig.* 190), *prises arbitrairement dans les plans de projection, ne peuvent être considérées comme les projections d'une même ligne de l'espace, que lorsque les plans menés par ces droites perpendiculairement aux plans de projection ne sont pas parallèles.*

Quand les droites $a\alpha$, $b'\beta$, sont perpendiculaires à l'intersection xy en deux points différens, elles ne peuvent être les projections d'aucune ligne ; car les plans menés par $a\alpha$ et $b'\beta$, perpendiculairement aux plans de projection, sont parallèles.

Si deux droites $a\alpha$, $a'\alpha$, sont perpendiculaires à l'intersection xy en un même point, on peut les regarder comme les projections d'une ligne plane ; mais cette ligne reste entièrement indéterminée dans le plan $a\alpha a'$.

229. *Les projections d'une courbe quelconque sur deux plans qui se coupent, déterminent généralement cette courbe.*

Par exemple, abc et $a'b'c'$ (*fig.* 189) étant les projections d'une même ligne ABC, sur les plans xyz, xyu, si par les différens points de ces projections on mène des perpendiculaires à ces plans, ces perpendiculaires formeront deux surfaces cylindriques abc CBA, $a'b'c'$CBA, sur lesquelles la courbe ABC devra se trouver; l'intersection de ces surfaces cylindriques déterminera donc la courbe ABC.

Lorsqu'on prend arbitrairement une courbe dans chacun des deux plans de projection, on ne peut considérer ces deux courbes comme les projections d'une même ligne de l'espace, que dans le cas où les perpendiculaires aux plans de projection, menées par les différens points de ces deux courbes, forment des cylindres qui se coupent.

230. Pour déterminer un plan, que nous désignerons par P, on pourrait se servir des projections sur deux plans xyz, xyu (*fig.* 190), qui se coupent, de trois points non en ligne droite, situés dans le plan P; car ces trois points déterminent un plan. Mais on a trouvé plus commode de fixer la position d'un plan au moyen de ses intersections αa, $\alpha a'$, avec les plans de projection xyz, xyu. Ces intersections sont ce qu'on nomme les *traces* du plan P, sur les plans de projection.

Quand les deux traces αa, $\alpha a'$, d'un plan sont données, la position de ce plan est entièrement déterminée (n° **119**).

Lorsque le plan P n'est pas parallèle à l'intersection xy des plans de projection, il la rencontre en un point α qui appartient nécessairement à ses deux traces.

Si le plan est parallèle à xy, ses deux traces seront aussi parallèles à xy. Si le plan est perpendiculaire à xy, ses deux traces seront aussi perpendiculaires à xy. Si le plan est parallèle à l'un des plans de projection, sa trace sur l'autre plan sera parallèle à xy; alors cette trace suffit pour déterminer le plan.

Enfin, si le plan P passe par la ligne xy, sa position ne sera plus déterminée; il faudra donner sa trace sur un nouveau plan, qui coupe les deux premiers suivant une autre ligne que xy.

231. On voit déjà, par ce qui précède, qu'en rapportant les points et les lignes situés dans l'espace, à deux plans qui se coupent, il est facile de déterminer ces points et ces lignes par d'autres points et d'autres lignes situés dans ces plans.

Jusqu'à présent, l'angle formé par les deux plans de projection est resté arbitraire. Nous supposerons dans tout ce qui va suivre que cet angle est *droit*, parce que cette supposition est celle qui conduit aux constructions les plus simples. Pour nous conformer à l'usage, et afin d'abréger le discours, nous regarderons l'un des deux plans de projection comme *horizontal*, et l'autre comme *vertical*, quoiqu'ils puissent avoir des positions quelconques. L'intersection des deux plans de projection se nommera *ligne de terre*.

232. Lorsque nous dirons qu'un point est donné, ou qu'une ligne est donnée, nous entendrons que les projections de ce point, ou de cette ligne, sont données. Lorsqu'un plan sera donné, ses traces seront censées connues. Quand nous proposerons de déterminer un point, ou une droite, ou un plan, il s'agira de construire les projections du point, ou celles de la droite, ou les traces du plan. Les projections et les traces prendront le nom du plan de projection dans lequel elles se trouveront. Ainsi, les projections et les traces situées dans le plan horizontal, seront les *projections* et les *traces horizontales*.

Suivant qu'une droite sera parallèle au plan horizontal de projection, ou qu'elle sera perpendiculaire à ce plan, nous dirons que cette ligne est *horizontale*, ou qu'elle est *verticale*. On dit, dans le même sens, qu'un *plan* est *horizontal*, ou qu'il est *vertical*, suivant qu'il est parallèle ou perpendiculaire au plan horizontal de projection.

233. De ce que les plans de projection sont supposés rectangulaires, il s'ensuit que :

1°. *Si un point ou une ligne est dans l'un des plans de projection, sa projection sur l'autre plan sera sur la ligne de terre.*

2°. *Si une ligne est située dans un plan parallèle à l'un des plans de projection, la projection de cette ligne sur l'autre plan sera une parallèle à la ligne de terre.*

3°. *Si un plan est perpendiculaire à l'un des deux plans de projection, sa trace sur l'autre plan sera perpendiculaire à la ligne de terre.* Cela se déduit du principe du n° 185.

Par exemple, un plan vertical a pour trace verticale une perpendiculaire à la ligne de terre.

4°. *Les perpendiculaires abaissées d'un même point sur les deux plans de projection, et les perpendiculaires menées des deux projections de ce point, sur la ligne de terre, forment un rectangle; de telle sorte que les distances de la ligne de terre aux deux projections d'un point, sont respectivement égales aux distances de ce point aux deux plans de projection.*

Par conséquent, lorsqu'on connaît les projections d'un point, on peut avoir immédiatement ses distances aux deux plans de projection.

234. Les conventions précédentes suffisent pour faire pressentir la possibilité de résoudre les problèmes qui se rapportent aux trois dimensions de l'étendue, par des constructions renfermées dans deux plans qui se coupent, et que nous sommes convenus de prendre *rectangulaires* entre eux. Il paraît donc nécessaire, au premier aperçu, d'employer deux plans pour y représenter dans leur vraie grandeur la projection horizontale et la projection verticale. Mais afin de ramener les constructions au plus grand degré de simplicité, et de réunir les deux projections sur un seul dessin, on fait tourner le plan vertical xyu (*fig.* 191) autour de la ligne de terre xy, de manière à l'appliquer sur le prolongement du plan horizontal xyz, en xyu'; alors toutes les lignes seront réellement tracées sur le plan horizontal; mais il faudra perpétuellement concevoir, par la pensée, les projections verticales remises à leur place, au moyen d'un quart de révolution autour de la ligne de terre. Quant aux points situés hors des plans de projection, ils ne paraîtront pas dans les figures; mais il sera facile de se représenter la véritable position de ces points à l'aide de leurs projections.

Par exemple, d et d' (*fig.* 192) étant les projections d'un point D de l'espace, qui n'est pas indiqué dans la figure, on concevra que le plan vertical, qu'on suppose déjà rabattu sur le plan horizontal, fait un quart de révolution autour de xy; les plans de projection étant alors perpendiculaires l'un à l'autre, si par les points d, d', on conçoit des perpendiculaires au plan horizontal et au plan vertical, la rencontre de ces perpendiculaires sera le point D de l'espace, dont les projections sont d et d'. On désignera quelquefois ce point par (d, d').

235. (*fig.* 191). *Les deux projections d'un point sont situées sur une perpendiculaire à la ligne de terre xy.*

En effet, concevez que les plans de projection xyz, xyu, étant dans leur position primitive, c'est-à-dire perpendiculaires l'un à l'autre, les projections d'un point soient d et d'; les perpendiculaires menées des points d,d', sur xy, passeront par un même point p de xy (n° 225); si le plan vertical tourne autour de xy, pour venir s'appliquer sur le plan horizontal, la droite pd' ne cessera pas d'être perpendiculaire à xy; et quand le plan vertical xu coïncidera avec le plan horizontal, d' tombera sur un point d'' du plan horizontal; la droite pd'' sera égale à pd', et elle tombera sur le prolongement de la perpendiculaire dp à xy.

236. *Lorsque deux lignes se coupent en un point, la droite qui joint les points d'intersection des projections de ces lignes, est perpendiculaire à la ligne de terre.*

En effet, les projections d'un point étant toujours situées sur une perpendiculaire à la ligne de terre (n° 235), et les projections du point d'intersection de deux lignes ne pouvant être que les intersections des projections de ces lignes, quand deux lignes se coupent en un point, la droite qui joint les intersections des projections des lignes données, doit être perpendiculaire à la ligne de terre.

237. *Lorsqu'une droite est perpendiculaire à un plan, les projections de la droite sont respectivement perpendiculaires aux traces du plan.* En effet, soient dp et $d'p'$ (*fig.* 212), les projections d'une droite DP (située dans l'espace) perpendiculaire au plan $c\alpha c'$, dont les traces sont αc, $\alpha c'$. Si l'on mène par la projection horizontale dp un plan dpp' perpendiculaire au plan horizontal, ce plan sera perpendiculaire au plan $c\alpha c'$, car il passe par une perpendiculaire DP au plan $c\alpha c'$ (n° 180); le plan dpp' est donc perpendiculaire à la fois au plan horizontal et au plan $c\alpha c'$; il est donc perpendiculaire à l'intersection αc de ces deux plans. Or, cette intersection est la trace horizontale du plan $c\alpha c'$;

le plan dpp' est donc perpendiculaire à la trace αc ; la projection horizontale dp, située dans le plan dpp', est donc perpendiculaire à la trace horizontale αc (n° **127**).

On démontrera d'une manière semblable que la projection verticale $d'p'$ de la perpendiculaire au plan $c\alpha c'$, est perpendiculaire à la trace verticale $\alpha c'$ du plan $c\alpha c'$.

§ II. *Épures relatives aux Problèmes sur la ligne droite et le plan.*

238. Nous allons exposer maintenant les *solutions des problèmes relatifs à la ligne droite et au plan*, qui entrent, comme élémens nécessaires, dans toutes les questions de Géométrie où il faut considérer les trois dimensions de l'étendue.

Pour rendre les explications plus faciles à suivre, nous établirons les conventions suivantes : les grandes lettres A, B, C, etc., indiqueront des points de l'espace ; ces lettres ne paraîtront pas dans les figures : les petites lettres correspondantes a, b, c, etc., employées sans accens, serviront à désigner les projections horizontales des points A, B, C, etc. ; ces petites lettres, affectées d'un accent, c'est-à-dire a', b', c', etc., indiqueront les projections verticales des mêmes points A, B, C, etc.

Nous désignerons souvent un point de l'espace par ses deux projections ; ainsi, lorsque nous parlerons d'un point (a, a'), il s'agira du point A, dont les projections sont a et a'.

La *ligne de terre* sera toujours désignée par xy.

On nomme ÉPURE, la feuille qui contient le tracé de toutes les constructions d'un problème. Dans toutes les épures, les *données* et les *résultats* seront figurés par un *trait continu* ; les lignes de construction le seront par un *trait discontinu* ou ligne *ponctuée*, que l'on fera varier selon l'objet de ces constructions.

239. 1er PROBLÈME (*fig.* 193). *Les projections de deux points étant données, construire les projections de la droite qui passe par ces deux points.*

Les projections de cette droite passent nécessairement par les projections des points donnés. Tirant donc une droite par les projections horizontales des points donnés, et menant une autre droite par les projections verticales des mêmes points, ces deux droites seront les projections demandées.

Par exemple, a et a' étant les projections d'un point A de l'espace, et b, b' étant celles d'un autre point B, les droites ab, $a'b'$, seront les projections de la droite AB qui passe par les points A, B.

240. 2ᵉ Problème (*fig.* 193). *Connaissant les projections des extrémités d'une droite, construire la grandeur de cette droite.*

Soient, a, a', les projections d'une des extrémités A de la droite, et b, b', les projections de l'autre extrémité B ; les droites aa', bb', seront perpendiculaires à la ligne de terre xy (nº 235) ; et si l'on conçoit qu'on élève en a et b des verticales respectivement égales à aa', bb', les extrémités de ces verticales seront les points A, B, dont il s'agit de construire la distance (nº 235). Imaginons dans l'espace, par le point A, une droite parallèle à ab, et terminée à la verticale bB ; on aura ainsi un triangle rectangle, dont la base est une horizontale parallèle et égale à la projection ab, dont la hauteur est égale à la différence des verticales aA, bB, et dont l'hypoténuse est la distance cherchée de A à B. Mais, si l'on mène par a' une parallèle $h'k'$ à la ligne de terre, $b'h'$ sera égale à la différence des verticales aA, bB, et l'angle h' sera droit ; donc, si l'on prend sur $h'k'$ une longueur $h'i'=ba$, et qu'on tire l'hypoténuse $i'b'$, cette hypoténuse sera la distance demandée de A à B.

Telle est la construction dont on fait usage pour trouver la vraie longueur d'une droite dont on connaît les projections.

En effectuant sur le plan horizontal une construction analogue, on vérifiera l'exactitude de la première construction.

On peut encore expliquer cette construction comme il suit : Les verticales élevées en a et b forment avec ab et AB un trapèze dont le plan est vertical ; faites tourner ce trapèze autour de la verticale bB, jusqu'à ce qu'il soit devenu parallèle au plan vertical de projection; la base ba ne sortira pas du plan horizontal, et viendra prendre, sans changer de grandeur, la situation bi, parallèle à la ligne de terre; la droite BA, dans sa nouvelle position, sera parallèle au plan vertical et s'y projettera en $b'i'$ dans sa vraie grandeur. Or, le point B n'a pas changé de position; donc il est toujours projeté en b'. Le point A a changé, mais il est resté à la même distance du plan horizontal, et par conséquent sa projection verticale est située sur la parallèle $a'k'$ à yx; d'ailleurs la projection ba est devenue bi égale à ba, et parallèle à yx; donc le point A dans sa nouvelle position a sa projection horizontale en i; donc, en menant ii' perpendiculaire à xy, le point i' sera la projection verticale du point A, dans la position où AB est devenu parallèle au plan vertical; donc la droite $i'b'$ sera la vraie longueur de AB.

On pourrait encore trouver la longueur AB, en faisant tourner autour de ab le trapèze abBA, pour le rabattre sur le plan horizontal, comme on le voit en $abnm$; ou bien, en faisant tourner le trapèze $a'b'$BA autour de $a'b'$, pour le rabattre sur le plan vertical, comme on le voit en $a'b'n'm'$.

On a, $i'h' = ab$, $am = \alpha a'$, $a'm' = \alpha a$, $bn = \beta b'$, $b'n' = \beta b$.

Si les constructions précédentes ont été bien exécutées, les droites $i'b'$, mn, $m'n'$, seront de même longueur; car chacune d'elles mesure la vraie distance du point A au point B.

241. 3e Problème (*fig.* 194). *Par un point donné mener une parallèle à une droite donnée.*

Soient, d, d', les projections du point donné, et ab, $a'b'$, les projections de la ligne donnée. La ligne cherchée passant par le point donné, les projections de cette ligne doivent passer par les projections d, d', du point donné; mais les projections de deux parallèles sont parallèles (n° **223**); on construira donc les projections de la droite demandée, en menant, par les projections d, d', du point donné, des parallèles, de, $d'e'$, aux projections, ab, $a'b'$, de la ligne donnée.

242. 4e Problème (*fig.* 195). *Connaissant les traces de deux plans, construire l'intersection de ces plans.*

Soient, αa, $\alpha a'$, les traces du premier plan, et $\mathcal{C}b$, $\mathcal{C}b'$, celles du second plan ; les points, c, c', où ces traces se coupent, appartiennent à l'intersection des deux plans ; cette intersection est la droite, située dans l'espace, qui joint le point c au point c' (elle n'est pas indiquée dans la figure), et il s'agit d'en construire les projections.

La projection horizontale du point c' étant le pied s de la perpendiculaire menée du point c' sur xy, on voit que s est un des points de la projection horizontale de l'intersection des plans donnés ; mais c est un point de cette même projection ; la droite cs est donc la projection horizontale de l'intersection demandée.

Par une raison semblable, si l'on mène la perpendiculaire cr à xy, le pied r de cette perpendiculaire sera la projection verticale du point c de l'intersection des plans donnés ; mais c' appartient à cette projection ; la droite $c'r$ sera donc la projection verticale de l'intersection des deux plans, $a\alpha a'$, $b\mathcal{C}b'$.

L'intersection des plans donnés est donc déterminée, puisqu'on connaît ses deux projections.

Nous allons examiner quelques cas particuliers qui pourraient embarrasser.

1°. (*fig.* 196). *Quand les traces horizontales, αa, $\mathcal{C}b$, des plans donnés, $a\alpha a'$, $b\mathcal{C}b'$, sont parallèles, l'intersection de ces plans est parallèle aux traces αa, $\mathcal{C}b$;* car la parallèle à ces traces, menée par le point c' de l'intersection des deux plans, doit se trouver dans chacun de ces plans (n° **123**).

Par conséquent, la projection horizontale de l'intersection des plans sera parallèle aux traces αa, $\mathcal{C}b$, et sa projection verticale sera parallèle à la ligne de terre. D'ailleurs, le point c' où les traces verticales se coupent, appartient à l'intersection des deux plans ; donc, si l'on abaisse $c's$ perpendiculaire sur xy, et que l'on mène sd parallèle à αa, et $c'd'$ parallèle à yx, les droites sd, $c'd'$, seront les projections de l'intersection des plans $a\alpha a'$, $b\mathcal{C}b'$.

2°. (*fig.* 197). *Quand les traces de chaque plan sont parallèles à la ligne de terre xy*, les deux plans sont parallèles à xy, leur intersection est aussi parallèle à xy ; et, pour la déterminer, il faut employer un troisième plan de projection, qu'on choisira, pour plus de simplicité, perpendiculaire à xy. Les traces yu, yu', de ce nouveau plan, seront perpendiculaires à xy. Cherchons les traces, sur ce plan, des deux plans donnés. Pour cela, observons que les points α, α', où yu et yu' sont rencontrés par les traces αa, $\alpha' a'$, du premier plan donné, appartiennent à l'intersection de ce premier plan avec le plan auxiliaire ; supposons qu'on fasse tourner ce plan auxiliaire autour de yu pour le rabattre sur le plan horizontal, le point α ne changera pas de situation, la ligne yu' se rabattra sur la perpendiculaire yu'' à yu, et le point α' décrira un arc de cercle autour du centre y, pour se porter en α'', à une distance $y\alpha''=y\alpha'$; donc la droite, qui, dans l'espace, unissait les points α, α', se rabat suivant la droite $\alpha\alpha''$; et $\alpha\alpha''$ sera sur le plan auxiliaire de projection, la trace du premier plan donné.

Les traces de l'autre plan donné étant les parallèles $6b$, $6'b'$, à xy, on déterminera de même la trace $66''$ de ce plan sur le plan auxiliaire rabattu en uyu''.

L'intersection c des droites $\alpha\alpha''$, $66''$, sera donc le rabattement d'un point de l'intersections des plans donnés. Donc, si le plan uyu'' fait un quart de révolution autour de yu pour reprendre sa position verticale primitive, le pied d de la perpendiculaire cd à xy sera la projection horizontale d'un des points de l'intersection des plans donnés, et l'on obtiendra la projection verticale d' de ce point en prenant $yd'=dc$. Les parallèles, de, $d'e'$, à yx, seront les projections demandées de l'intersection des plans donnés.

3°. (*fig.* 198). Enfin, *si les traces des deux plans donnés sur chaque plan de projection sont parallèles entre elles, sans l'être à la ligne de terre, les plans donnés seront parallèles.*

Par exemple, si les traces αa, $\alpha a'$, sont respectivement parallèles aux traces $6b$, $6b'$, les plans donnés $a\alpha a'$, $b6b'$, seront parallèles (n° 159) ; il n'y aura donc pas lieu à chercher l'intersection de ces plans.

243. 5ᵉ Problème (*fig.* 199). *Déterminer le point* O *d'intersection de trois plans donnés.*

Les plans donnés, combinés deux à deux, se coupent suivant

trois droites qui passent par le point cherché. On construira donc les projections de ces trois droites. Si les constructions sont faites avec exactitude, les trois projections horizontales devront passer par un même point o, qui sera la projection horizontale du point O cherché; les trois projections verticales passeront aussi par un même point o' qui sera la projection verticale du point O; et la droite oo', menée par les projections du point O, devra être perpendiculaire à la ligne de terre (n° 235). Ces constructions sont représentées sur la *fig.* 199.

244. 6ᵉ Problème (*fig.* 200). *Construire les points où une droite rencontre les plans de projection.*

Supposons que les projections bc, $b'c'$, de la droite donnée, coupent la ligne de terre aux points, s, t.

Pour trouver le point où la ligne donnée rencontre le plan horizontal, on observera que ce point doit avoir sa projection verticale sur la ligne de terre xy (n° 233, 1°); cette projection doit aussi se trouver sur $b'c'$, car $b'c'$ contient les projections verticales de tous les points de la droite donnée; donc le point t, où $b'c'$ rencontre xy, est la projection verticale du point de rencontre de la droite donnée avec le plan horizontal; conduisant donc, par le point t, une perpendiculaire tk au plan vertical, cette perpendiculaire contiendra le point de rencontre demandé; mais ce point doit aussi se trouver sur la projection horizontale bc de la ligne donnée; l'intersection h des droites bc, tk, est donc le point de rencontre de la ligne donnée avec le plan horizontal.

On verra de même que si, par le point s, on mène, dans le plan vertical, une perpendiculaire sk' sur xy, l'intersection v', de sk' avec la projection verticale $b'c'$, sera le point de rencontre de la droite donnée avec le plan vertical.

En général : *Pour construire le point de rencontre d'une droite avec le plan horizontal, déterminez le point d'intersection de la projection verticale de la droite donnée avec la ligne de terre; par ce point menez dans le plan horizontal une perpendiculaire à la ligne de terre; la rencontre de cette perpendiculaire avec la projection horizontale de la ligne donnée sera le point demandé. Pour trouver le point où une droite rencontre le plan vertical, déterminez l'intersection de la projection horizontale de la ligne donnée avec la ligne de terre; par ce point menez dans le plan vertical une perpendiculaire à la ligne de terre; la rencontre de cette perpendiculaire avec la projection verticale de la ligne donnée, sera le point demandé.*

Lorsqu'on change la position de la droite donnée, les points h, v', où elle perce les plans de projection, changent aussi. Nous nous bornerons à faire remarquer les cas indiqués par les *figures* 200, 201, 202 et 203.

Dans la *figure* 200, la droite rencontre le plan horizontal en h, devant le plan vertical, et le plan vertical en v', au-dessus du plan horizontal. Dans la *figure* 201, le point h est derrière le plan vertical, et le point v' au-dessus du plan horizontal. Dans la *figure* 202, le point h est devant le plan vertical, et le point v' au-dessous du plan horizontal. Enfin, dans la *figure* 203, le point h est derrière le plan vertical, et le point v' au-dessous du plan horizontal.

245. 7e Problème (*fig.* 204). *Faire passer un plan par trois points donnés.*

Les trois droites qui joignent les points donnés, étant situées dans le plan cherché, ces droites rencontreront les plans de projection en des points qui appartiendront aux traces du plan demandé; on déterminera ainsi trois points de chacune de ces traces; les trois points de chaque trace devront être en ligne droite, et ces traces devront se couper en un même point de la ligne de terre; ce qui donnera *trois vérifications.*

Cette construction ne peut offrir aucune difficulté, car elle se réduit à trouver les points où les droites données rencontrent les plans de projection, et l'on sait trouver ces points (n° **244**).

Supposez que, a, b, c, soient les projections horizontales des trois points donnés, et que a', b', c', soient les projections verticales des mêmes points. Les projections des droites menées par les points donnés, passeront par les projections de ces points; les projections horizontales de ces droites sont donc, ab, ac, bc;

et les projections verticales des mêmes droites sont, $a'b'$, $a'c'$, $b'c'$. Si l'on cherche les points où ces droites rencontrent les plans de projection, on trouvera qu'elles rencontrent le plan horizontal en trois points, d, e, f, et le plan vertical en trois points d', e', f'.

Quand la construction sera bien exécutée, la droite indéfinie menée par les points e, f, passera par d, et la droite indéfinie menée par e', f', passera par d'; ces deux droites devront concourir en un même point t de xy, et elles seront les traces du plan qui passe par les trois points donnés.

Discutons les différens cas qui peuvent se présenter.

1°. Quand les droites qui joignent les points donnés ne sont parallèles à aucun des plans de projection, chacune d'elles rencontre les deux plans de projection, et l'on trouve trois points de vérification.

2°. Lorsqu'une seule des droites est parallèle à l'un des plans de projection, au plan horizontal, par exemple, elle ne rencontre plus ce plan; il ne reste donc que deux points de vérification. Mais, cependant, il existe une troisième vérification; car on déduit des principes des nos **144** et **156**, que la trace horizontale du plan cherché doit être parallèle à la projection horizontale de la droite qui est supposée parallèle au plan horizontal.

3°. Quand une des droites est parallèle aux deux plans de projection, elle ne rencontre plus ces plans; on ne connaît que les deux points de chaque trace, donnés par les rencontres des deux autres droites avec les plans de projection; alors la droite parallèle aux deux plans de projection est parallèle à la ligne de terre xy (n° **147**); donc le plan cherché est lui-même parallèle à xy; et par conséquent ses deux traces doivent être parallèles à xy (n° **230**).

4°. Si les deux droites étaient parallèles à l'un des plans de projection, au plan vertical, par exemple, le plan de ces droites, qui est celui des trois points donnés, serait parallèle au plan vertical (n° **160**); la trace horizontale du plan cherché serait donc parallèle à la ligne de terre (n° **230**), et les projections horizontales des trois points donnés seraient sur cette trace, qui suffit alors pour déterminer le plan cherché.

5°. Enfin, si les trois points donnés étaient en ligne droite, cette droite rencontrerait chaque plan de projection en un seul point ; on ne connaîtrait qu'un point de chaque trace du plan demandé ; la position de ce plan serait donc indéterminée.

246. 8e PROBLÈME (*fig.* 205). *Conduire un plan par deux droites qui se coupent, ou qui sont parallèles.*

Cherchez les points, a, b, où ces droites percent le plan horizontal ; cherchez aussi les points a', b', où elles percent le plan vertical; les droites ab, $a'b'$, seront les traces du plan demandé.

247. 9e PROBLÈME. *Trouver le point où une droite donnée rencontre un plan connu.*

Si, par la projection horizontale de la ligne donnée, on mène un plan vertical, ce plan contiendra le point cherché; mais ce point doit aussi se trouver dans le plan donné ; l'intersection de ces deux plans et la droite donnée, contiendront donc le point cherché ; ce point sera donc déterminé par l'intersection de ces deux lignes.

Par exemple, pour construire le point de rencontre de la droite dont les projections sont dr et $d's$ (*fig.* 206), avec le plan $aa a'$, on conduira un plan vertical drv, par la projection horizontale dr; ce plan contiendra la ligne donnée ; sa trace horizontale sera dr, et sa trace verticale sera une droite rv perpendiculaire à xy (n° 233, 3°). Menant bb' perpendiculaire à xy, la droite $b'v$ sera la projection verticale de l'intersection des plans $aa a'$, drv (n° 242). Or, la projection verticale du point cherché doit se trouver sur la droite $b'v$ et sur la projection verticale $d's$ de la ligne donnée ; la projection verticale du point demandé est donc l'intersection f' des lignes $b'v$, $d's$.

Mais, la projection horizontale de ce point doit se trouver sur la perpendiculaire $f'k$ à xy (n° 235), et sur la projection horizontale dr de la droite donnée ; l'intersection f des lignes $f'k$, dr, est donc la projection horizontale du point demandé.

Pour construire directement la projection horizontale f du point cherché, on mène par la projection verticale $d's$ de la ligne donnée, un plan $d'sh$ perpendiculaire au plan vertical ; le plan *d'sh* contient le point cherché; mais ce point est dans le plan donné; la projection horizontale *ch* de l'intersection des plans *d'sh*, *aαa'*, contient donc la projection horizontale du point cherché. Mais, cette projection doit aussi se trouver sur la projection horizontale *dr* de la ligne donnée; l'intersection *f*, des droites *ch*, *dr*, sera donc la projection horizontale du point cherché.

Quand les constructions précédentes auront été faites avec exactitude, les trois droites, *f'k*, *ch*, *dr*, passeront par un même point *f*.

Lorsque la droite donnée est verticale, sa projection horizontale se réduit à un point *d* (*fig.* 207), qui est la projection horizontale du point cherché, et la projection verticale de cette droite est la perpendiculaire *dsd'* à *xy*. Pour construire la projection verticale du point cherché, on mène un plan vertical *brv* par la projection horizontale *d* de la droite donnée; ce plan reste indéterminé, car sa trace horizontale *br* n'est assujétie qu'à passer par *d*; sa trace verticale est une perpendiculaire *rv* à *xy*. Si l'on tire la perpendiculaire *bb'* à *xy*, la droite *vb'* sera la projection verticale de l'intersection des plans *aαa'*, *brv*; et le point *f'* de rencontre des lignes *vb'*, *dd'*, sera la projection verticale du point où la verticale donnée rencontre le plan *aαa'*.

La trace horizontale du plan vertical mené par la verticale donnée, n'étant assujétie qu'à passer par *d*, nous allons supposer successivement que cette trace est parallèle à *xy* et à *aα*.

Si l'on prend la trace *db* (*fig.* 208) parallèle à *xy*, le plan vertical qui contient la ligne donnée sera parallèle au plan vertical de projection; son intersection avec le plan *aαa'* sera parallèle à *αa'* (n° 153), et la projection verticale de cette intersection sera aussi parallèle à *αa'* (n° 223). Or, le point *b* où se coupent les traces horizontales, *db*, *αa*, appartient à cette intersection; donc si l'on mène *bb'* perpendiculaire à *xy*, et ensuite *b'e'* parallèle à *αa'*, cette parallèle sera la projection verticale de l'intersection du plan *aαa'* avec le plan vertical mené par *db*; la ligne *b'e'*, par sa rencontre avec *dd'*, détermine la projection verticale *f'* du point où la verticale donnée rencontre le plan donné *aαa'*.

Si l'on prend la trace db (*fig.* 209) parallèle à αa, le plan qui contient la verticale donnée aura pour trace verticale une perpendiculaire be' à xy; et le point b' où cette trace rencontre $\alpha a'$, appartiendra à l'intersection des deux plans $a\alpha a'$, dbe'; or, cette intersection est parallèle à αa (*page* 131, 1°); donc elle est horizontale; donc sa projection verticale sera une parallèle $b'c'$ à la ligne de terre. Le point f', où $b'c'$ rencontre dd', est la projection verticale du point cherché.

248. 10ᵉ Problème (*fig.* 207). *Connaissant les traces d'un plan, et l'une des projections d'un point situé dans ce plan, trouver l'autre projection de ce point.*

Par exemple, soit d la projection horizontale d'un point du plan $a\alpha a'$; en menant une verticale par le point d, la projection verticale demandée sera celle du point de rencontre de cette verticale avec le plan $a\alpha a'$. Cette question rentre donc dans celle du n° **247**.

249. 11ᵉ Problème. *Par un point donné, conduire un plan parallèle à un plan donné.*

Tout plan conduit par le point donné, coupant le plan donné et le plan cherché suivant deux parallèles (n° **155**), si l'on tire par ce point une parallèle à une droite quelconque située dans le plan donné, cette parallèle sera dans le plan cherché; construisant donc les points où elle rencontre les plans de projection, on aura un point de chaque trace du plan cherché; les parallèles aux traces du plan donné, menées par ces deux points, seront les traces du plan demandé (n° **155**).

Soient donc, d, d', (*fig.* 210), les projections du point donné, et αa, $\alpha a'$, les traces du plan donné; prenez un point e sur la trace horizontale αa, et un point e' sur la trace verticale $\alpha a'$; menez les perpendiculaires ep, $e'q$, à la ligne de terre xy; les droites eq, $e'p$, seront les projections d'une droite ee' de l'espace située dans le plan donné $a\alpha a'$, car cette droite a deux points, e, e', qui sont dans ce plan; menez par d et d' des parallèles fr, $f's$, à eq et $e'p$; ces parallèles seront les projections d'une droite ff' parallèle à ee', et qui sera dans le plan cherché; les points f, f', où cette parallèle rencontre les plans de projection, appartiendront donc aux tracés du plan cherché ; et comme ces traces doivent être parallèles aux traces $a\alpha$, $a'\alpha$, du plan donné, on les obtiendra en tirant par f et f' des droites bn, $b'n'$, respectivement parallèles à $a\alpha$ et $a'\alpha$.

Quand le plan donné n'est pas parallèle à la ligne de terre xy, il coupe cette ligne en un point α, et les traces du plan cherché doivent concourir en un même point $\mathfrak{C}$ de xy.

Lorsque le plan donné est parallèle à un des plans de projection, au plan vertical, par exemple, le plan cherché est aussi parallèle au plan vertical ; chacun de ces plans n'ayant plus qu'une seule trace, qui est une parallèle à xy située dans le plan horizontal, la construction précédente est en défaut ; mais on obtient directement la trace horizontale qui détermine le plan cherché, en conduisant par la projection horizontale du point donné, une parallèle à xy ; cette trace horizontale détermine entièrement le plan cherché.

Remarque. Quand le plan donné $a\alpha a'$ (*fig.* 211) n'est pas parallèle à la ligne de terre xy, on peut simplifier la construction indiquée, car la trace horizontale $a\alpha$ étant dans le plan donné, si l'on conçoit qu'on mène par le point donné (d,d'), une parallèle H à $a\alpha$, cette parallèle sera dans le plan cherché, et de plus elle sera parallèle au plan horizontal ; donc la projection horizontale de H est la parallèle dr à $a\alpha$ menée par le point d, et la projection verticale de H est la parallèle $d'p'$ à xy. Les droites dr, $d'p'$, étant les projections d'une ligne H située dans le plan cherché, si l'on détermine le point s' où cette ligne rencontre le plan vertical (ce qui s'exécute en tirant la perpendiculaire rs' à xy), ce point appartiendra à la trace verticale du plan cherché. On obtiendra donc les deux traces du plan demandé, en tirant par s' la parallèle $b'\mathfrak{C}$ à $a'\alpha$, et en menant ensuite la parallèle $\mathfrak{C}b$ à αa ; les droites $\mathfrak{C}b'$, $\mathfrak{C}b$, seront les traces du plan cherché.

Pour obtenir une vérification, on conçoit que l'on mène par le point donné (d, d') une parallèle V à la trace verticale $a'\alpha$ du plan donné ; cette parallèle est dans le plan cherché, et de plus elle est parallèle au plan vertical de projection ; donc la projection verticale de la parallèle V à $a'\alpha$ est une parallèle $d'r'$ à

$a'\alpha$, et sa projection horizontale est la parallèle dp à xy. On construit le point s où la droite V rencontre le plan horizontal, en menant la perpendiculaire $r'n$ à xy; l'intersection s des droites dp, $r'n$, doit se trouver sur la trace horizontale $\mathcal{C}b$ du plan cherché.

250. 12ᵉ Problème (*fig.* 212). *Un point et un plan étant donnés, on propose de mener une perpendiculaire du point donné sur le plan donné; de trouver le pied de la perpendiculaire, et de construire la longueur de cette perpendiculaire.*

Soient, d, d', les projections du point donné D, et αc, $\alpha c'$, les traces du plan donné; les projections de la perpendiculaire demandée doivent passer par les points d, d' (n° **219**), et l'on a vu (n° **237**) que ces projections sont perpendiculaires aux traces αc, $\alpha c'$. On obtiendra donc les projections de la droite cherchée, en tirant par d et d' des perpendiculaires dn, $d's$, aux traces αc, $\alpha c'$. On en déduira facilement les projections p, p', du point P de rencontre de la perpendiculaire DP avec le plan $c\alpha c'$ (n° **247**); et ensuite le procédé du n° **240** fournira le moyen de trouver la distance DP du point donné (d, d') au pied (p, p') de la perpendiculaire DP au plan $c\alpha c'$.

251. 13ᵉ Problème (*fig.* 213). *Par un point donné* (d, d'), *mener un plan perpendiculaire à une droite donnée* $(ab, a'b')$.

Le plan cherché devant être perpendiculaire à la droite donnée, les traces de ce plan sont respectivement perpendiculaires aux projections de la ligne donnée (n° **237**); mais le point donné appartient au plan cherché. On connaît donc un point du plan cherché, et les directions de ses traces. Il suffit donc de trouver un point de l'une des traces du plan cherché. A cet effet, on conçoit que l'on mène par le point donné D, une parallèle H à la trace horizontale du plan cherché; cette parallèle est située dans le plan cherché, et de plus elle est parallèle au plan horizontal; donc sa projection horizontale est parallèle à la trace horizontale du plan cherché, et par conséquent perpendiculaire à la projection horizontale de la droite donnée; mais elle passe par d; on obtiendra donc la projection horizontale de l'horizontale H située dans le plan cherché, en tirant par d une perpendiculaire dr à ab. La projection verticale de H est une parallèle $d'p'$ à xy. Les droites dr, $d'p'$, étant les projections d'une ligne H située dans le plan cherché, si l'on détermine le point s' où cette droite rencontre le plan vertical (ce qui s'exécute en tirant rs' perpendiculaire à xy), ce point appartiendra à la trace verticale du plan cherché. On obtiendra donc les traces du plan demandé, en tirant par s' une perpendiculaire $c'\alpha$ à $a'b'$, et en conduisant la perpendiculaire αc à ab.

Pour obtenir une vérification, on conçoit que l'on mène par le point donné (d, d') une parallèle V à la trace verticale du plan cherché; cette parallèle est dans le plan cherché, et de plus elle est parallèle au plan vertical de projection; donc la projection verticale de V est parallèle à la trace verticale du plan cherché, et par conséquent perpendiculaire à la projection verticale $a'b'$ de la droite donnée; la projection horizontale de la parallèle V au plan vertical est parallèle à xy. On obtiendra donc les projections de la droite V, située dans le plan cherché, en menant $d'r'$ perpendiculaire à $a'b'$, et en conduisant la parallèle dp à xy; le point s où la droite V rencontre le plan horizontal, devra se trouver sur la trace αc (déjà déterminée) du plan cherché.

252. 14e Problème (*fig.* 214). *Un point et une droite étant donnés, on propose de mener par le point donné une perpendiculaire à la ligne donnée, de déterminer le pied de cette perpendiculaire, et de trouver la distance du point donné à la droite donnée.*

Par le point donné D, dont les projections sont d, d', menez un plan $c\alpha c'$, perpendiculaire à la droite donnée (ab, $a'b'$) (n° **251**); déterminez les projections, p, p', du point P où le plan $c\alpha c'$ rencontre la droite donnée (n° **247**); la droite DP sera la perpendiculaire demandée; et par conséquent, les droites dp, $d'p'$, seront les projections de cette perpendiculaire. Vous déduirez ensuite de ces projections, la longueur de la perpendiculaire abaissée du point donné sur la droite donnée (n° **240**).

253. 15e Problème. *Par une droite donnée, conduire un plan perpendiculaire à un plan donné.*

Si d'un point quelconque de la droite donnée, on mène une

perpendiculaire au plan donné, cette perpendiculaire et la droite donnée seront dans le plan cherché (n° 188); les points où ces droites rencontreront les plans de projection, appartiendront donc aux traces du plan cherché. On déterminera donc facilement deux points de chaque trace. Il y aura un point de vérification, car les traces devront se couper sur un même point de la ligne de terre. La solution de ce problème ne dépend donc que des constructions des n°s 250 et 246.

§ III. *Angles formés par des droites et des plans.*

254. 16e Problème (*fig.* 215). *Construire l'angle formé par deux droites dont les projections sont données.*

Si, par un point quelconque, on mène des parallèles aux lignes données, l'angle formé par ces parallèles mesurera l'angle des lignes données (n° 167). Soient donc, a, a', les projections d'un point quelconque ; ab, $a'b'$, les projections de la parallèle à la première droite, et ac, $a'c'$, les projections de la parallèle à la seconde droite ; si vous déterminez les points b, c, où ces parallèles rencontrent le plan horizontal, a et a' seront les projections du sommet d'un triangle, dont la base sera bc ; et, dans ce triangle, l'angle opposé à la base bc sera l'angle demandé. Or, la base bc est dans sa vraie grandeur ; il suffit donc de chercher les longueurs des deux autres côtés. Les projections de l'un de ces côtés étant ab, $a'b'$, si vous prenez $pq=ab$, l'hypoténuse $a'q$ sera la longueur du côté projeté en ab ; et en prenant $pr=ac$, l'hypoténuse $a'r$ sera la longueur du côté projeté en ac. Par conséquent, si, des points b, c, comme centres, vous décrivez des arcs avec les rayons $a'q$, $a'r$, et si du point A, où ces arcs se coupent, vous menez les droites Ab, Ac, l'angle bAc sera égal à l'angle formé par les droites données.

On peut construire le triangle bAc par une méthode plus élégante. En effet, la base bc étant connue, il suffit de trouver la position et la grandeur de la perpendiculaire Ah, menée du sommet A sur la base. Or, a est la projection horizontale du sommet A ; par conséquent, si, du sommet du triangle, on tirait une perpendiculaire sur le plan horizontal, le pied de cette perpendiculaire serait a; menant ah perpendiculaire à la base bc, qui est dans le plan horizontal, la droite que l'on tirerait du sommet A du triangle au point h, serait perpendiculaire à bc (n° 133); le point h, ainsi déterminé, est donc le pied de la perpendiculaire abaissée du sommet A du triangle sur la base bc; ah est donc la projection horizontale de cette perpendiculaire. Or, le point h est dans le plan horizontal, et la distance du sommet A au plan horizontal est $a'p$; prenant donc $ph' = ah$, et tirant l'hypoténuse $a'h'$, cette hypoténuse sera la hauteur du triangle cherché (n° 240). Par conséquent, si l'on porte sur la perpendiculaire hak à bc, une partie $h\text{A} = a'h'$, et si l'on tire les droites Ab, Ac, le triangle demandé sera Abc, et bAc sera l'angle formé par les droites données.

En exécutant une construction analogue par rapport au plan vertical, on devra retrouver le même angle bAc.

Cette construction suppose que les deux droites données rencontrent l'un des plans de projection.

Remarque, (*fig.* 216). Quand l'une des droites est parallèle à un des plans de projection, au plan horizontal par exemple, on mène par un point quelconque b du plan horizontal, des parallèles aux droites données; l'une de ces parallèles est la droite bc située dans le plan horizontal; et en tirant la perpendiculaire bb' à xy, les projections de l'autre parallèle sont des droites ba, $b'a'$; l'angle formé par cette seconde parallèle avec bc est égal à l'angle cherché. Pour construire cet angle, tirez une perpendiculaire quelconque aa' sur xy, les points a, a', seront les projections d'un point A de la seconde parallèle; et si l'on conçoit une perpendiculaire abaissée de ce point sur bc, la projection horizontale de cette perpendiculaire sera la perpendiculaire ah à bc; de sorte qu'en prenant $ph' = ha$, l'hypoténuse $a'h'$ sera la longueur de la perpendiculaire projetée en ah. Prenant donc sur la perpendiculaire hak à bc, une partie $h\text{A} = h'a'$, et joignant Ab, l'angle Abc sera celui des droites données.

Si les deux droites données étaient parallèles à un des plans de projection, au plan horizontal par exemple, l'angle formé par les projections horizontales de ces droites serait égal à l'angle des lignes données.

255. 17ᵉ Problème (*fig.* 217). *Construire l'angle formé dans l'espace par les traces d'un plan donné.*

Ce problème n'étant qu'un cas particulier du précédent, on obtiendra l'angle cherché par une construction analogue à celle qui vient d'être indiquée dans la remarque ci-dessus. Soient αc, $\alpha c'$, les traces du plan donné; on concevra que, par un point quelconque a' de la trace verticale $\alpha c'$, on mène dans l'espace une perpendiculaire sur la trace horizontale αc; on trouvera la projection horizontale de cette perpendiculaire en tirant la perpendiculaire $a'p$ à xy, et la perpendiculaire pa sur αc; la droite pa sera la projection demandée; de sorte qu'en prenant $pq = pa$, l'hypoténuse $a'q$ sera la vraie grandeur de la perpendiculaire abaissée de a' sur αc; or, cette perpendiculaire forme avec $\alpha a'$ et αa un triangle rectangle, dans lequel l'angle opposé à la perpendiculaire $a'a$ est précisément l'angle demandé; prenant donc sur le prolongement ak de pa une partie $as = a'q$, et joignant αs, l'angle $a\alpha s$ sera la vraie grandeur de l'angle que les traces αc, $\alpha c'$, font entre elles dans l'espace.

On parvient au même résultat en prenant deux points quelconques b', b, sur les traces $\alpha c'$, αc, et en construisant le triangle dont les deux côtés qui comprennent l'angle cherché sont αb, $\alpha b'$; le troisième côté de ce triangle étant la droite menée dans l'espace du point b au point b', on trouvera ce côté en tirant la perpendiculaire $b'r$ à xy, et en prenant $rn = rb$; $b'n$ sera la vraie grandeur du côté cherché; par conséquent, si l'on décrit des arcs dans le plan horizontal, des points α, b, comme centres, avec les rayons $\alpha b'$, $b'n$, ces arcs se couperont en un point t, et en tirant la droite αt, l'angle $b\alpha t$ sera égal à l'angle formé par les traces αc, $\alpha c'$.

Si les constructions précédentes ont été faites avec exactitude, les points α, t, s, seront en ligne droite.

256. 18ᵉ Problème (*fig.* 218). *Par le point d'intersection* *de deux droites donnécs, mener dans leur plan une droite qui divise l'angle qu'elles forment en deux parties égales.*

Supposez que les projections de la première droite soient ab, $a'b'$, et que celles de la seconde soient ac, $a'c'$; construisez, comme dans le n° 254, l'angle bAc formé par ces droites. Du point A menez une droite Ae, qui divise l'angle bAc en deux parties égales; l'intersection e, des droites Ae, bc, sera le point où la ligne demandée rencontre le plan horizontal; la projection verticale de ce point sera le pied e' de la perpendiculaire menée du point e sur xy; e et e' seront donc les projections d'un point de la droite cherchée; mais les projections de cette droite doivent passer par les projections, a, a', de l'intersection des droites données; les droites, ae, $a'e'$, sont donc les projections de la ligne demandée.

Si la ligne cherchée devait diviser l'angle des lignes données en deux parties qui fussent dans un rapport donné, la construction ne différerait de la précédente qu'en ce que la droite Ae diviserait l'angle bAc dans le rapport donné.

257. 19e PROBLÈME (*fig.* 219). *Réduire un angle à l'horizon;* c'est-à-dire, *connaissant les angles* V, V', *que deux droites, l, l', inclinées à l'horizon, font avec la verticale, et l'angle θ que ces droites font entre elles, construire l'angle θ' formé par les projections horizontales des côtés de l'angle θ.*

Par un point quelconque s du plan vertical de projection, tirez dans ce plan une droite sq qui forme l'angle V avec la verticale sp; la projection horizontale de sq ou de l, sera la partie pq de la ligne de terre xy; il ne s'agira plus que de trouver la projection horizontale de la deuxième droite l', qui passe par s, et qui fait l'angle V' avec la verticale sp, et l'angle θ avec sq. La droite l' passant par s, sa projection horizontale passe par p. Il suffit donc de chercher le point n de rencontre de la droite l' avec le plan horizontal; car pn sera la projection horizontale de l', et comme pq est la projection horizontale de l, l'angle npq sera égal à l'angle θ' demandé.

Le point n serait facile à déterminer, si l'on connaissait ses distances aux points p, q ; car en décrivant des arcs de p et q comme centres avec des rayons égaux à ces distances, ces arcs se couperaient au point n demandé. Or, en concevant la droite sn qui joint dans l'espace le point s au point n, les distances inconnues pn, qn, sont les côtés de deux triangles spn, sqn, qu'il est facile de construire au moyen des angles connus V', θ, que la droite sn forme avec les droites connues sp, sq. En effet :

1°. La droite sn faisant l'angle V' avec la verticale sp, si l'on tire dans le plan vertical une ligne sr sous l'angle $psr = V'$, l'hypoténuse sr sera la vraie longueur de la droite sn qui joint le point s au point cherché n, et pr sera égal à la distance de p à n. Le point n sera donc sur l'arc rda décrit de p comme centre avec le rayon connu pr.

2°. Dans le triangle sqn (situé dans l'espace), on connaît le côté sq ; la vraie grandeur du côté sn est sr, et l'angle formé par ces deux côtés est θ ; par conséquent, si l'on tire dans le plan vertical la droite sc sous l'angle $qsc = \theta$; et si l'on prend $st = sr$, la droite qt sera la vraie grandeur du côté qn ; le point cherché n doit donc se trouver sur l'arc tmb décrit de q comme centre avec le rayon connu qt. Mais d'après (1°), ce point doit aussi se trouver sur l'arc rda décrit de p comme centre avec le rayon pr ; l'intersection n de ces arcs sera donc le point n demandé ; et en tirant la droite pn, l'angle npq sera l'angle nsq réduit à l'horizon.

Les angles plans $psq = V$, $psn = V'$, $nsq = \theta$, forment un angle solide triple en s ; et l'angle $npq = \theta'$, est la mesure de l'angle dièdre formé par les plans verticaux psq, psn, qui contiennent les deux côtés de l'angle θ.

Remarque. Ce problème est fort utile dans le *levé des plans* ; car, sur la carte d'un pays, c'est la projection horizontale des angles que l'on construit, et non les angles eux-mêmes.

258. 20e Problème. (*fig.* 220). *Construire l'angle formé par une droite avec un plan.*

Si, par un point quelconque de la droite, on mène une perpendiculaire au plan, l'angle formé par ces deux droites sera le complément de l'angle demandé (nº 168). La question est donc ramenée à chercher l'angle de deux droites (nº 254).

Soient, ab, $a'b'$, les projections d'une droite; pour trouver l'angle formé par cette droite, avec le plan $d\alpha d'$, on mènera par les projections a, a', d'un point quelconque A de cette droite, des perpendiculaires ac, $a'c'$, sur les traces αd, $\alpha d'$, du plan ; ces lignes seront les projections d'une perpendiculaire au plan $d\alpha d'$ (nº 250); et si l'on construit l'angle bAc formé par cette perpendiculaire avec la droite donnée, cet angle sera le complément de l'angle demandé. Conduisant donc Ah perpendiculaire sur Ac, l'angle bAh sera l'angle demandé.

259. 21ᵉ Problème (*fig.* 221). *Déterminer les angles formés par un plan donné, avec les plans de projection.*

Supposez que $t\alpha t'$ soit le plan donné. Pour construire l'angle formé par ce plan avec le plan horizontal, menez arbitrairement un plan vertical asa' perpendiculaire à la trace horizontale αt ; as sera perpendiculaire à αt, sa' sera perpendiculaire à xy, et la droite qui joint dans l'espace les points a, a', sera perpendiculaire à αt ; donc l'angle que fait cette droite avec as est égal à l'angle du plan donné avec le plan horizontal.

Pour construire cet angle, on fait tourner le plan asa' autour de sa', pour l'appliquer sur le plan vertical de projection ; le point a décrit dans le plan horizontal l'arc anp, dont le centre est s ; la droite qui unissait les points, a', a, prend la position $a'p$, et $a'ps$ est égal à l'angle cherché.

Pour construire l'angle formé par le plan $t\alpha t'$ avec le plan vertical, menez sb' perpendiculaire à $\alpha t'$, et sc perpendiculaire à xy ; de s comme centre, avec le rayon sb', décrivez l'arc $b'n'q$; tirez cq ; cqs sera égal à l'angle demandé.

260. 22ᵉ Problème (*fig.* 222). *Déterminer l'angle formé par deux plans donnés.*

Si, par un point quelconque, on menait deux perpendiculaires à ces plans, l'angle formé par ces droites serait facile à construire (nº 254), et le *supplément* de cet angle mesurerait l'inclinaison des plans donnés (nº 190).

Mais on peut résoudre directement ce problème. En effet,

soient tat' et $d\mathcal{C}d'$ les plans donnés ; construisez la projection horizontale ab de leur intersection (n° 242) ; cette intersection sera la droite l qui joint dans l'espace les points a, a' ; par un point quelconque c de ab, concevez un plan perpendiculaire à l ; sa trace horizontale sera la perpendiculaire gch à ab ; il coupera l en un point S de l'espace ; ses intersections avec les plans donnés seront des perpendiculaires Sg, Sh à l ; et dans le triangle Sgh, l'angle opposé à la base gh sera l'angle cherché. La question est donc réduite à construire dans sa vraie grandeur le triangle Sgh. Pour y parvenir, on cherche la longueur de la perpendiculaire abaissée du sommet inconnu S sur la base gh. Le pied de cette perpendiculaire sera c ; car le point S étant sur l'intersection l dont la projection est ab, la perpendiculaire abaissée de S sur le plan horizontal, rencontre ce plan en un point inconnu s de ab ; et sc étant perpendiculaire à gh, la droite Sc est perpendiculaire à gh (n° 133). Pour trouver la hauteur Sc du triangle Sgh, on fait tourner le plan vertical $a'ba$ autour de la verticale $a'b$, jusqu'à ce qu'il vienne s'appliquer sur le plan vertical de projection ; les points, c, a, décrivent des arcs czq, afp, dont le centre est b ; l'intersection l, qui joint a' et a, vient se placer sur la droite $a'p$; la hauteur cS du triangle Sgh est perpendiculaire à l'intersection l des plans donnés, car elle se trouve dans le plan Sgh perpendiculaire à l ; la vraie longueur de cS est donc la perpendiculaire qr, menée de q sur $a'p$.

Par conséquent, si l'on prend sur la droite ca une partie $cn = qr$, et si l'on tire les droites ng, nh, le triangle ngh sera la vraie grandeur du triangle Sgh, et gnh mesurera l'angle des plans donnés, tat', $d\mathcal{C}d'$.

Remarque. Si l'on tire rm perpendiculaire à xy, et si l'on conçoit que le plan $a'bp$ tourne autour de $a'b$ pour venir prendre la position $a'ba$, les points, p, m, q, décriront dans le plan horizontal des arcs pfa, $m\delta s$, qzc, dont le centre est b ; la droite $a'p$ s'appliquera sur l'intersection l des plans tat', $d\mathcal{C}d'$; le point r viendra en S, la perpendiculaire qr à pa' coïncidera avec la perpendiculaire cS menée de c sur l'intersection l, et s sera la projection horizontale de S.

Les droites sg, sh, étant les projections horizontales des côtés Sg, Sh, du triangle Sgh, si l'on prend $mk = sg$, $m\gamma = sh$, les hypoténuses, rk, $r\gamma$, seront les vraies grandeurs des côtés Sg, Sh, du triangle Sgh (n° 240); et par conséquent, *si la construction a été bien faite, les droites rk, $r\gamma$, seront respectivement égales aux côtés, ng, nh.*

261. 23ᵉ PROBLÈME (*fig.* 223). *Construire un plan qui passe par l'intersection de deux plans donnés, et qui divise l'angle qu'ils forment en deux parties égales.*

Si les deux plans donnés sont tat', dCd', le plan cherché P, devant passer par l'intersection des plans donnés, les traces du plan P passeront par les points, a, a', où cette intersection rencontre les plans de projection. On connaît donc un point de chacune des traces du plan cherché. Or, ces traces doivent passer par un même point de la ligne de terre; il suffit donc de trouver un autre point de l'une des traces du plan cherché. Pour déterminer un point de la trace horizontale, on construit d'abord, sur le plan horizontal, l'angle gnh formé par les plans donnés, (n° 260). Si le plan cherché P était mené, le plan conduit par gh perpendiculairement à l'intersection l des plans donnés, couperait le plan P suivant une droite qui diviserait en deux parties égales l'angle gnh des plans donnés; par conséquent, pour trouver le point où cette droite rencontre le plan horizontal, il suffit de tirer par n une droite qui divise l'angle connu gnh en deux parties égales; le point k où cette droite rencontre gh est le point cherché. Mais, cette droite est dans le plan cherché; k est donc un point de la trace horizontale de ce plan; or, a est un point de la même trace; la droite $ak\gamma$ est donc la trace horizontale du plan demandé. Les points, γ, a', appartenant à la trace verticale de ce plan, cette trace est la droite $\gamma a'$.

REMARQUE. Si les angles formés par le plan cherché avec les deux plans donnés, devaient être dans un rapport donné, il suffirait de mener la droite nk de manière qu'elle divisât l'angle connu gnh dans le rapport donné. Le reste de la construction serait le même.

§ IV. *Plus courte distance de deux droites.*

262. 24ᵉ Problème (*fig.* 224). *Construire la plus courte distance entre deux droites l, l', qui ne sont pas situées dans un même plan.*

Il suffit d'appliquer la méthode des projections à la solution qui a été indiquée dans le nº **166**. Soient donc, ab, $a'b'$, les projections de l, et cd, $c'd'$, celles de l'; on mène par un point quelconque (o,o') de l, une parallèle L′ à l' ; soient $g\nu$, $g'\nu'$, les projections de L′. On fait passer un plan P par les droites l, L′; pour construire les traces de ce plan, on détermine les points b, g, a', ν', où les lignes l, L′, rencontrent les plans de projection ; les droites $bg\alpha$, $\nu'a'\alpha$, sont les traces du plan P. On obtiendrait la longueur de la plus courte distance demandée, en abaissant une perpendiculaire P′ au plan P, par un point quelconque de l'. Mais afin de simplifier, on mène la perpendiculaire P′ par le point (c, c') où la droite l' rencontre le plan horizontal ; de cette manière, les projections de la perpendiculaire P′ sont les lignes ce, $c'e'$, respectivement perpendiculaires aux traces αb, $\alpha\nu'$, du plan P ; et la construction du nº **247** sert à déterminer le point (h, h') où la perpendiculaire P′ rencontre le plan P. Par le point (h, h') on tire une parallèle à la droite l', et l'on construit le point (k, k') où cette parallèle rencontre la ligne l; enfin, par le point (k, k') on mène une parallèle à la perpendiculaire P′ au plan P ; les projections de cette parallèle s'obtiennent en tirant des parallèles ki, $k'i'$, aux projections ec, $e'c'$, de la perpendiculaire P′; les droites ki, $k'i'$, sont les projections de la plus courte distance demandée, et l'on construit sa vraie grandeur $k'p$, comme il a été indiqué (nº **240**).

Quand la construction a été faite avec exactitude, la droite ii' est perpendiculaire sur xy (nº **235**).

Remarque. Si les deux droites données, l, l', étaient parallèles en menant par un point quelconque de l, une parallèle L′ à l', les droites l, L′, se confondraient; le plan P conduit par les deux lignes l, L′, resterait donc indéterminé, et la construction indiquée serait en défaut. La plus courte distance deviendrait alors la perpendiculaire menée sur l'une des droites données, par un point quelconque de l'autre droite.

§ V. *De la Sphère inscrite et circonscrite.*

263. 25e Problème. *Inscrire une sphère dans une pyramide triangulaire.*

Le centre de la sphère demandée doit être à égales distances des quatre faces de la pyramide ; ce point sera donc à l'intersection des plans qui divisent en deux parties égales les angles dièdres de ces faces (n° 205). Il suffit d'employer trois de ces plans; mais il ne faut pas qu'ils passent par les arètes, qui partent d'un même sommet, car ils se couperaient, non pas en un point, mais suivant une ligne droite.

Voici donc les constructions qu'il faut effectuer. Les quatre sommets de la pyramide étant connus, on détermine les plans qui passent par ces points pris trois à trois (n° 245); les arètes de la pyramide sont les droites qui joignent les sommets; par ces droites, on mène des plans qui divisent en deux parties égales les angles formés par les faces de la pyramide (n° 261); on cherche le point d'intersection de ces plans (n° 243); ce qui détermine le centre de la sphère demandée. Construisant la longueur de la perpendiculaire menée du centre de la sphère sur l'une quelconque des faces de la pyramide (n° 250), cette longueur sera le rayon de la sphère inscrite demandée.

Pour simplifier cette construction, prenez la base ABC (*fig.* 225) de la pyramide pour le plan horizontal de projection. Supposez que d et d' représentent les projections du sommet D de la pyramide ; tirez les perpendiculaires AA', BB', CC', à xy; les droites d'A', d'B', d'C', seront les projections verticales des arètes qui aboutissent au sommet D. Supposez le problème résolu, et désignez par O (*) le centre de la sphère inscrite; vous

(*) On doit comprendre qu'il s'agit ici de lignes situées dans l'espace, et qui ne sont pas représentées sur la figure.

pourrez considérer le point O comme le sommet d'une seconde pyramide OABC dont la base est ABC; la section de cette pyramide par un plan horizontal quelconque $x'y'$, sera un triangle dont les côtés seront respectivement parallèles aux côtés de la base ABC; les projections horizontales de ces côtés seront donc des parallèles ab, ac, bc, à AB, AC, BC. Si ces projections étaient connues, le problème serait résolu, car les droites Aa, Bb, Cc, prolongées, étant les projections horizontales des arètes de la pyramide OABC, se couperaient en un point o, qui serait la projection horizontale du centre O de la sphère inscrite; conduisant des perpendiculaires aa', bb', cc', à xy, les points a', b', c', où ces perpendiculaires rencontreraient la droite $x'y'$, seraient les projections verticales des points a, b, c; les droites A$'a'$, B$'b'$, C$'c'$, prolongées, seraient les projections verticales des arètes de la pyramide OABC; ces trois projections se couperaient donc en un point o', qui serait la projection verticale du centre O de le sphère inscrite.

La question est donc réduite à construire le triangle abc.

Pour déterminer le côté bc, on mènera par le sommet D un plan vertical perpendiculaire à BC; ce plan coupera les plans ABC, OBC, DBC, suivant trois droites perpendiculaires à l'intersection BC des trois plans; la première, sera la perpendiculaire dE à BC; la deuxième, qui passera par E, rencontrera le plan horizontal $x'y'$ en un certain point N que nous allons déterminer, et dont la projection horizontale n appartiendra au côté bc demandé; enfin, la troisième droite sera DE. Les angles formés par les droites DE, NE, avec dE, mesureront les inclinaisons des plans DBC, OBC, sur le plan horizontal. L'intersection DE sera l'hypoténuse d'un triangle rectangle dont les deux côtés de l'angle droit sont Dd=$d'p$ et dE. Prenant pE$'$=dE, et joignant d'E$'$, l'angle d'E$'p$ mesurera l'angle que le plan DBC forme avec le plan horizontal. Tirant donc une droite E$'$L$'$ qui divise l'angle d'E$'p$ en deux parties égales, et concevant que l'on transporte le triangle $d'p$E$'$ de manière que les côtés $d'p$, pE$'$, coïncident avec les côtés Dd, dE, les droites d'E$'$, L$'$E$'$, deviendront les intersections du plan vertical DdE avec les faces DBC, OBC; de sorte que pour trouver la projection horizontale n du point N, où la droite E′L′ (ainsi transportée) rencontre le plan horizontal $x'y'$, il suffit de tirer la perpendiculaire kk' à xy, et de prendre $En = E'k'$. Menant donc par le point n une parallèle bc à BC, cette parallèle sera la projection horizontale de l'intersection du plan $x'y'$ avec le face OBC de la pyramide OABC.

On construira de la même manière les projections, ba, ac, des intersections du plan $x'y'$ avec les deux autres faces OAB, OAC, de la pyramide OABC.

Le triangle abc étant construit, on obtiendra, comme on l'a expliqué, les projections, o, o', du centre O de la sphère inscrite; et si la construction est bien faite, la droite oo' devra être perpendiculaire à xy (n° 255).

Pour déterminer la longueur du rayon de la sphère inscrite dans la pyramide DABC, on observe que cette sphère est tangente au plan horizontal, et que, par conséquent, son rayon est égal en longueur à la perpendiculaire $o'm$ abaissée de o' sur xy.

264. 26ᵉ Problème. (*fig.* 226). *Circonscrire une sphère à une pyramide triangulaire.*

La surface de la sphère devant passer par les quatre sommets de la pyramide, le centre de la sphère cherchée doit être à égales distances de ces quatre sommets; il sera donc déterminé par l'intersection de trois plans perpendiculaires sur les milieux de trois arètes (n° 204). On doit seulement éviter de prendre trois arètes situées dans une même face, car alors les trois plans perpendiculaires se couperaient suivant une ligne droite perpendiculaire au plan de ces arètes.

Les constructions indiquées sont d'ailleurs faciles à exécuter. En effet, les projections des arètes étant données, les points milieux de ces projections seront les projections des milieux des arètes; on pourra construire les traces des plans qui passent par ces milieux, et qui sont perpendiculaires aux arètes (n° 251); on en déduira les projections du point d'intersection de ces plans (n° 245). Ces projections seront celles du centre de la sphère demandée; et si l'on construit dans sa vraie grandeur la distance de ce point à l'un quelconque des sommets de la pyramide, on aura le rayon de la *sphère circonscrite* à la pyramide. Le problème sera donc complétement résolu.

La construction devient plus simple lorsqu'*on peut disposer des plans de projection*. Dans ce cas, prenez pour plan horizontal de projection celui qui passe par trois sommets A, B, C (*fig.* 226) de la pyramide ; choisissez pour plan vertical de projection un plan perpendiculaire à la base ABC de la pyramide, et parallèle à la droite AD qui joint le point A au quatrième sommet D de la pyramide ; les projections, d, d', du sommet D seront telles que la projection horizontale Ad de la droite AD sera parallèle à la ligne de terre xy; et les points A, B, C, étant dans le plan horizontal, les projections verticales de ces points seront les pieds A', B', C', des perpendiculaires menées de A, B, C, sur xy. Par les milieux m, n, des arètes AC, AB, menez des plans perpendiculaires à ces arètes ; les traces horizontales de ces plans seront des perpendiculaires mg, nf, aux lignes AC, AB; et l'intersection de ces plans verticaux sera une verticale V qui passera par le point de rencontre s des droites mg, nf; la projection horizontale de cette intersection sera donc s; et en tirant sre' perpendiculaire sur xy, la projection verticale de V sera re'. Chaque point de la verticale V est également distant des trois sommets A, B, C, et il n'y a que les points de cette droite qui jouissent de cette propriété ; le centre de la sphère demandée est donc sur cette verticale ; ainsi, le point s est la projection horizontale du centre S de la sphère inscrite demandée, et la projection verticale du centre S est sur la verticale re'. La droite, menée du point A au sommet D, étant parallèle au plan vertical, si, par le milieu de cette droite, on mène un plan P perpendiculaire à cette droite, ce plan sera perpendiculaire au plan vertical de projection ; sa trace verticale $g'k'$ sera perpendiculaire sur le milieu o' de la projection A'd' de AD ; et l'intersection s' des droites re', $g'k'$, sera la projection verticale de l'intersection du plan P avec la verticale V qui passe par s. Ainsi, les points, s, s', sont les projections du centre S de la sphère demandée. Les droites $s'A'$, sA, étant les projections d'un rayon de la sphère, si l'on prend $rp = sA$, l'hypoténuse $s'p$ sera la vraie grandeur du rayon de la sphère circonscrite.

Les projections de tous les points situés dans l'intérieur de la sphère circonscrite sont donc comprises dans les cercles décrits des points, s, s', comme centres, avec le rayon $s'p$.

§ VI. *Construction de la Pyramide triangulaire.*

265. Soit un angle solide triple S (*fig.* 227), formé par trois angles plans BSC, CSA, ASB; désignons ces angles plans par a, b, c, et représentons par α, β, γ, les angles dièdres respectivement opposés aux angles plans a, b, c; l'angle dièdre α, formé par les plans ASB, ASC, sera opposé à l'angle plan $BSC = a$; l'angle dièdre β, formé par les plans BSA, BSC, sera opposé à l'angle plan $ASC = b$; et enfin l'angle dièdre γ, formé par les plans CSA, CSB, sera opposé à l'angle plan $ASB = c$.

On emploie quelquefois le nom de *pyramide*, pour désigner l'*angle solide triple*; celui de *faces*, pour désigner les *angles plans*; et celui d'*angles*, pour désigner les *angles dièdres*.

266. *Lorsqu'on connaît trois des six quantités, α, β, γ, a, b, c, la recherche des trois autres parties conduit à six questions différentes; car les trois parties données peuvent être une des six combinaisons suivantes :*

1°. *Les trois faces, a, b, c;* 2°. *deux faces, c, b, et l'angle compris α;* 3°. *deux faces, c, b, et l'angle β opposé à l'une d'elles;* 4°. *les trois angles, α, β, γ;* 5°. *deux angles, γ, β, et la face adjacente, a;* 6°. *deux angles γ, β, et la face b opposée à l'angle β.*

Les propriétés de la *pyramide supplémentaire* (n° 197) fournissent le moyen de ramener les trois derniers cas aux trois premiers; car les faces a', b', c', de la pyramide supplémentaire sont les supplémens des angles α, β, γ, de la pyramide SABC, et les angles α', β', γ', de la pyramide supplémentaire sont les supplémens des faces a, b, c, de la pyramide SABC.

Par exemple, lorsqu'on saura construire une pyramide au

moyen de ses trois faces, il sera facile de résoudre le cas où les trois angles α, β, γ, seront donnés; car les supplémens $200^\circ - \alpha$, $200^\circ - \beta$, $200^\circ - \gamma$, des trois angles donnés, seront les faces a', b', c', de la pyramide supplémentaire; connaissant les faces a', b', c', de la pyramide supplémentaire, on pourra construire les angles α', β', γ', de cette pyramide; et ensuite, les supplémens $200^\circ - \alpha'$, $200^\circ - \beta'$, $200^\circ - \gamma'$, des angles α', β', γ', exprimeront les faces inconnues a, b, c, de la pyramide demandée.

Il suffit donc de faire voir comment on peut construire une pyramide dans les trois premiers cas.

Nous exécuterons toutes les constructions sur le plan de l'angle donné ASB $= c$; nous supposerons que ce plan est *horizontal*; quand nous parlerons du *plan horizontal*, il s'agira toujours du plan ASB sur lequel on trace l'*épure*. Selon qu'un arc de cercle sera situé dans un plan *horizontal* ou *vertical*, nous dirons que cet arc est *horizontal* ou *vertical*; toutes les lignes tracées sur le plan horizontal seront en lignes *pleines*. Les lignes situées hors du plan horizontal, seront *ponctuées*; il ne faudra jamais les marquer sur les épures, elles ne serviront qu'à faciliter l'intelligence des démonstrations.

267. 27e Problème (*fig.* 228). *Connaissant les trois angles plans, a, b, c, qui forment un angle solide triple S, construire les trois angles dièdres α, β, γ, formés par ces angles plans.*

Pour construire les angles dièdres α, β, formés par les plans CSA, CSB, avec le plan horizontal ASB, nous ferons tourner les plans CSA, CSB, autour des arètes SA, SB, pour les rabattre sur le plan horizontal de la face ASB; les vraies grandeurs des angles plans ASC, BSC, étant b et a, on obtiendra le rabattement des faces ASC, BSC, en tirant dans le plan horizontal des droites SD, SE, sous les angles connus ASD $= b$, BSE $= a$. Si l'on prend sur les lignes SD, SE, deux points quelconques f, f', également distans de S, on pourra regarder ces deux points comme les rabattemens sur le plan horizontal d'un même point F de l'arète SC.

On obtiendra la projection horizontale du point F, en concevant que les faces ASD, BSE, tournent autour des arètes SA, SB, pour reprendre leurs positions primitives ASC, BSC. En effet, tirez des perpendiculaires fg, $f'g'$, aux arètes SA, SB; dans la rotation indiquée, les droites fg, $f'g'$, restant constamment perpendiculaires aux arètes SA, SB, les points f, f', décriront des arcs de cercle situés dans des plans verticaux respectivement perpendiculaires aux arètes SA, SB; les traces horizontales de ces plans étant les droites fd, $f'd'$, menées dans le plan horizontal perpendiculairement aux arètes SA, SB, les projections horizontales des arcs décrits par f et f', sont sur les droites fd, $f'd'$; et par conséquent, lorsque les points f, f', seront réunis en F, leur projection horizontale sera l'intersection P des droites fd, $f'd'$.

Cela posé : concevez qu'on tire dans l'espace les droites FP, Fg, Fg'; les triangles FPg, FPg', seront rectangles en P.

Les droites Fg, gP, situées dans les plans ASC, ASB, étant perpendiculaires sur l'intersection AS de ces plans, l'angle FgP (pris dans sa vraie grandeur), est la mesure de l'angle dièdre α formé par les plans ASC, ASB.

Par une raison semblable, la vraie grandeur de l'angle Fg'P est la mesure de l'angle dièdre β, formé par les plans BSC, BSA.

La détermination des angles inconnus α, β, se réduit donc à construire les triangles rectangles FPg, FPg', dans leur vraie grandeur.

Or, dans le triangle FPg, rectangle en P, on connaît le côté Pg de l'angle droit; et la vraie grandeur de l'hypoténuse gF est gf, car dans la rotation de la face ASD autour de AS, la distance de f à g reste constante. Si l'on conçoit donc que le triangle FPg tourne autour du côté Pg, pour venir se rabattre sur le plan horizontal ASB, le sommet F viendra se placer sur la perpendiculaire PG à Pg, menée dans le plan horizontal; et la vraie grandeur de l'hypoténuse gF étant gf, l'arc horizontal décrit de g comme centre avec le rayon gf, coupera PG en un point k, qui sera le rabattement du sommet F; de sorte qu'en tirant kg, l'angle kgP sera la vraie grandeur de l'angle dièdre α, formé par les plans ASC, ASB.

De même, pour trouver la vraie grandeur β de l'angle dièdre formé par les plans BSC, BSA, on tire dans le plan horizontal la perpendiculaire PG′ à Pg' ; on décrit un arc horizontal de g' comme centre avec le rayon $g'f'$; cet arc coupe PG′ en un point k'; et en tirant $k'g'$, l'angle $k'g'$P est égal à l'angle β demandé.

Pour *construire l'angle* γ *formé par les plans* CSA, CSB, on observe que si l'on menait par le point F un plan perpendiculaire à l'intersection CS des plans CSA, CSB, il couperait ces deux derniers plans suivant des droites Fp, Fp', perpendiculaires à SF, qui formeraient entre elles l'angle γ demandé (n° 174); et comme les droites Sf, Sf', sont les deux rabattemens de SF sur le plan horizontal, on obtiendra les points inconnus, p,p', en tirant par f et f' des perpendiculaires aux arètes SD, SE; ces perpendiculaires rencontreront SA et SB, aux points p, p', demandés. Les droites fp, $f'p'$, étant les vraies grandeurs des côtés Fp, Fp', du triangle Fpp', dont la base pp' est dans le plan horizontal, si l'on conçoit que ce triangle tourne autour de sa base pp' pour venir se rabattre sur le plan horizontal, on obtiendra le rabattement F′ du sommet F, en décrivant dans le plan horizontal, des arcs de p et p' comme centres, avec les rayons, pf, $p'f'$; ces arcs se couperont au point F′ demandé; et en tirant les lignes F′p, F′p', le triangle F′pp', sera le rabattement du triangle Fpp' sur le plan horizontal. L'angle pF′p' sera donc égal à l'angle γ demandé.

Quand la construction a été bien faite: 1°. les droites Pk, Pk', doivent être de même longueur, car chacune d'elles représente la vraie grandeur de la verticale FP.

2°. La droite SP étant la projection horizontale de la droite SF qui est perpendiculaire au plan Fpp', le prolongement PZ de SP doit être perpendiculaire à la trace horizontale pp' du plan Fpp' (n° 237).

3°. La droite PZ étant perpendiculaire à la base pp' du triangle Fpp', dont le sommet F est projeté en P, quand ce triangle tourne autour de sa base pp', pour venir se rabattre sur le plan horizontal, le sommet F se meut dans le plan vertical mené par FP perpendiculairement à pp' ; la trace horizontale de ce plan vertical étant la perpendiculaire PZ à pp', le point F′ où s'est rabattu le sommet F, doit se trouver sur la droite PZ.

268 D'après ce qui précède, pour construire l'*épure* qui sert à déterminer les angles inconnus, α, β, γ, sur le plan de la face opposée à l'angle γ, tirez dans ce plan (qui est supposé horizontal) des droites SD, SA, SB, SE (*fig.* 229), qui forment entre elles les angles donnés DSA $= b$, ASB $= c$, BSE $= a$.

Par deux points f, f', pris sur SD et SE, à égales distances de S, menez des perpendiculaires fd, $f'd'$, aux droites SA, SB, et de leur intersection P, tirez dans le plan horizontal des perpendiculaires PG, PG′, aux lignes Pg, Pg' ; décrivez des arcs horizontaux de g et g' comme centres, avec les rayons gf, $g'f'$; ces arcs couperont PG et PG′ en des points k, k' ; et en tirant les hypoténuses kg, $k'g'$, les angles kgP, $k'g'$P, seront respectivement égaux aux angles cherchés α, β.

Enfin, pour trouver l'angle γ, tirez des perpendiculaires fp, $f'p'$, aux droites SD, SE; décrivez des arcs horizontaux de p et p' comme centres, avec les rayons pf, $p'f'$; ces arcs se couperont en un point F′ ; conduisez les droites F′p, F′p' ; l'angle pF′p' sera égal à l'angle γ demandé.

Quand la construction a été bien exécutée, les droites Pk, Pk', sont de même longueur ; la droite SPZ est perpendiculaire à la base pp' du triangle F′pp', et le sommet F′ est sur la droite SPZ.

Pour que cette construction réussisse, il faut que les arcs décrits de g et g' comme centres, avec les rayons gf, $g'f'$, coupent les perpendiculaires PG, PG′, aux droites Pg, Pg' ; ce qui exige que ces rayons soient respectivement plus grands que gP et que g'P. Nous allons faire voir que ces deux conditions ont toujours lieu quand les trois angles plans donnés peuvent former un angle solide triple.

269. *Dans tout angle solide triple, le plus grand des trois angles plans est moindre que la somme des deux autres* (n° 193),

et la somme de ces trois angles plans est moindre que quatre angles droits (n° 194). Nous allons faire voir que quand les trois angles plans donnés, a, b, c, satisfont à ces deux conditions, la pyramide existe toujours.

Soit $ASB = c$ (*fig.* 230) le plus grand des angles plans a, b, c, on aura, par hypothèse,

$$(1)\ldots.\ c < a + b,\quad a + b + c < 400^\circ.$$

Tirez dans le plan horizontal ASB, des droites SD, SE, sous les angles $ASD = b$, $BSE = a$. Il s'agit de faire voir que si les angles a, b, c, satisfaisant aux inégalités (1), on fait tourner les angles plans ASD, BSE, autour des arètes SA, SB, les lignes SD, SE, viendront se réunir en une seule droite SC située hors du plan de la face ASB.

Décrivez un arc de cercle dans le plan DSE, de S comme centre avec un rayon arbitraire; cet arc coupera les arètes SD, SA, SB, SE, en des points, f, r, t, f'; et comme les arcs fr, rt, tf', peuvent servir de mesure aux angles plans, b, c, a, on aura

$$rf < rt,\ tf' < rt,\ rt < rf + tf',\ fr + rt + tf' < 400^\circ.$$

Prenez l'arc $rr' = rf$; le point r' tombera sur l'arc rt, entre r et t; la corde fgr' sera perpendiculaire au rayon Sr, et g sera le milieu de cette corde.

L'inégalité, $rt < rf + tf'$, revient à

$$rt < rr' + tf';\quad \text{d'où}\quad tf' > rt - rr',\ tf' > tr'.$$

D'ailleurs, $tf' < tr$. Prenant donc l'arc $tt' = tf'$, le point t' tombera entre r' et r. La corde $f't'$ perpendiculaire à SB, rencontrera donc la corde fr' en un point P, qui sera situé dans l'intérieur du cercle décrit de S comme centre avec le rayon Sf. On a donc,

$$gr' > gP,\ g't' > g'P;\ \text{ce qui revient à}\quad gf > gP,\ g'f' > g'P.$$

Cela posé : pour *construire une pyramide avec les trois angles plans* $DSA = b$, $ASB = c$, $BSE = a$, concevez qu'on mène par le point P une perpendiculaire indéfinie PV au plan horizontal ASB, et faites tourner le plan fgS autour de l'arête SA; le point f décrira un arc de cercle situé dans le plan vertical VPg, perpendiculaire à SA. Je dis que cet arc coupera nécessairement la verticale PV en un point F situé hors du plan ASB; car son centre est g, et l'on vient de démontrer que son rayon gf est plus grand que la distance gP du point g à la verticale PV.

La droite SF n'étant pas dans le plan ASB, les droites SA, SB, SF, sont les arètes d'un angle solide triple, dont deux des angles plans sont ASB$=c$, ASF$=$AS$f=b$.

Il ne reste donc qu'à faire voir que la vraie grandeur du troisième angle plan FSB est l'angle ESB. Or, FP est perpendiculaire au plan ASB, et Pg' est perpendiculaire à SB; la droite Fg' est donc perpendiculaire sur SB (n° 133). Les triangles Fg'S, $f'g'$S, sont égaux; car ils ont un angle droit en g', le côté g'S est commun, et l'hypoténuse FS$=f$S$=f'$S. L'angle FSg' est donc effectivement égal à f'Sg'; de sorte que l'angle solide, ainsi construit, est formé par les trois angles plans donnés DSA$=b$, ASB$=c$, BSE$=a$.

Dans ce cas, la construction qui a été indiquée (n° 268), pour trouver les angles dièdres α, β, ne sera jamais en défaut; car les droites gf, $g'f'$ (*fig.* 229) étant respectivement plus grandes que gP et g'P, les arcs décrits des points g, g', comme centres avec les rayons gf, $g'f'$, couperont toujours les perpendiculaires PG, PG', aux droites Pg, Pg'; et les angles kgP, $k'g'$P, exprimeront les angles dièdres α, β.

Lorsque les trois angles plans donnés ne satisfont pas aux inégalités (1) (page 160), ils ne peuvent pas former un angle solide triple; les arcs décrits des points g, g', comme centres, avec les rayons gf, $g'f'$, ne coupent plus les droites PG, PG'; ce qui indique l'impossibilité du problème proposé.

270. *La construction du* n° **268** *fournit une seconde méthode pour réduire un angle* θ *à l'horizon* (n° **257**); car les deux côtés de l'angle θ, qu'il s'agit de réduire à l'horizon, forment avec la verticale un angle solide triple, dans lequel les trois angles plans sont donnés, savoir : l'angle *oblique* θ, et les angles *verticaux* V, V', que les côtés de l'angle θ font avec la verticale. On construira l'angle dièdre θ' formé par les deux plans verticaux qui contiennent les deux côtés de l'angle θ (n° 268), et l'angle θ' sera l'angle θ réduit à l'horizon.

271. 28e Problème (*fig.* 231). *Connaissant les deux angles plans, b, c, et l'angle dièdre* α *formé par les plans de ces deux angles, construire le troisième angle plan, a, et les deux autres angles dièdres,* β, γ.

Soit ASB$=c$, l'un des deux angles plans donnés, et supposez que cet angle soit tracé dans le plan horizontal sur lequel on veut exécuter la construction. Concevez que l'autre angle plan donné, b, tourne autour de l'horizontale SA, pour se rabattre sur le plan horizontal ASB ; vous obtiendrez le rabattement de cet angle, en tirant dans le plan horizontal une droite SD sous l'angle connu ASD$=b$.

Si la face ASD tourne autour de l'arète SA, pour reprendre sa position primitive ASC, un point quelconque f de la droite SD, décrira un arc vertical dont le rayon sera la perpendiculaire fg à SA, et dont le centre sera g ; la projection horizontale de cet arc sera sur la perpendiculaire fd à SA ; et enfin, quand f sera parvenu en un point F de l'arète SC, la droite Fg, perpendiculaire à SA, fera avec gd un angle Fgd, qui mesurera l'angle dièdre α des faces ASC, ASB (n° 174).

Concevez que le plan Fgd de l'angle α tourne autour du côté horizontal gd, pour se rabattre sur le plan ASB ; vous obtiendrez le rabattement de l'autre côté gF de l'angle α, en tirant dans le plan ASB une droite gh, sous l'angle donné $dgh=\alpha$; et comme, dans ce mouvement, la distance du point F au point fixe g, reste égale à fg, l'arc horizontal décrit de g comme centre avec le rayon connu gf, coupera gh en un point k, qui sera le rabattement du point F sur le plan horizontal ; de sorte qu'en abaissant la perpendiculaire kP à gd, le point P sera le pied de la perpendiculaire abaissée de F sur le plan horizontal ASB.

Cela posé : pour *construire la vraie grandeur du troisième angle plan* FSB, concevez que le plan FSB tourne autour de l'arète fixe SB, pour venir se rabattre sur le plan horizontal ; le point F restera dans le plan perpendiculaire à SB mené par la verticale FP ; ce point se rabattra donc sur la perpendiculaire Pl' à SB ; mais la distance du point S au point F reste constamment égale à Sf ; le rabattement de F doit donc aussi se trouver sur l'arc horizontal décrit de S comme centre avec le rayon connu Sf ; le point f', où cet arc coupe Pl', est donc le rabattement du point F sur le plan horizontal ; et par conséquent, si l'on tire la droite Sf'E, elle déterminera la vraie grandeur ESB du troisième angle plan, a, de l'angle solide triple proposé.

Ainsi, pour *construire la troisième face de l'angle solide triple,* il suffit de mener, dans un plan horizontal, trois droites SA, SB, SD (*fig.* 232), qui forment entre elles les angles donnés, ASB $= c$, ASD $= b$; par un point quelconque f de SD, on tire la perpendiculaire fd à SA ; du point g, où fd coupe SA, on conduit, dans le plan ASB, la droite gh, sous l'angle donné $dgh = \alpha$; du point g comme centre, avec le rayon gf, on décrit un arc horizontal qui coupe gh en k ; on tire la perpendiculaire kP à fd, et la perpendiculaire Pl' à SB ; l'arc horizontal décrit de S comme centre avec le rayon Sf, coupe la ligne Pl' en un point f' ; et en tirant la droite SE, par les points connus S, f', on obtient la face ESB demandée ; de sorte que l'angle ESB $= a$.

Cette construction déterminera toujours la troisième face de la pyramide, quelles que soient les données, b, c, α. Et en effet, la pyramide existe toujours ; car, pour la construire, il suffit de tracer dans un plan, deux angles ASB $= c$, ASD $= b$ (*fig.* 232), et de concevoir que la face ASB restant fixe, l'autre face ASD tourne autour de AS, jusqu'à ce qu'elle forme l'angle dièdre α avec le plan ASB.

Connaissant les trois angles plans, a, b, c, de l'angle solide triple proposé, ces angles plans satisferont nécessairement aux inégalités,

$$a < b + c,\quad b < a + c,\quad c < a + b,\quad a + b + c < 400^\circ,$$

et ensuite on construira facilement les deux angles dièdres inconnus $\mathfrak{C}$, γ, par la méthode indiquée (n° 268).

272. 29e Problème (*fig.* 233). *Connaissant deux angles plans, b, c, d'un angle solide triple, et l'angle dièdre* $\mathfrak{C}$ *opposé à l'angle plan, b, construire le troisième angle plan, a, et les deux autres angles dièdres,* α, γ.

Si le troisième angle plan a était connu, on trouverait facilement les deux autres angles dièdres, α, γ (n° 268); il suffit donc de faire voir comment on peut construire l'angle plan a.

L'angle plan ASB$=c$ étant supposé dans le plan horizontal, concevez que par un point quelconque g de l'arète SA, on mène un plan perpendiculaire à cette arète; la trace horizontale de ce plan vertical sera la perpendiculaire gp à SA, et il coupera la troisième arète SC en un certain point F de l'espace. Pour trouver ce point, nous allons chercher ses distances aux points connus S et p.

Concevez que le plan CSA tourne autour de l'arète SA, pour se rabattre sur le plan horizontal; la droite gF se rabattra sur la perpendiculaire gl à SA, et la vraie grandeur de l'angle CSA étant b, on obtiendra le rabattement de l'arète SC en tirant par le point S une horizontale SD, sous l'angle ASD $= b$. Le rabattement du point F devant se trouver sur les droites gl, SD, sera déterminé par l'intersection f de ces deux droites. Ainsi, les vraies longueurs des droites Fg, FS, sont fg et fS. La vraie distance du point F au point S est donc fS.

Pour obtenir la distance du point F au point p, nous chercherons d'abord la direction de la droite pZ qui passe par les points p, F, et qui est dans le plan de la face BSC; à cet effet, nous imaginerons qu'on tire par le point g, une perpendiculaire gr à SB, et une verticale gH; cette verticale étant dans le plan vertical Zpg, rencontrera pZ en un point G; et la droite Gr, située dans le plan CSB, étant perpendiculaire sur SB (n° 135), l'angle Grg mesurera l'inclinaison des faces BSC, BSA. Or, cette inclinaison est égale à l'angle donné $\mathfrak{C}$. Concevant donc que le plan vertical du triangle rectangle Ggr, tourne autour de sa base horizontale gr, pour se rabattre sur le plan horizontal ASB, la verticale gH se rabattra sur la perpendiculaire gH' à gr menée dans le plan horizontal ; et comme l'hypoténuse rG forme avec rg l'angle donné $\mathfrak{C}$, on obtiendra le rabattement de rG sur le plan horizontal, en tirant par le point r une horizontale rK, sous l'angle $grK = \mathfrak{C}$. L'intersection m, des droites gH', rK, sera le rabattement du point G sur le plan horizontal; de sorte que gm est la vraie longueur de gG. Cela posé : si le triangle Ggp, rectangle en g, tourne autour de sa base horizontale gp, pour se rabattre sur le plan horizontal, le sommet G se rabattra en n, sur la perpendiculaire gA à gp, à une distance $gn = gm$; la droite pZ', menée par les points p, n, sera donc le rabattement, sur le plan horizontal, de la direction pZ du côté pF, et F se rabattra sur l'un des points de pZ'. Or, la distance de g à F est gf; décrivant donc un arc horizontal, de g comme centre avec le rayon connu gf, cet arc coupera pZ' en un point F' qui sera le rabattement du point F sur le plan horizontal ; la droite pF' est donc la vraie longueur du côté pF.

Les distances du point F de l'arète SC, aux points S, p, étant fS et $F'p$, si l'on conçoit que le plan CSB tourne autour de l'arète SB, pour se rabattre sur le plan horizontal BSA, le point F de SC se rabattra en un point qui sera déterminé par l'intersection f' des arcs décrits des points S, p, comme centres, avec les rayons connus Sf, pF'. La droite $Sf'E'$ sera le rabattement de l'arète SC sur le plan horizontal; et, par conséquent, BSE' sera la troisième face a de l'angle solide triple proposé.

Ainsi, pour *construire le troisième angle plan, a, sur le plan horizontal,* on tire dans ce dernier plan des droites SA, SB, SD (*fig.* 234), sous les angles connus $ASB = c$, $ASD = b$; par un point quelconque g de SA, on mène pl perpendiculaire à SA, et gr perpendiculaire à SB ; on conduit la droite rK sous l'angle $grK = \mathfrak{C}$; la perpendiculaire gH' à gr, rencontre rK en un point m; de g comme centre avec le rayon gm, on décrit un arc qui coupe gA en n; par les points p, n, on mène la droite pZ'; et de g comme centre avec le rayon gf, on décrit un arc qui coupe pZ' en F'. Les arcs décrits de S et p comme centres avec les rayons Sf, pF', se coupent en un point f'; et en conduisant la droite SE', par les points connus S, f', l'angle BSE' est l'angle a demandé.

273. Pour *discuter les différens cas qui peuvent se présenter*, supposons que la face horizontale ASB $=c$ (*fig.* 233) restant fixe, on conduise par l'arète SB un plan indéfini dont la partie X, située au-dessus du plan horizontal, forme l'angle dièdre $\mathfrak{C}$ avec la face BSA. Si l'on mène par le point g un plan perpendiculaire à SA, sa trace horizontale sera la perpendiculaire pgl à SA, et ce plan coupera le plan X suivant une certaine droite pZ. Cela posé : concevez que la face ASD $=b$, qui était couchée sur le plan horizontal, tourne autour de SA, pour former la pyramide demandée; le point f de SD décrira un arc vertical dont le centre sera le pied g de la perpendiculaire fg à SA, et dont le rayon sera gf; chaque point F de rencontre de cet arc avec la droite pZ, fournira une solution du problème; car en tirant la droite SC, par les points S, F, les arètes SA, SB, SC, formeront un angle solide triple, dans lequel les angles plans ASB, ASC, seront respectivement égaux à c et b, et l'angle dièdre formé par les faces BSA, BSC, sera $\mathfrak{C}$. D'ailleurs, les points où la circonférence décrite avec le rayon gf, coupe le prolongement pz de pZ, ne conviennent pas à la question, car ils correspondent aux points où cette circonférence rencontre le prolongement du plan X au-dessous du plan horizontal, et il est facile de voir que dans les pyramides qui en résultent, l'angle dièdre, opposé à la face ASD $=b$, est égal au *supplément* $200^\circ - \mathfrak{C}$ de l'angle donné $\mathfrak{C}$.

Or, il résulte de la construction indiquée (n° **272**) que si le plan vertical Zpl tourne autour de l'horizontale pl, pour se rabattre sur le plan horizontal, la droite pZ tombera en pZ' et pz deviendra le prolongement pz' de $Z'p$. Par conséquent, selon que la circonférence décrite, dans le plan horizontal, de g comme centre avec le rayon gf, rencontrera la droite pZ' en un point ou en deux points, le problème admettra une seule solution ou deux solutions; quand cette circonférence ne rencontrera pas pZ' (ce qui a lieu lorsque gf est moindre que la perpendiculaire abaissée de g sur $z'Z'$), le problème sera impossible, c'est-à-dire que les données, b, c, β, n'appartiendront à aucun angle solide triple.

Lorsque les *données*, b, c, β, sont telles qu'on les a supposées dans les *figures* 233 et 234, la circonférence décrite de g comme centre avec le rayon gf, coupe la droite pZ' en deux points F′, F″; les circonférences décrites de p comme centre avec les rayons pF', pF'', coupent la circonférence décrite de S comme centre avec le rayon Sf, en des points f', f''; et en tirant les droites $Sf'E'$, $Sf''E''$, on obtient deux solutions dans lesquelles les valeurs de la troisième face a sont BSE′ et BSE″; de sorte que les *données*, b, c, β, appartiennent à deux pyramides différentes.

274. L'angle solide triple S (*fig.* 235) étant formé par les trois angles plans ASB, ASC, BSC, si l'on conçoit une sphère ayant pour centre le sommet S de l'angle solide, les plans ASB, ASC, BSC, couperont la surface de cette sphère suivant des arcs AB, AC, BC, qui appartiendront à des grands cercles de la sphère (*page* 106), et qui pourront servir de mesure aux angles plans ASB, ASC, BSC; ces trois arcs de grands cercles forment les *côtés* d'un *triangle sphérique* ABC; les *angles* de ce triangle sphérique sont les *angles dièdres* formés par les plans ASB, ASC, BSC. Désignant donc par a, b, c, les arcs BC, AC, AB, qui forment les *côtés* du triangle sphérique ABC, et par α, β, γ, les angles de ce triangle qui sont respectivement opposés aux côtés a, b, c, les six *élémens* a, b, c, α, β, γ, du triangle sphérique ABC, seront précisément les six parties que nous avons considérées dans la pyramide triangulaire. De sorte que les constructions que nous avons indiquées pour la pyramide, donnent le moyen de *construire un triangle sphérique, quand on connaît trois des six élémens, a, b, c, α, β, γ, de ce triangle.*

Quand les trois *élémens* connus sont donnés en nombres, le calcul des trois autres *élémens* est l'objet de la *Trigonométrie sphérique*.

§ VII. *Problèmes sur des points et sur des lignes dont les projections sont données.*

275. Dans la première partie de cet ouvrage, nous avons traité diverses questions sur des points et sur des lignes qui etaient dans un même plan. Nous allons faire voir comment on peut résoudre les mêmes questions, quand les *données* étant toujours situées sur un même plan, ne sont déterminées que par leurs projections. De sorte que *la question se réduira à construire les projections des points et des lignes qu'il s'agit de trouver*. Pour y parvenir, il suffit de savoir résoudre les deux problèmes suivans (n°s 276 et 277) :

276. 30e Problème. *Connaissant un point* A *d'un plan donné* Z, *on propose de trouver le* RABATTEMENT *du point* A *sur l'un des deux plans de projection. C'est-à-dire qu'il s'agit de déterminer la position que prendra le point* A *du plan* Z, *quand ce plan, après avoir tourné autour de l'une de ses deux traces, sera rabattu sur le plan de projection qui contient cette trace.*

1er Cas (*fig.* 236). *On connaît les deux projections*, a, a', *d'un point* A *situé dans un plan* Z; *la trace horizontale* αt *du plan* Z *est donnée; il s'agit de construire le* RABATTEMENT *du point* A *sur le plan horizontal. C'est-à-dire qu'on veut trouver la position que prendra le point* A, *sur le plan horizontal* $t\alpha x$, *quand le plan* $A\alpha t$ *sera rabattu sur le plan horizontal après avoir tourné autour de sa trace horizontale* αt.

La projection horizontale a, du point A, étant le pied de la perpendiculaire abaissée de A sur le plan horizontal (n° 218), si l'on tire par le point a, la perpendiculaire ab à αt, la droite Ab, qui joint le point A de l'espace avec le point b, est perpendiculaire à αt (n° 133). Le plan du triangle Aab, rectangle en a, est perpendiculaire au plan horizontal (n° 180) et à la trace αt (n° 128); l'angle formé par l'hypoténuse Ab avec le côté ab est la mesure de l'angle que le plan Aαt fait avec le plan horizontal (n° 174).

Quand le plan Aαt tourne autour de sa trace horizontale αt, le point b reste fixe, la distance de A à b est invariable, et la droite Ab reste constamment perpendiculaire sur αt; par conséquent, le point A décrit une circonférence dont le plan est perpendiculaire à αt (nº 130), dont le centre est b et dont le rayon constant est la vraie distance de b à A. Il en résulte que, lorsque le plan Aαt sera rabattu sur le plan horizontal, le point A tombera nécessairement sur le prolongement bd de la perpendiculaire ab à αt, à une distance de b égale à la distance de b à A. Or, cette distance est l'hypoténuse d'un triangle rectangle dont le côté de l'angle droit situé dans le plan horizontal est ab, et dont l'autre côté Aa de l'angle droit est égal à la distance $a'p$ du point A au plan horizontal $t\alpha y$ (nº 233, 4°). Conduisant donc par a, la perpendiculaire af sur ab, et prenant $an = pa'$, l'hypoténuse nb sera la vraie distance de A à b. De sorte qu'en prenant sur bd une longueur bA$' = bn$, le point A$'$, ainsi déterminé, sera le rabattement demandé du point A sur le plan horizontal $t\alpha x$.

D'après ces considérations, pour *rabattre sur le plan horizontal, le point* (a, a') *situé dans le plan dont la trace horizontale est* αt *:* par la projection horizontale a, on tire la perpendiculaire ad à la trace horizontale αt, et la parallèle af à αt; on prend sur af une longueur $an = pa'$, et l'on décrit un arc de b comme centre avec le rayon bn; cet arc coupe la droite ad en un point A$'$ qui est le rabattement cherché du point (a, a') sur le plan horizontal $t\alpha x$.

1re Remarque. Lorsque par un point quelconque A de l'espace, on mène une perpendiculaire Ab sur la trace horizontale αt d'un plan Aαt qui passe par ce point, cette perpendiculaire est l'hypoténuse d'un triangle rectangle dont le plan est perpendiculaire au plan horizontal et à la trace horizontale αt du plan Aαt; l'un des côtés de l'angle droit est la distance ab de la projection horizontale a du point A à la trace horizontale αt, et l'autre côté Aa de l'angle droit est égal à la distance $a'p$ de la projection verticale a' du point A à la ligne de terre. L'angle formé par l'hypoténuse Ab avec le côté ba est égal à l'angle que le plan Aαt fait avec le plan horizontal.

2ᵉ REMARQUE. Le triangle *nab* peut être considéré comme le *rabattement*, sur le plan horizontal, du triangle A*ab* situé dans l'espace ; c'est-à-dire que si ce dernier triangle tournait autour du côté *ab* de l'angle droit, le point A viendrait se rabattre en *n* sur le plan horizontal *tαy*.

3ᵉ REMARQUE. La projection horizontale *a* d'un point A situé dans un plan Z, et le rabattement A′ du point A sur le plan horizontal, étant toujours sur une même perpendiculaire *ad* à la trace horizontale *αt* du plan Z, il en résulte, que si par l'un des points *a*, A′, on tire une perpendiculaire à la trace horizontale *αt*, cette perpendiculaire passera nécessairement par l'autre point.

2ᵉ CAS (*fig.* 237). *On connaît les deux projections*, *a*, *a′*, *d'un point* A *situé dans un plan* Z; *la trace verticale αt′ du plan* Z *est donnée ; il s'agit de construire le* RABATTEMENT A″ *du point* A *sur le plan vertical t′αx. C'est-à-dire qu'on veut trouver la position que prendra le point* A, *sur le plan vertical t′αx, quand le plan* A*αt′ sera rabattu sur ce plan vertical, après avoir tourné autour de sa trace verticale αt′.*

Des raisonnemens parfaitement semblables à ceux dont on a fait usage dans le 1ᵉʳ *cas*, conduisent à la construction suivante : par la projection verticale *a′*, on tire la perpendiculaire *a′d′* à la trace verticale *αt′*, et la parallèle *a′f′* à *αt′* ; on prend sur *a′f′* une longueur $a'n' = pa$, et l'on décrit un arc de *b′* comme centre avec le rayon *b′n′* ; cet arc coupe la droite *a′d′* en un point A″ qui est le rabattement cherché du point (*a*, *a′*) sur le plan vertical *t′αx*.

1ʳᵉ REMARQUE. Lorsque par un point quelconque A de l'espace, on mène une perpendiculaire A*b′* sur la trace verticale *αt′* d'un plan A*αt′* qui passe par ce point, cette perpendiculaire est l'hypoténuse d'un triangle rectangle dont le plan est perpendiculaire au plan vertical et à la trace verticale *αt′* du plan A*αt′* ; l'un des côtés de l'angle droit est la distance *a′b′* de la projection verticale *a′* du point A à la trace verticale *αt′*, et l'autre côté A*a′* de l'angle droit est égal à la distance *ap* de la projection horizontale *a* du point A à la ligne de terre.

L'angle formé par l'hypoténuse Ab' avec le côté $b'a'$ est égal à l'angle que le plan A$\alpha t'$ fait avec le plan vertical de projection.

2ᵉ REMARQUE. Le triangle $n'a'b'$ peut être considéré comme le rabattement, sur le plan vertical, du triangle A$a'b'$ situé dans l'espace ; c'est-à-dire, que si ce dernier triangle tournait autour du côté $a'b'$ de l'angle droit, le point A viendrait se rabattre en n' sur le plan vertical $t'\alpha y$.

3ᵉ REMARQUE. La projection verticale a' d'un point A situé dans un plan Z, et le rabattement A″ du point A sur le plan vertical, étant toujours sur une même perpendiculaire $a'd'$ à la trace verticale $\alpha t'$ du plan Z, il en résulte que si par l'un des points, a', A″, on tire une perpendiculaire à la trace verticale $\alpha t'$, cette perpendiculaire passera nécessairement par l'autre point.

3ᵉ CAS (*fig.* 238). *On connaît les deux projections, a, a', d'un point* A *situé dans un plan* Z ; *la trace verticale $\alpha t'$ du plan* Z *est donnée ; il s'agit de construire le rabattement* A′ *du point* A *sur le plan horizontal axy.*

Si la trace horizontale du plan Z était connue, la construction indiquée (1ᵉʳ *cas*) déterminerait le point cherché.

Nous allons donner deux méthodes pour *trouver la trace horizontale du plan* Z.

1ʳᵉ MÉTHODE. Par un point quelconque e' de la trace verticale $\alpha t'$, on abaisse la perpendiculaire $e'e$ à la ligne de terre xy; les points e', e, sont les projections d'un point du plan Z (nº 233, 1º) ; d'ailleurs, a' et a sont les projections d'un autre point de ce plan ; les droites $e'a'k'$, eag, sont donc les projections d'une droite située dans le plan Z ; le point k, où cette dernière droite rencontre le plan horizontal (nº 244), appartiendra donc à la trace cherchée. De sorte que la droite αt, menée par les points α, k, sera la trace horizontale demandée.

Par conséquent, lorsqu'on connaît la trace verticale $\alpha t'$ d'un plan Z, et les projections a, a', d'un point de ce plan, pour trouver un point de la trace horizontale du plan Z : par un point quelconque e' de la trace verticale $\alpha t'$, on tire la perpendiculaire $e'e$ à la ligne de terre xy ; par les points e', a', on mène une droite, et du point k' où elle rencontre xy, on tire la perpendiculaire $k'r$ à xy; la droite eg, menée par les points, e, a, coupe $k'r$ en un point k qui appartient à la trace horizontale cherchée du plan Z.

Quand la trace verticale donnée rencontre la ligne de terre en un point α situé sur la feuille destinée à tracer l'*épure* (ce qui a lieu dans la figure 238), la droite αt, menée par les points α, k, est la trace horizontale cherchée du plan Z.

Lorsque la trace verticale donnée est parallèle à la ligne de terre xy, la trace horizontale cherchée est nécessairement parallèle à la ligne de terre ; car autrement, ces deux dernières lignes se rencontreraient en un point qui appartiendrait à la ligne de terre et à la trace verticale donnée ; cette trace verticale ne serait donc pas parallèle à la ligne de terre ; ce qui est contre l'hypothèse. Il suffit donc encore de déterminer un point de la trace horizontale cherchée.

Enfin, quand la trace verticale donnée n'étant pas parallèle à la ligne de terre, le point de concours de ces deux lignes sort des limites de la feuille sur laquelle on trace l'*épure*, il faut déterminer deux points de la trace demandée.

2ᵉ MÉTHODE. Par le point (a, a') du plan Z, on conçoit une parallèle L à la trace verticale $t'\alpha$ de ce plan, les projections de la droite L sont des parallèles $a'm'$, ah, aux projections $t'\alpha$, yx, de $t'\alpha$ (nº 223); et comme la droite L est tout entière dans le plan Z (nº 123), le point m, où elle rencontre le plan horizontal (nº 244), appartient à la trace horizontale du plan Z. Pour trouver ce point, on tire par m', une perpendiculaire $m'c$ à xy qui rencontre ah au point m demandé. La droite αt, menée par les points α, m, est la trace horizontale demandée du plan Z.

REMARQUE. Cette seconde méthode serait en défaut si la trace verticale du plan Z ne rencontrait pas la ligne de terre. Il faudrait alors avoir recours à la 1ʳᵉ méthode, pour déterminer un ou deux points de la trace horizontale demandée.

Connaissant la trace horizontale αt du plan Z et les projections a, a', d'un point A de ce plan, la construction indiquée

(1er *cas*) sert à *déterminer le rabattement* A′ *du point* A *sur le plan horizontal;* à cet effet, on tire par a, la perpendiculaire ad à αt, et sur la parallèle af à αt, on prend $an = pa'$; on décrit un arc, de b comme centre avec le rayon bn; cet arc coupe ad en un point A′ qui est le rabattement demandé du point (a, a') sur le plan horizontal.

4e Cas (*fig.* 239). *On connaît les projections, a, a', d'un point* A *situé dans un plan* Z; *la trace horizontale αt du plan* Z *est donnée; il s'agit de construire le rabattement* A″ *du point* A *sur le plan vertical $a'xy$.*

Des raisonnemens analogues à ceux dont on a fait usage dans le 3e *cas*, conduisent aux constructions suivantes :

Pour *trouver la trace verticale du plan* Z, on a recours à l'une des deux méthodes que nous allons indiquer.

1re Méthode. Par un point quelconque e de la trace horizontale αt, on tire la perpendiculaire ee' à la ligne de terre xy; par les points, e, a, on mène une droite, et du point k où elle rencontre xy, on tire la perpendiculaire kr' à xy; la droite $e'g'$, menée par les points e', a', coupe kr' en un point k' qui appartient à la trace verticale cherchée du plan Z.

Quand la trace horizontale donnée rencontre la ligne de terre en un point α situé sur la feuille destinée à tracer l'*épure* (ce qui a lieu dans la *figure* 239), la droite $\alpha t'$, menée par les points α, k', est la trace verticale cherchée du plan Z.

Lorsque la trace horizontale donnée est parallèle à la ligne de terre, la trace verticale cherchée est aussi parallèle à la ligne de terre; de sorte qu'il suffit encore de déterminer un point de cette trace verticale.

Enfin, quand la trace horizontale donnée rencontre la ligne de terre en un point qui sort de la feuille sur laquelle on trace l'*épure*, il faut déterminer deux points de la trace verticale demandée.

2e Méthode. Par les points a, a', on tire des parallèles am, $a'h'$, aux droites $t\alpha$, yx; par le point m, on mène une perpendiculaire mc' à xy, qui rencontre $a'h'$ en m'; la droite $\alpha t'$, menée par les points α, m', est la trace verticale du plan Z.

REMARQUE. Cette seconde méthode serait en défaut, si la trace horizontale du plan Z ne rencontrait pas la ligne de terre. Il faudrait alors avoir recours à la 1re *méthode*, pour déterminer un ou deux points de la trace verticale demandée.

Connaissant la trace verticale $\alpha t'$ du plan Z et les projections a, a', d'un point A de ce plan, la construction indiquée (2e *cas*) sert à *déterminer le rabattement* A″ *du point* A *sur le plan vertical;* à cet effet, on tire par a', la perpendiculaire $a'd'$ à $\alpha t'$, et sur la parallèle $a'f'$ à $\alpha t'$, on prend $a'n'=pa$; on décrit un arc de b' comme centre avec le rayon $b'n'$; cet arc coupe $a'd'$ en un point A″ qui est le rabattement demandé du point (a, a') sur le plan vertical $t'\alpha x$.

5e CAS. *On connaît les deux traces d'un plan Z, et l'une des deux projections d'un point* A *situé dans le plan Z; il s'agit de construire l'autre projection du point* A, *et ses rabattemens sur les deux plans de projection.*

On construira d'abord l'autre projection du point A (n° 248) ; et ensuite, les méthodes indiquées dans les deux premiers cas, serviront à déterminer les rabattemens du point A sur les plans de projection.

Par exemple, si l'on connaît la projection verticale a' (*fig.* 240) d'un point A situé dans le plan Z dont les traces αt, $\alpha t'$, sont données, et si l'on demande le rabattement A′ du point A sur le plan horizontal, on cherchera d'abord l'autre projection a du point A; à cet effet, on observera que la projection demandée devant se trouver sur la perpendiculaire $a'c$ à la ligne de terre xy (n° 235), il suffit de déterminer une autre droite qui contienne le point a. Or, la perpendiculaire au plan vertical, menée par a', passant par le point A, tout plan P mené par cette droite, contiendra le point A; et une droite quelconque $m'k'$, menée par le point a', dans le plan $t'\alpha y$, pourra être considérée comme la trace verticale du plan P; ce plan étant perpendiculaire au plan vertical $t'\alpha y$ (n° 180), sa trace horizontale sera la perpendiculaire $k'k$ à αy (n° 235, 3°); le point A se trouvant dans chacun des plans $t'\alpha t$, $m'k'k$, si l'on tire une perpendiculaire $m'm$ à

xy, la projection horizontale mk de l'intersection de ces deux plans (n° **242**) doit contenir la projection horizontale du point A. Les droites $a'c$, mk, se couperont donc en un point a, qui sera la projection horizontale du point A.

D'après ces considérations, *lorsqu'on connaît la projection verticale a' d'un point* A *situé dans un plan* Z *dont les traces αt, $\alpha t'$, sont données, pour construire la projection horizontale du point* A, on mène par a' une droite quelconque $m'k'$; par les points, m', a', k', on tire les perpendiculaires $m'm$, $a'c$, $k'k$, à la ligne de terre xy; par les points m, k, on conduit la droite mk qui rencontre $a'c$ en a; le point, a, est la projection horizontale demandée du point A.

Connaissant les projections a, a', du point A, situé dans le plan dont la trace horizontale αt est donnée, la construction indiquée (1er *cas*) détermine le rabattement A' du point (a, a') sur le plan horizontal; à cet effet, on tire par a, la perpendiculaire ad à αt; sur la parallèle af à αt, on prend $an = pa'$; et de b comme centre, avec le rayon bn, on décrit un arc qui coupe ad au point A' demandé.

6e Cas (*fig.* 241). *On connaît la projection horizontale, a, d'un point* A *situé dans un plan* Z*; la trace horizontale αt du plan* Z *est donnée, ainsi que l'angle γ qu'il forme avec le plan horizontal $t\alpha y$. Il s'agit de construire les rabattemens* A', A''*, du point* A *sur les plans de projection, et de trouver l'autre projection a' du point* A.

Pour *construire le rabattement* A' *du point* A *sur le plan horizontal*, on observe que a étant le pied de la perpendiculaire abaissée du point A de l'espace sur le plan horizontal $t\alpha y$, si l'on mène la perpendiculaire ab à αt, la droite Ab sera perpendiculaire à αt (n° **135**); l'angle Aba sera donc égal à l'angle γ formé par le plan Z avec le plan horizontal (n° **174**). Par conséquent, pour construire le triangle Aab, rectangle en a, il suffit de tirer par b une droite br qui forme avec ba un angle rba égal à l'angle donné γ, et de mener la parallèle af à αt; les droites br, af, se couperont en un point n, et le triangle nab sera égal au triangle Aab situé dans l'espace. On aura donc, $bn = bA$ et $an = aA$.

D'ailleurs, Ab étant perpendiculaire à αt, le rabattement de A (sur le plan horizontal) sera sur le prolongement bd de la perpendiculaire ab à αt, à une distance de b égale à bA; décrivant donc un arc de b comme centre avec le rayon bn, cet arc coupera bd en un point A' qui sera le rabattement du point A sur la plan horizontal $t\alpha x$.

Pour *trouver la projection verticale a' du point* A, on observe que cette projection doit se trouver sur la perpendiculaire ae' à la ligne de terre xy, à une distance de p égale à aA (n° 233, 4°); et comme $aA = an$, on obtiendra le point a' en prenant sur pe' une longueur $pa' = an$.

Connaissant les projections a, a', du point A, situé dans le plan Z, dont la trace horizontale αt est donnée, les méthodes indiquées (4e *cas*) serviraient à trouver la trace verticale $\alpha t'$ du plan Z et le rabattement A″ du point A sur le plan vertical $t'\alpha x$.

Mais, comme on connaît l'angle γ que le plan Z forme avec le plan horizontal, on peut *construire plus simplement la trace verticale $\alpha t'$ du plan* Z. En effet; si par un point quelconque m' de la trace cherchée $\alpha t'$, on conçoit la perpendiculaire $m'm$ à xy, cette droite sera perpendiculaire au plan horizontal (n° **182**); et en menant par son pied m, la perpendiculaire mq à la trace horizontale αt, la droite qui joint dans l'espace le point m' au point q, sera perpendiculaire à αt (n° **135**), et sera dans le plan $t'\alpha t$; l'angle $m'qm$, sera donc égal à γ (n° **174**). Ainsi, dans le triangle $m'mq$, rectangle en m, on connaît le côté mq de l'angle droit et l'angle γ que l'hypoténuse $m'q$ fait avec ce côté; conduisant donc par m la perpendiculaire ms à mq, menant par q la droite qv, sous l'angle $mqv = \gamma$, les droites ms, qv, se rencontreront en un point δ; le triangle δmq sera la vraie grandeur du triangle $m'mq$ situé dans l'espace, et $m\delta$ sera égal à mm'.

D'après ces considérations, *lorsqu'on connaît la trace hori-*

zontale αt d'un plan Z et l'angle γ qu'il forme avec le plan horizontal, pour construire la trace verticale $\alpha t'$ du plan Z : par un point quelconque q de αt, on mène une perpendiculaire à αt, qui rencontre la ligne de terre xy, en m; par m, on tire ms' perpendiculaire à xy et ms perpendiculaire à mq ; par le point q, on conduit la droite qv sous l'angle $mqv = \gamma$; les droites ms, qv, se coupent en un point δ; on décrit un arc du point m comme centre avec le rayon $m\delta$; cet arc coupe ms' en un point m' de la trace cherchée ; de sorte que cette trace est la droite $\alpha t'$ menée par les points α, m'.

Remarque. Pour construire le rabattement du point A sur le plan horizontal, on avait conduit la perpendiculaire ab à αt, et la droite br sous l'angle $abr = \gamma$; ces lignes étant connues, on peut encore *simplifier la construction qui vient d'être indiquée pour déterminer la trace verticale $\alpha t'$*; car, la position du point par lequel on mène la perpendiculaire à αt étant arbitraire, on peut choisir le point b; il suffit alors de prolonger la perpendiculaire ba à αt, jusqu'au point c où elle rencontre la ligne de terre xy; par ce point, on mène la perpendiculaire ck' à xy, et la parallèle ch à αt qui rencontre la ligne connue br en l; l'arc décrit de c comme centre avec le rayon cl, rencontre ck' en un point c' qui appartient à la trace verticale cherchée.

Enfin, d'après ce qu'on a vu (2e *cas*, page 170), pour *construire le rabattement A″ du point (a, a'), sur le plan vertical $t'\alpha x$* : par le point a', on tire la perpendiculaire $a'd'$ à $\alpha t'$, et sur la parallèle $a'f'$ à $\alpha t'$, on prend $a'n' = pa$; on décrit un arc, de b' comme centre avec le rayon $b'n'$; cet arc coupe $a'd'$ en un point A″ qui est le rabattement demandé.

7e Cas. *Connaissant la projection verticale d'un point A situé dans un plan dont la trace verticale est donnée et qui forme un angle connu avec le plan vertical de projection, construire l'autre projection du point A, ainsi que ses rabattemens sur les plans de projection.*

On résoudra ce problème à l'aide de raisonnemens parfaitement semblables à ceux dont on a fait usage dans le 6e *cas*.

277. 31ᵉ PROBLÈME. *Connaissant le rabattement sur l'un des deux plans de projection, d'un point* A *situé dans un plan donné* Z, *on propose de construire les projections de ce point.*

1ᵉʳ CAS (*fig.* 242 *et* 243). *On connaît le rabattement* A', *sur le plan horizontal, d'un point* A *situé dans un plan* Z *dont les traces* at, at', *sont données ; il s'agit de construire les projections*, a, a', *du point* A.

On suppose qu'après avoir fait tourner le plan tat' autour de sa trace horizontale at, pour le rabattre sur le plan horizontal tax, le point A du plan tat' est venu en A' sur le plan horizontal. Il en résulte que réciproquement, si le plan rabattu $A'at$ tourne autour de at, pour reprendre sa position primitive tat', le point A' viendra coïncider avec le point A dont il s'agit de trouver les projections, a, a'. Nous allons donner deux méthodes, pour construire ces projections.

1ʳᵉ MÉTHODE (*fig.* 242). La projection horizontale a du point A, devant se trouver sur la perpendiculaire $A'bc$ à at menée par A' (3ᵉ *remarque*, *page* 170), la recherche de cette projection se réduit à déterminer la distance ab. Or, d'après ce qu'on a vu (nº **276**, 1ᵉʳ *cas*), ab est l'un des côtés de l'angle droit dans le triangle Aab rectangle en a ; l'hypoténuse Ab est égale à la ligne connue $A'b$; et comme cette hypoténuse fait avec le côté ab un angle égal à l'angle γ que le plan tat' forme avec le plan horizontal, il suffit, pour être en état de construire le triangle Aab, de *trouver l'angle* γ.

On pourrait déterminer l'angle γ par la méthode du nº **259** ; mais dans le cas actuel, la construction devient plus simple en observant que le plan du triangle Aab étant perpendiculaire à la trace at et au plan horizontal (nº **276**, 1ᵉʳ *cas*), la trace horizontale du plan Aab est la perpendiculaire bac à at, et sa trace verticale est la perpendiculaire cc' à la ligne de terre xy ; la droite bc', qui joint dans l'espace les points b et c', est perpendiculaire à at et forme avec bc un angle égal à γ (nº **174**). D'ailleurs, $c'c$ étant perpendiculaire au plan horizontal (nº **182**), la droite bc' est l'hypoténuse d'un triangle rectangle dont les deux côtés de l'angle droit sont cb et cc' ;

par conséquent, si l'on mène la perpendiculaire *ch* à *cb*, si l'on prend $cl = cc'$, et si l'on tire l'hypoténuse *lb*, le triangle *lcb* sera égal au triangle *c'cb*, et l'angle *lbc* sera égal à γ.

Il en résulte que si l'on porte sur *bl* une longueur $bn = bA'$, et si l'on abaisse la perpendiculaire *na* à *bc*, le triangle *nab* sera égal au triangle A*ab*, et le pied *a* de la perpendiculaire *na* sera la projection horizontale du point A. On aura $aA = an$.

La projection verticale du point A doit se trouver sur la perpendiculaire *ae'* à la ligne de terre *xy*, à une distance de cette ligne égale à *a*A (n° 233, 4°); et comme $aA = an$, on obtiendra la projection verticale *a'* du point A, en portant sur *pe'* une longueur $pa' = an$.

D'après ces considérations, *lorsqu'on connaît le rabattement* A', *sur le plan horizontal, d'un point* A *de l'espace situé dans le plan dont les traces* αt, $\alpha t'$, *sont données, pour construire les projections, a, a', du point* A, *on tire par* A' *une perpendiculaire à la trace horizontale* αt; *par le point c, où cette perpendiculaire rencontre la ligne de terre xy, on mène la perpendiculaire cc' à xy et la parallèle ch à* αt; *on décrit un arc, de c comme centre avec le rayon cc'; cet arc coupe ch en l; on tire la droite bl, et l'on décrit un arc de b comme centre avec le rayon connu b*A'; *par le point n, où cet arc coupe bl, on mène la perpendiculaire na à bc; du pied a de cette perpendiculaire, on tire ae', perpendiculaire sur xy, et l'on prend* $pa' = an$; *les points, a, a', ainsi déterminés, sont les projections demandées du point* A.

1re Remarque. Le point A étant dans chacun des plans $t\alpha t'$, *bcc'*, doit se trouver sur leur intersection *bc'*; la projection verticale de ce point doit donc se trouver sur la projection verticale de l'intersection *bc'* de ces deux plans. Or, en tirant la perpendiculaire *bb'* à *xy*, la droite *b'c'* est la projection verticale de l'intersection *bc'* (n° 242). Par conséquent, *si la construction a été faite avec exactitude, la droite b'c' passera par le point a'.*

2e Remarque. Les triangles rectangles *lcb*, *nab*, peuvent être considérés comme les *rabattemens* (sur le plan horizontal) des triangles $c'cb$, Aab (situés dans l'espace); c'est-à-dire que si le triangle $c'cb$ tourne autour du côté cb de l'angle droit c, lorsque l'autre côté cc' de l'angle droit sera rabattu sur le plan horizontal $t\alpha y$, les points c' et A viendront respectivement en l et en n.

2e Méthode (*fig.* 243). *On construit d'abord le rabattement, sur le plan horizontal* $A'xy$, *de la trace verticale* $\alpha t'$ *du plan* $t\alpha t'$.

On obtiendrait ce rabattement en déterminant l'angle θ formé par les traces αt, $\alpha t'$, (n° 255), et en tirant par le point α (dans le plan horizontal) une droite αf sous l'angle $t\alpha f = \theta$. Mais il est plus simple de chercher le rabattement sur le plan horizontal d'un point quelconque l' de la trace verticale $\alpha t'$; à cet effet, on observe, que si le plan $t'\alpha t$ tourne autour de sa trace horizontale αt, pour se rabattre sur le plan horizontal, la distance du point l' au point fixe α, ne change pas; décrivant donc (dans le plan horizontal) un arc $l'rs$, de α comme centre avec le rayon connu $\alpha l'$, le rabattement du point l' devra se trouver sur cet arc. D'ailleurs, si l'on tire la perpendiculaire $l'l$ à la ligne de terre xy, et la perpendiculaire lp à αt, la droite $l'l$ sera perpendiculaire au plan horizontal (n° 182); et la droite $l'p$, qui joint, dans l'espace, le point l' au point p, étant perpendiculaire à αt (n° 155), le point l' se rabattra sur le prolongement pq de la perpendiculaire lp à αt; le point L', où la droite lq rencontre l'arc $l'rs$, est donc le rabattement du point l' sur le plan horizontal. La droite αf, menée par les points α, L', est donc le rabattement cherché de la trace verticale $\alpha t'$.

Cela posé : si par le point donné A', on mène une parallèle à $t\alpha$, qui rencontre en B' le rabattement αf de $\alpha t'$, et si l'on conçoit que le plan $t\alpha f$ tourne autour de la trace horizontale αt; lorsque le point A' sera parvenu en A, le plan $t\alpha f$ aura pris la position $t\alpha t'$, la droite αf viendra sur $\alpha t'$; le point B' viendra en b' sur $\alpha t'$, à une distance $\alpha b'$ de α égale à $\alpha B'$, et la parallèle $A'B'$ à $t\alpha$ prendra la position Ab'. La droite Ab' étant parallèle à $t\alpha$ et passant par le point b' dont la projection horizontale est le pied b de la perpendiculaire $b'b$ à xy (n° 233), on obtiendra les projections de Ab' en tirant par b' et b des parallèles $b'd'$, bn, aux projections xy, αt, de αt (n° 223). Or, la droite Ab' passant par le point A, ses projections $b'd'$, bn, passent par les projections cherchées de A. D'ailleurs, le point A' étant le rabattement, sur le plan horizontal, d'un point A du plan $t\alpha t'$, la projection horizontale du point A est sur la perpendiculaire $A'c$ à αt (3e *remarque*, page 170). Les droites bn, $A'c$, se coupent donc en un point a qui est la projection horizontale cherchée du point A.

La projection verticale du point A devant se trouver sur la perpendiculaire ae' à xy (n° 235), et sur la parallèle $b'd'$ à xy, le point a', où ces droites se coupent, est la projection verticale du point A.

D'après ces observations, pour construire, par cette 2e *méthode*, les projections d'un point A du plan $t\alpha t'$, dont le rabattement sur le plan horizontal est le point donné A', on prend un point quelconque l' de la trace verticale $\alpha t'$ du plan $t\alpha t'$; on décrit un arc $l'rs$, de α comme centre avec le rayon $\alpha l'$; on tire la perpendiculaire $l'l$ à la ligne de terre xy, et la perpendiculaire lq à la trace horizontale αt; la droite lq coupe l'arc $l'rs$ en un point L' qui est le rabattement du point l' sur le plan horizontal; et la droite αf, menée par les points α, L', est le rabattement de la trace $\alpha t'$ sur ce plan horizontal. Par le point donné A', on mène A'B' parallèle à la trace horizontale $t\alpha$; on décrit un arc, de α comme centre avec le rayon connu αB'; par le point b', où cet arc coupe la trace verticale $\alpha t'$, on mène la parallèle $b'd'$ à xy et la perpendiculaire $b'b$ à xy; par le pied b de cette perpendiculaire, on tire bn parallèle à αt; la perpendiculaire $A'c$ à αt, menée par A', coupe la droite bn en un point a qui est la projection horizontale du point A. On mène par a, la perpendiculaire ae' à xy; cette perpendiculaire coupe la droite $b'd'$ en un point a', qui est la projection verticale du point A.

REMARQUE. Le point B' étant le rabattement, sur le plan horizontal, du point b' (situé dans le plan $t\alpha t'$) dont la projection horizontale est b, *la droite* bB' *doit être perpendiculaire à la trace horizontale* αt *du plan* $t\alpha t'$ (3ᵉ *remarque*, *page* 170).

2ᵉ Cas (*fig.* 244 *et* 245). *On connaît le rabattement* A″, *sur le plan vertical, d'un point* A *situé dans un plan* Z *dont les traces* αt, $\alpha t'$, *sont données; il s'agit de construire les projections*, a, a', *du point* A.

Des raisonnemens analogues à ceux dont on a fait usage dans le 1ᵉʳ *cas*, conduisent aux constructions suivantes :

1ʳᵉ Méthode (*fig.* 244). Par le point donné A″, on tire la perpendiculaire A″c' à la trace verticale $\alpha t'$; par le point c', où cette perpendiculaire rencontre la ligne de terre xy, on mène la perpendiculaire $c'c$ à xy et la parallèle $c'h'$ à $\alpha t'$; on décrit un arc de c' comme centre avec le rayon $c'c$; cet arc coupe $c'h'$ en l' ; on tire la droite $b'l'$, et l'on décrit un arc de b' comme centre avec le rayon connu b'A″; par le point n', où cet arc coupe $b'l'$, on abaisse la perpendiculaire $n'a'$ à $b'c'$; du pied a' de cette perpendiculaire, on tire $a'e$ perpendiculaire sur xy, et l'on prend $pa = a'n'$; les points a', a, ainsi déterminés, sont les projections demandées du point A.

1ʳᵉ Remarque. Si l'on tire par b', la perpendiculaire $b'b$ à la ligne de terre xy, la droite bc devra passer par le point a.

2ᵉ Remarque. Les triangles rectangles $l'c'b'$, $n'a'b'$, peuvent être considérés comme les *rabattemens* (sur le plan vertical) des triangles $cc'b'$, A$a'b'$ (situés dans l'espace); c'est-à-dire que, si le triangle $cc'b'$ tourne autour du côté $c'b'$ de l'angle droit c', lorsque l'autre côté $c'c$ de l'angle droit sera rabattu sur le plan vertical $t'\alpha y$, les points c et A, viendront respectivement en l' et en n'.

2ᵉ Méthode (*fig.* 245). On prend un point quelconque l de la trace horizontale αt du plan $t'\alpha t$; on décrit un arc $lr's'$, de α comme centre avec le rayon αl ; on tire la perpendiculaire ll' à la ligne de terre xy, et la perpendiculaire $l'q'$ à la trace verticale $\alpha t'$; la droite $l'q'$ coupe l'arc $lr's'$ en un point L″ qui est le rabattement du point l sur le plan vertical; et la droite $\alpha f'$, menée par les points α, L″, est le rabattement de la trace αt sur ce plan vertical. Par le point donné A″, on mène A″B″ parallèle à la trace verticale $t'\alpha$; on décrit un arc de α comme centre avec le rayon connu $\alpha B''$; par le point b, où cet arc coupe la trace horizontale αt, on mène la parallèle bd à xy et la perpendiculaire bb' à xy; par le pied b' de cette perpendiculaire, on tire $b'n'$ parallèle à $\alpha t'$; la perpendiculaire $A''c'$ à $\alpha t'$, menée par le point donné A'', coupe la droite $b'n'$ en un point a' qui est la projection verticale du point A. On mène par a', la perpendiculaire $a'e$ à xy; cette perpendiculaire coupe la droite bd en un point a qui est la projection horizontale du point A.

Remarque. *La droite $b'B''$ doit être perpendiculaire à la trace verticale $\alpha t'$ du plan $t\alpha t'$.*

3e Cas (*fig.* 246). *On connaît le rabattement A' sur le plan horizontal, d'un point A situé dans un plan Z dont la trace horizontale αt est donnée; on connaît aussi l'angle γ que le plan Z forme avec le plan horizontal; il s'agit de construire les projections, a, a', du point A.*

La projection horizontale a, du point A, devant se trouver sur la perpendiculaire $A'c$ à la trace horizontale αt (3e *remarque*, page 170), la recherche de cette projection se réduit à déterminer la distance ba. Or, d'après ce qu'on a vu (n° 276, 1er *cas*), si l'on conçoit des droites menées du point A de l'espace aux points a, b, l'hypoténuse Ab, du triangle rectangle Aab, formera l'angle γ avec le côté ab et sera égale à $A'b$. Par conséquent, pour construire, sur le plan horizontal, le triangle Aab situé dans l'espace, il suffit de mener par b une droite br sous l'angle $cbr = \gamma$, de prendre $bn = bA'$, et de tirer par n la perpendiculaire na à bc; le pied a de cette perpendiculaire sera la projection horizontale cherchée du point A, et le triangle nba sera égal au triangle Aba.

Pour construire la projection verticale a' de A, on observe que cette projection doit se trouver sur la perpendiculaire ae' à la ligne de terre xy, à une distance de p égale à an (page 169).

D'après ces observations, pour construire les projections a, a', du point A, dont le rabattement sur le plan horizontal est A' : par le point donné A', on tire la perpendiculaire $A'c$ à la trace horizontale donnée αt; par le point b, où cette perpendiculaire coupe αt, on tire la droite br qui forme avec bc un angle cbr égal à l'angle donné γ; on décrit un arc, de b comme centre avec le rayon connu bA'; du point n, où cet arc rencontre la droite br, on mène la perpendiculaire na à bc; par le pied a de cette perpendiculaire, on tire ae' perpendiculaire sur la ligne de terre xy; et à partir du point p où cette perpendiculaire rencontre xy, on prend sur pe' une longueur pa' égale à an; les points a, a', ainsi déterminés, sont les projections demandées du point A.

4e Cas (*fig.* 247). *On connaît le rabattement* A″, *sur le plan vertical* A″xy, *d'un point* A *situé dans un plan* Z *dont la trace verticale* $\alpha t'$ *est donnée ; on connaît aussi l'angle* γ' *que le plan* Z *fait avec le plan vertical* $y\alpha t'$; *il s'agit de trouver les projections*, a, a', *du point* A.

Des raisonnemens analogues à ceux dont on a fait usage dans le 3e *cas* conduisent à la construction suivante : par le point donné A″, on tire la perpendiculaire A″c' à la trace verticale donnée $\alpha t'$; par le point b', où cette perpendiculaire coupe $\alpha t'$, on tire la droite $b'r'$ qui forme avec $b'c'$ un angle égal à l'angle donné γ'; on décrit un arc, de b' comme centre avec le rayon connu b'A″; du point n', où cet arc rencontre la droite $b'r'$, on tire $n'a'$ perpendiculaire sur $b'c'$; par le pied a' de cette perpendiculaire, on tire une perpendiculaire $a'e$ sur la ligne de terre xy; et à partir du point p où cette perpendiculaire rencontre xy, on prend sur pe une longueur pa égale à $a'n'$. Les points a', a, ainsi déterminés, sont les projections demandées du point A.

278. Quand *le plan* Z, *qui contient le point* A, *est perpendiculaire à l'un des deux plans de projection*, les constructions des n°s 276 et 277, deviennent beaucoup plus simples. En voici des exemples :

1er Exemple (*fig.* 248). *On connaît la projection horizontale*, a, *d'un point* A *situé dans un plan* Z *perpendiculaire au plan vertical de projection ; la trace verticale* $\alpha t'$ *du plan* Z *est donnée ; il s'agit de construire la trace horizontale* αt

du plan Z, la projection verticale a' du point A, et les rabattemens, A'', A', du point A sur les plans de projection t'αx, tαx.

Le plan Z étant perpendiculaire au plan vertical *t'αy*, et le point *α* appartenant à la trace cherchée, on obtiendra cette trace en menant par le point *α*, une perpendiculaire *αt* à la ligne de terre *xy* (nº 233, 3º).

La projection verticale du point A doit se trouver sur la perpendiculaire *ae'* à *xy* menée par le point donné *a* (nº 235); et il résulte du principe du nº 183, que cette projection est sur la trace verticale *αt'* du plan Z. Le point *a'*, où *ae'* rencontre *αt'*, est donc la projection verticale demandée du point A.

Pour *construire le rabattement* A'' *du point* A *sur le plan vertical t'αx*, on observe que la perpendiculaire menée de A sur le plan vertical est égale à *ap* (nº 233, 4º); d'ailleurs, cette perpendiculaire est dans le plan *t'αt* (nº 183), son pied est *a'*, et elle est perpendiculaire à la trace verticale *αt'*. Par conséquent, si le plan *tαt'* tourne autour de sa trace verticale *αt'*, lorsqu'il sera rabattu sur le plan vertical *t'αx*, le point A se rabattra sur la perpendiculaire *a'd'* à *αt'*, à une distance de *a'* égale à *pa*; prenant donc sur *a'd'* une longueur *a'*A'' égale à *pa*, le point A'' sera le rabattement cherché du point A sur le plan vertical *t'αx*.

Pour *construire le rabattement*, A', *du point* A, *sur le plan horizontal tαx*, on observe que le point *a* étant le pied de la perpendiculaire abaissée de A sur le plan horizontal *tαy*, si l'on tire *ab* perpendiculaire à *αt*, la droite A*b*, qui joindrait dans l'espace, le point A avec le point *b*, serait perpendiculaire sur *αt* (nº 133). Or, A*b* est l'hypoténuse d'un triangle rectangle dont les deux côtés *ab*, *a*A, de l'angle droit, sont respectivement égaux à *pα* et à *pa'*; la distance de A à *b* est donc égale à *a'α*. Cela résulte aussi de ce que les droites A*b*, *a'α*, sont deux parallèles comprises entre deux parallèles A*a'*, *bα*. Par conséquent, si le plan *t'αt* tourne autour de sa trace horizontale *αt*, quand il sera rabattu sur le plan horizontal *tαx*, la perpendiculaire A*b* à *αt*, viendra sur le prolongement *bd* de *ab*, et le point A se rabattra en un point A′ de *bd*, à une distance de *b* égale à *αa*′.

Ainsi, pour construire le rabattement A′ du point (*a*, *a*′) sur le plan horizontal, on peut décrire un arc de *α* comme centre avec le rayon *αa*′; par le point *r*, où cet arc coupe la ligne de terre, on mène une parallèle *rs* à la trace *αt*, et par *a* on tire la parallèle *ad* à la ligne de terre; les droites *ad*, *rs*, se rencontrent en un point A′ qui est le rabattement cherché du point (*a*, *a*′) sur le plan horizontal *tαx*.

2ᵉ Exemple (*fig.* 249). *On connaît le rabattement* A′, *sur le plan horizontal, d'un point* A *situé dans le plan tαt′ perpendiculaire au plan vertical t′αy; il s'agit de construire les projections, a, a′, du point* A.

Les raisonnemens employés dans le 1ᵉʳ *exemple*, conduisent à la construction suivante : Pour déterminer les projections demandées, par le point donné A′, on mène des parallèles A′*r*, A′*f*, aux droites *tα*, *xy*; on décrit un arc de *α* comme centre avec le rayon *αr*; et du point *a*′, où cet arc coupe la trace verticale *αt*′, on tire la perpendiculaire *a*′*g* à *xy*; cette perpendiculaire rencontre la droite A′*f* en *a*. Les points *a*′, *a*, ainsi déterminés, sont les projections demandées du point A.

3ᵉ Exemple (*fig.* 250). *On connaît le rabattement* A″, *sur le plan vertical* A″*xy*, *d'un point* A *situé dans un plan tαt′ perpendiculaire au plan vertical* A″*xy; il s'agit de construire les projections, a, a′, du point* A.

D'après les raisonnemens employés dans le 1ᵉʳ *exemple*: Pour construire les projections demandées, on mène la perpendiculaire A″*a*′ sur la trace verticale *αt*′; et du pied *a*′ de cette perpendiculaire, on abaisse la perpendiculaire *a*′*g* à *xy*, à partir du point *p*, où cette perpendiculaire coupe la ligne de terre, on prend sur *pg* une longueur *pa* = *a*′A″. Les points *a*′, *a*, ainsi déterminés, sont les projections cherchées du point A.

Remarque. On opérerait d'une manière analogue, si le plan qui contient le point A était perpendiculaire au plan horizontal.

279. D'après ce qui précède, lorsqu'on connaîtra l'une des projections d'une courbe située dans un plan donné, les méthodes indiquées (n° 276, 5e et 6e *cas*, et n° 278), fourniront le moyen de construire successivement les différens points de l'autre projection de cette courbe, et de trouver la position que prend cette courbe lorsque son plan tourne autour de l'une de ses traces pour se rabattre sur le plan de projection qui contient cette trace. On obtiendra, de cette manière, la courbe dans sa vraie grandeur.

280. *Réciproquement*, toutes les fois qu'on connaîtra le rabattement, sur l'un des deux plans de projection, d'une courbe située dans un plan donné, les méthodes exposées dans les nos 277 et 278, fourniront le moyen de construire les projections des différens points de cette courbe sur les deux plans de projection.

281. *Lorsqu'on saura résoudre un problème sur des points et des lignes qui sont dans un même plan, les constructions indiquées* (nos 276...278) *fourniront le moyen de résoudre le même problème, quand les données étant dans un plan Z connu de position dans l'espace, ne seront déterminées que par leurs projections sur deux plans rectangulaires.* A cet effet : nous chercherons les traces du plan Z (nos 245 et 246); nous supposerons ensuite que ce plan tourne autour de sa trace horizontale, pour se rabattre sur le plan horizontal; nous déterminerons les positions, sur le plan Z, ainsi rabattu, des points et des lignes dont les projections étaient données (n° 276). Nous pourrons exécuter sur le plan horizontal, les constructions qui détermineront les positions respectives des inconnues dans le plan que nous avons rabattu; enfin, nous concevrons que ce dernier plan tourne autour de sa trace horizontale, pour reprendre sa position primitive; et, à l'aide des constructions des nos 277 et 278, nous en déduirons facilement les projections demandées des points et des lignes qu'il s'agissait de déterminer. Appliquons ces considérations générales à des exemples :

282. 32e Problème (*fig.* 251). *Connaissant les projections des deux côtés d'un angle situé dans l'espace, on propose d'inscrire dans cet angle une droite d'une longueur connue* $\mathfrak{C}$, *qui forme un angle connu* δ *avec l'un des côtés donnés* (n° 42).

Soient ab, $a'b'$, les projections de l'un des côtés donnés, et ac, $a'c'$, les projections de l'autre côté; les projections a, a', du sommet A de l'angle formé par les côtés donnés, seront sur une perpendiculaire à la ligne de terre xy (n° 235).

Pour *trouver les traces* αt, $\alpha t'$, *du plan* Z *de l'angle formé par les côtés donnés*, nous chercherons les points b, c, où ces côtés rencontrent le plan horizontal, et les points d', e', où les prolongemens des mêmes côtés rencontrent le plan vertical (n° 244); la droite $t\alpha$, menée par les points b, c' sera la trace horizontale du plan Z; et les trois points α, d', e', appartenant à la trace verticale du plan Z, devront être sur une même droite $\alpha t'$.

Pour *déterminer le rabattement* (*sur le plan horizontal*) *des deux côtés donnés*, nous concevrons que le plan $t\alpha t'$ de ces côtés, tourne autour de sa trace horizontale αt; les points b, c, (où les côtés donnés rencontrent le plan horizontal) resteront fixes; et le sommet A se rabattra sur la perpendiculaire af à la trace horizontale αt, à une distance de g égale à l'hypoténuse d'un triangle rectangle dont les côtés de l'angle droit sont ag et ka' (n° 276, 1er *cas*). Pour construire cette hypoténuse, on conduit par a, une perpendiculaire al à ag, sur laquelle on prend $ah = ka'$; la droite gh est l'hypoténuse cherchée. On décrit un arc, de g comme centre avec le rayon gh; cet arc coupe af en un point A' qui est le rabattement cherché du sommet A sur le plan horizontal. Par conséquent, les droites A'b, A'c, sont les rabattemens sur le plan horizontal, des deux côtés donnés, et bA'c est la véritable grandeur de l'angle formé, dans l'espace, par ces côtés (*).

(*) Cette construction s'accorde avec celle qui a été donnée (n° 254, 2e *méthode*), pour déterminer l'angle formé par deux droites situées dans l'espace.

Pour *inscrire dans l'angle $bA'c$, une droite dont la longueur soit $\mathcal{C}$ et qui forme l'angle δ avec le côté $A'b$*, on exécute la construction indiquée (*page* 24, n° **42**) : par un point quelconque M de $A'b$, on mène la droite MR, sous l'angle $RMA'=\delta$; sur MR, on prend $MS=\mathcal{C}$; et par S on tire une parallèle à bA' qui rencontre $A'c$ en P' ; par le point P', on tire une parallèle à RM qui rencontre $A'b$ en Q' ; la droite $P'Q'$ satisfait à la question, car d'après les propriétés connues des parallèles, on a

$$P'Q'=SM=\mathcal{C}, \quad \text{et l'angle} \quad P'Q'A'=RMA'=\delta.$$

Pour *construire les projections de la droite inscrite dans l'angle formé (dans l'espace) par les côtés donnés*, on observe que le rabattement de cette droite sur le plan horizontal étant $P'Q'$, si le plan $A'bc$ tourne autour de la trace horizontale at, les points b, c, resteront fixes; les points A', P', Q', décriront dans l'espace des arcs de cercle dont les plans seront perpendiculaires à la trace at. Quand le sommet A', de l'angle $bA'c$, aura repris la position primitive A qu'il avait dans l'espace, ses projections seront a et a' ; les points P', Q', viendront sur les côtés de l'angle donné, en des points P, Q, dont il s'agit de trouver les projections (p, p'), (q, q'). Les méthodes du n° **277** (1er *cas*) serviraient à déterminer ces projections. Mais, on peut simplifier cette construction; en effet, le point P étant sur le côté Ac, la projection horizontale p, de P, doit se trouver sur la projection horizontale ac de Ac, et sur la perpendiculaire $P'n$ à at (3e *remarque*, page 170); le point p, où $P'n$ rencontre ac, sera donc la projection horizontale de P. La projection verticale de P devant se trouver sur la perpendiculaire pz' à la ligne de terre xy (n° **235**), et sur la projection verticale $a'c'$ de Ac, le point p', où pz' rencontre $a'c'$, sera la projection verticale de P.

Par une raison semblable, pour trouver les projections du point Q, on tire par Q' une perpendiculaire à at qui rencontre ab en q ; par q, on tire une perpendiculaire à xy, qui rencontre $a'b'$ en q' ; les points q, q', sont les projections demandées du point Q.

Les droites pq, $p'q'$, ainsi construites, sont les projections de la ligne PQ qui jouit des deux propriétés énoncées.

REMARQUE. Pour *vérifier si la construction a été faite avec exactitude*, on cherchera la vraie longueur de la droite PQ, dont les projections sont pq et $p'q'$, cette longueur devra être égale à β (n° 240); et en déterminant l'angle formé par la droite (pq, $p'q'$) avec la droite (ab, $a'b'$), cet angle devra être égal à l'angle donné δ (n° 254).

283. 33e PROBLÈME (*fig.* 252). *Deux droites* AB, AC, *qui se coupent en* A, *étant données de grandeur et de position, dans l'espace, trouver un point* M *de leur plan, tel que les trois droites, menées de ce point aux extrémités* A, B, C, *des droites données, forment entre elles des angles donnés* β, γ.

Soient, ab, $a'b'$, les projections de l'une des deux droites données, et ac, $a'c'$, les projections de l'autre droite; les trois lignes aa', bb' et cc', seront perpendiculaires à la ligne de terre xy (n° 235).

Pour *construire les traces du plan déterminé par les deux droites données*, on cherche les points d, e, où ces droites, indéfiniment prolongées, rencontrent le plan horizontal, et les points f', l', où elles rencontrent le plan vertical (n° 244); la droite αt, menée par les points d, e, est la trace horizontale du plan cherché; et la droite $\alpha t'$, menée par les points α, f', est la trace verticale de ce plan; le point l' doit se trouver sur la trace $\alpha t'$.

Pour *construire le rabattement* M' (*sur le plan horizontal*) *du point* M *de l'espace qui jouit de la propriété énoncée*, on conçoit que le plan $t'\alpha t$ tourne autour de sa trace horizontale αt; la construction indiquée (n° 276, 1er *cas*), sert à déterminer les rabattemens A', B', C', sur le plan horizontal, des points A, B, C. La méthode du n° 70, sert ensuite à déterminer le point M'; à cet effet, on décrit sur les droites A'B', A'C', des *segmens capables des angles donnés* β, γ; ces segmens se coupent au point M' demandé, car en tirant les droites M′A′, M′B′, M′C′, les angles A′M′B′, A′M′C′, sont respectivement égaux aux angles donnés β, γ.

Enfin, pour *construire les projections, m, m′, du point* M *qui jouit de la propriété énoncée*, et dont le rabattement sur le plan horizontal est M′, on conçoit que le plan M′B′A′C′ tourne autour de la trace *at*; quand ce plan aura repris sa position primitive *tat′*, les points A′, B′, C′, coïncideront avec les points A, B, C, et le point M′ prendra dans l'espace une position M qu'il s'agit de déterminer ; l'une quelconque des méthodes du n° **277** (1er *cas*), servira à construire les projections *m*, *m′*, du point M demandé.

Si l'on fait usage de la 1re *méthode*, on mènera par le point M′ une perpendiculaire à la trace *at*; par le point *i*, où elle rencontre la ligne de terre *xy*, on tirera une perpendiculaire à *xy* qui rencontre la trace *at′* en *k*, et l'on mènera *ih* parallèle à *at* ; du point *i* comme centre, avec le rayon *ik*, on décrira un arc qui rencontrera *ih* en un point *n* ; de *g* comme centre avec le rayon *g*M′, on décrira un arc qui coupera *gn* en *p* ; le pied *m* de la perpendiculaire abaissée de *p* sur *gi*, sera la projection horizontale du point M demandé. Pour trouver la projection verticale *m′* du point M, on tirera par *m* une perpendiculaire à *xy*; et à partir du point *r* où elle rencontre *xy*, on portera sur cette perpendiculaire une longueur *rm′* = *mp* ; ce qui déterminera le point *m′* demandé.

Si la construction a été faite avec exactitude, le point *m′* sera sur la projection verticale *kz* de l'intersection des plans *tat′*, *gik* ; et en cherchant les angles formés par la droite (*ma*, *m′a′*), avec les deux droites (*mb*, *m′b′*), (*mc*, *m′c′*), ces angles devront être respectivement égaux aux angles donnés β, γ, (n° **254**).

284. 34e PROBLÈME (*fig.* 253). *Par un point* P, *donné dans le plan de deux parallèles*, *l*, *l′*, *dont les projections sont connues, mener une droite telle que la partie* QR *de cette droite, comprise entre ces parallèles, soit d'une longueur donnée* δ.

Soient, *ab*, *a′b′*, les projections de *l*, et *cd*, *c′d′*, les projections de la parallèle *l′* à *l*.

Pour *déterminer les traces* αt, $\alpha t'$, *du plan des parallèles* l, l', on cherche les points a, c, b', d', où ces parallèles rencontrent les plans de projection (nº 244) ; les droites menées par ces points sont les traces demandées ; elles passent par un même point α de la ligne de terre xy (nº 230).

Le point donné P étant dans le plan des parallèles l, l', on ne peut prendre arbitrairement que l'une de ses deux projections ; soit p la projection horizontale donnée du point P.

Pour *trouver la projection verticale* p' *de* P, on pourrait mener par p un plan vertical quelconque (nº 248) ; mais comme le rabattement du point P sur le plan horizontal, devra se trouver sur la perpendiculaire gh à αt, menée par p (3ᵉ *remarque*, page 170), on simplifiera la construction en prenant gh pour la trace horizontale du plan vertical mené par p ; la trace verticale de ce plan sera la perpendiculaire hh' à xy menée par h (nº 233, 3º). Le point P étant dans chacun des plans ghh', $t\alpha t'$, la projection verticale p' de P devra se trouver sur la projection verticale $e'h'$ de l'intersection de ces deux plans (nº 242), et sur la perpendiculaire à xy menée par p ; le point p', où cette perpendiculaire rencontre $e'h'$, sera donc la projection verticale demandée du point P.

Pour *construire le rabattement* P' *du point* P *sur le plan horizontal* $t\alpha y$, on mène par p une perpendiculaire à gh, sur laquelle on prend $pf = np'$; l'arc décrit du point e comme centre avec le rayon ef, coupe gh au point P' demandé.

Pour *trouver les rabattemens* (*sur le plan horizontal*) *des parallèles* l, l', on observe que dans la rotation du plan $t\alpha t'$ autour de sa trace horizontale αt, les points a, c, où ces parallèles rencontrent le plan horizontal, restant fixes, il suffit de déterminer le rabattement (sur le plan horizontal) d'un autre point de l'une de ces parallèles ; afin de simplifier la construction, nous chercherons le rabattement du point d' où la droite (cd, $c'd'$) rencontre le plan vertical ; ce rabattement devant se trouver sur la perpendiculaire dm à αt (dd' est perpendiculaire sur xy) à une distance de α égale à $\alpha d'$, l'arc décrit de α comme centre avec le rayon $\alpha d'$, coupera *dm* en un point D′ qui sera le rabattement cherché du point *d′*. La droite *c*S, menée par les points *c*, D′, sera le rabattement de la droite (*cd*, *c′d′*), sur le plan horizontal; et la parallèle *a*K à *c*S, menée par *a*, sera le rabattement de la droite (*ab*, *a′b′*).

Pour *déterminer le rabattement de la sécante demandée* (*sur le plan horizontal*), il suffit de mener par le point P′ une sécante telle que la partie comprise entre les parallèles *c*S, *a*K, soit égale à la ligne donnée δ (n° 45); à cet effet, d'un point quelconque V de *c*S, pris pour centre, et avec le rayon δ, on décrit un arc qui coupe *a*K en un point H; la parallèle P′R′ à la droite HV, jouit de la propriété demandée, car les parallèles comprises entre parallèles étant égales, on a Q′R′ = HV = δ.

Pour *construire les projections de la sécante demandée*, on conçoit que le plan P′*αt*, des parallèles *a*K, *c*S, tourne autour de la trace *αt*, pour reprendre sa position primitive *tαt′*; le point P′ viendra en P; les parallèles *a*K, *c*S, prendront les positions *l*, *l′*; et les points Q′, R′, viendront sur les parallèles *l*, *l′*, en des points Q, R, dont il s'agit de trouver les projections (*q*, *q′*), (*r*, *r′*).

La projection horizontale *q*, du point Q de *l*, devra se trouver sur la projection horizontale *ab* de *l*, et sur la perpendiculaire à *αt* menée par le rabattement Q′ de Q (3e *remarque*, page 170); le point *q*, où cette perpendiculaire rencontre *ab*, sera donc la projection horizontale demandée du point Q. La perpendiculaire à *xy*, menée par *q*, rencontrera la projection verticale *a′b′* de *l*, en un point *q′* qui sera la projection verticale du point Q.

On opérera d'une manière semblable, pour trouver les projections *r*, *r′*, du point R.

Quand la construction sera bien faite, les points *p*, *q*, *r*, seront en ligne droite, ainsi que les points *p′*, *q′*, *r′*; les droites *pqr*, *p′q′r′*, seront les projections de la sécante demandée, et la vraie grandeur de la droite (*qr*, *q′r′*) sera égale à δ (n° 240).

Remarque. Lorsque la ligne donnée δ sera plus grande que la perpendiculaire VF abaissée du point V sur aK, l'arc décrit de V comme centre avec le rayon δ, coupera aK en un second point G ; et la parallèle à la droite GV, menée par P', déterminerait une seconde sécante dont la partie comprise entre les parallèles aK, cS, serait égale à δ; ce qui fournirait une seconde solution de la question proposée. Lorsque δ sera égal à VF, le problème n'admettra qu'une solution. Enfin, si δ est moindre que VF, le problème sera impossible.

285. 35e Problème (*fig.* 254). *Trois points* A, B, C, *étant donnés, dans l'espace, on propose de déterminer la vraie grandeur de la circonférence qui passe par ces trois points, et de construire les projections des différens points de cette courbe.*

Soient (a, a'), (b, b') et (c, c'), les projections données des trois points A, B, C, situés dans l'espace.

La construction du n° **245** sert à *déterminer les traces* αt, $\alpha t'$, *du plan qui passe par les points* A, B, C.

On conçoit ensuite que le plan $t\alpha t'$ tourne autour de sa trace horizontale αt; et la construction indiquée (n° **276**, 1er *cas*) donne les *rabattemens* A', B', C', (*sur le plan horizontal*), *des points* A, B, C.

Il est alors facile *de trouver le centre* O' *de la circonférence qui passe par les points* A', B', C', et de *décrire cette courbe*.

Pour *construire les projections des différens points de la circonférence qui passe par les points* A, B, C, on conçoit que le plan A'B'C'αt tourne autour de la trace horizontale αt, et qu'il reprend sa position primitive $t\alpha t'$; le centre O', et tous les points D', E', F', etc., de la circonférence A'B'C', décrivent des arcs de cercle dont les plans sont perpendiculaires à αt; les points A', B', C', viennent en A, B, C; les autres points O', D', E', F', etc., viennent coïncider avec le centre O et avec des points D, E, F, etc., de la circonférence qui passe par les points A, B, C, de l'espace; l'une quelconque des deux méthodes exposées dans le n° **277** (1er *cas*), fournit le moyen de *construire les projections* (o,o'), (d, d'), (e, e'), (f,f'), *etc.*, *des points* O, D, E, F, *etc.* On obtient, de cette manière, les différens points des courbes qui sont les projections de la circonférence qui passe par les points A, B, C.

1re Remarque. On n'a conservé sur l'*épure* que les lignes qui ont servi à construire le rabattement A' du point (a, a'), et les projections d, d', du point D dont le *rabattement* sur le plan horizontal est D'.

2e Remarque. La construction précédente fournit une seconde manière de *trouver le centre* S *de la surface sphérique qui passe par quatre points* A, B, C, D, *dont les projections sont données* (no 264). On cherche les projections o, o', du centre O de la circonférence qui passe par les points A, B, C. Le centre S de la sphère devant être également distant des points A, B, C, la perpendiculaire l au plan ABC, menée par O, passera par le centre S (no 140); on obtiendra les projections de cette perpendiculaire en menant par o et o' des perpendiculaires aux traces du plan ABC (no 250). On déterminera de même les projections p, p', du centre P de la circonférence qui passe par les points A, B, D, et les projections de la perpendiculaire l' au plan ABD, menée par P. Les droites l, l', se couperont au point S demandé. Les projections horizontales des droites l, l', se rencontreront en un point s qui sera la projection horizontale du centre S; et les projections verticales des droites l, l', se rencontreront en un point s' qui sera la projection verticale du centre S. Si la construction a été faite avec exactitude, la droite ss' sera perpendiculaire sur la ligne de terre (no 236). De plus, le plan Q des droites l, l', étant perpendiculaire à chacun des plans ABC, ABD (no 180), sera aussi perpendiculaire à leur intersection AB (no 186); les traces du plan Q devront donc être respectivement perpendiculaires aux projections de la droite AB (no 237).

286. 36e Problème (*fig.* 255). *Trois points* A, B, C, *étant donnés dans l'espace, on propose de construire le cercle inscrit dans le triangle formé par les droites qui joignent ces trois points, et de trouver les projections de la circonférence de ce cercle.*

Soient, (a, a'), (b, b') et (c, c'), les projections données des trois points A, B, C.

La construction du n° 245 sert à *déterminer les traces* αt, $\alpha t'$, *du plan qui passe par les points* A, B, C.

On conçoit ensuite que le plan $t\alpha t'$ tourne autour de sa trace horizontale αt; et la construction du n° 276 (1er *cas*) donne les *rabattemens* A′, B′, C′, (*sur le plan horizontal*), des trois points A, B, C.

On tire les droites A′B′, A′C′, B′C′, et l'on décrit la *circonférence inscrite dans le triangle* A′B′C′ (*Remarque du* n° 2).

Pour *trouver les projections des différens points de la circonférence du cercle inscrit*, on conçoit que le plan A′B′C′αt tourne autour de la trace horizontale αt; quand ce plan aura repris sa position primitive $t\alpha t'$, les points A′, B′, C′, viendront en A, B, C; et les points M′, N′, P′, etc., de la circonférence inscrite dans le triangle A′B′C′, viendront coïncider avec des points M, N, P, etc., de la circonférence inscrite dans le triangle ABC. L'une quelconque des deux méthodes du n° 277 (1er *cas*) servira à *construire les projections* (m, m'), (n, n'), (p, p'), *etc.*, *des points* M, N, P, *etc.*

287. 37e Problème (*fig.* 256 et 257). *Connaissant la projection horizontale*, a, *d'un point situé sur une surface sphérique dont le centre* C *et le rayon* R *sont donnés, construire la projection verticale de ce point.*

La verticale qui passe par a, rencontre la surface sphérique en deux points A, B, dont il s'agit de déterminer les projections verticales a', b'. Ces projections devant se trouver sur la perpendiculaire ae' à la ligne de terre xy, il suffit de déterminer les distances des points A et B au plan horizontal cxy.

1re Méthode (*fig.* 256). On conçoit un plan vertical qui passe par le centre (c, c') de la sphère et par la projection horizontale donnée a; sa trace horizontale est la droite αt menée par c et a, sa trace verticale est la perpendiculaire $\alpha t'$ à xy, et il coupe la sphère suivant un grand cercle dont le rayon est R. Si l'on fait tourner le plan $t\alpha t'$ autour de sa trace horizontale at, lorsqu'il sera rabattu sur le plan horizontal, sa trace verticale at' tombera sur la perpendiculaire aT' à at; le centre C de la sphère viendra en C', sur la perpendiculaire cK' à at, à une distance $cC' = dc'$, car la droite Cc est perpendiculaire à at et égale à dc'; la circonférence A'B'F', décrite de C' comme centre avec le rayon R, sera le rabattement (sur le plan horizontal) de la section de la surface sphérique par le plan tat'; la verticale, menée par a, se rabattant sur la perpendiculaire aE' à at, les points A', B', où cette perpendiculaire rencontre la circonférence A'B'F', sont les rabattemens (sur le plan horizontal) des points A, B, où la verticale menée par a rencontre la surface sphérique. Les distances des points A, B, au plan horizontal, sont donc respectivement égales aux lignes $A'a$, $B'a$. On obtiendra donc les projections verticales demandées a', b', des points A, B, en portant sur pe', des longueurs $pa' = aA'$, $pb' = aB'$.

Si le plan taT' reprenait sa position primitive tat', les points C', A', B', viendraient en C, A, B; et aE' viendrait coïncider avec la verticale qui passe par a.

D'après ces considérations : Pour *construire les projections verticales des points* A, B, *de la surface sphérique, dont la projection horizontale est, a,* on tire par a et c des perpendiculaires aE', cK', à la droite ac; on porte sur cK', une longueur $cC' = dc'$; la circonférence, décrite de C' comme centre avec le rayon R de la sphère, rencontre aE' en deux points A', B'; sur la perpendiculaire ae' à la ligne de terre xy, on prend $pa' = aA'$, $pb' = aB'$; les points a', b', ainsi déterminés, sont les projections verticales demandées des points A et B, de la surface sphérique.

2e Méthode (fig. 257). On conçoit un plan qui passe par la verticale Cc et par le point a; ce plan coupe la surface de la sphère suivant l'un de ses grands cercles; la verticale élevée en a est dans le plan Cca, et elle rencontre la circonférence de ce grand cercle en deux points A, B, dont il s'agit de trouver les projections verticales a', b'. On suppose, à cet effet, que le plan Cca tourne autour de la verticale Cc; le point a décrit, dans le plan horizontal, un arc de cercle dont le centre est c et dont le rayon est ca; les points A, B, décrivent, dans l'espace, des arcs parallèles au plan horizontal, dont les rayons sont égaux à ca; les projections verticales de ces arcs sont parallèles à la ligne de terre xy. Enfin, lorsque le plan qui passe par la verticale Cc a pris une position parallèle au plan vertical $c'xy$, sa trace horizontale est la parallèle cd à xy; le point a vient en m, sur cd, à la distance $cm = ca$; la verticale aAB vient coïncider avec la verticale menée par m et dont la projection verticale est la perpendiculaire mg' à xy; la circonférence du grand cercle de la sphère situé dans le plan Cca, devenant parallèle au plan vertical $c'xy$, sa projection verticale sera la circonférence $q'm's'$ décrite de c' comme centre avec le rayon R de la sphère. Il suit de là, que les points m', n', où la perpendiculaire mg' à xy rencontre la circonférence $q'm's'$, sont les projections verticales des points M, N, où la verticale élevée en m rencontre la circonférence du grand cercle de la sphère situé dans le plan Ccd. Si ce dernier plan tourne autour de la verticale Cc, pour reprendre sa position primitive Cca, la verticale mMN viendra coïncider avec la verticale aAB; les points M, N, décriront des arcs parallèles au plan horizontal, dont les projections verticales seront les parallèles $m'h'$, $n'k'$, à xy; et les points M, N, viendront en A et B; les projections verticales demandées des points A, B, doivent donc se trouver sur les parallèles $m'h'$, $n'k'$. Mais ces projections sont aussi sur la perpendiculaire ae' à xy; les points a', b', où cette perpendiculaire coupe les parallèles $m'h'$, $n'k'$, sont donc les projections cherchées des points A, B, de la surface sphérique.

Ainsi, pour *construire, par cette seconde méthode, les projections verticales des deux points de la surface sphérique dont la projection horizontale est le point donné*, a, on décrit un arc, de c comme centre avec le rayon ca; cet arc coupe la parallèle cd à la ligne de terre xy, en un point m; on tire la perpendiculaire mg' à xy; par les points m', n', où cette perpendiculaire rencontre la circonférence décrite de c' comme centre avec le rayon de la sphère, on mène des parallèles $m'h'$, $n'k'$, à xy; ces parallèles coupent la perpendiculaire ae' à xy, en des points a', b', qui sont les projections verticales demandées des deux points de la surface sphérique dont la projection horizontale commune est a.

288. 38ᵉ PROBLÈME (*fig.* 258). *On propose de construire le plus court chemin d'un point à un autre, sur la surface d'une sphère dont le centre* (c, c') *et le rayon* R *sont donnés.*

Soient a et b les projections horizontales des deux points de la surface sphérique. La verticale élevée en a rencontrera la surface sphérique en deux points dont on déterminera les projections verticales a', α', par l'une quelconque des deux méthodes du n° **287** (on a fait usage dans la figure 258 de la 2ᵉ *méthode*). On construira de même les projections verticales b', $\mathscr{C}'$, des points de la surface sphérique dont la projection horizontale commune est b.

Cela posé : pour *déterminer le plus court chemin* (*sur la sphère*) *du point* (a, a') *au point* (b, b'), on observe que cette ligne étant l'arc de grand cercle qui joint ces deux points (n° **209**), la question se réduit à construire les projections de cet arc. Pour y parvenir, on cherche les traces αt, $\alpha' t'$, du plan qui passe par les trois points (a, a'), (b, b'), (c, c'), (n° **245**); on conçoit ensuite que ce plan tourne autour de sa trace horizontale αt; et l'on construit les rabattemens A', B', C', de ces trois points sur le plan horizontal (n° **276**, 1ᵉʳ *cas*); si la construction a été faite avec exactitude, les distances de C' aux points A', B', seront égales au rayon R de la sphère; l'arc A'M'B', décrit de C' comme centre avec le rayon R, sera le rabattement, sur le plan horizontal, du plus court chemin demandé. Pour construire les projections de cette ligne, on imaginera que le plan C'αt tourne autour de la trace αt, pour reprendre sa position primitive Cαt; l'arc A'M'B', viendra coïncider avec l'arc de grand cercle qui joint le point (a, a') au point (b, b'); et l'une quelconque des méthodes du n° **277** (1ᵉʳ *cas*) servira à déterminer les projections (m, m'), (n, n'), etc., des différens points, M, N, etc., de ce dernier arc.

289. 39e Problème (*fig.* 259). *Connaissant la projection horizontale, a, d'un point* A *situé sur une surface de révolution dont l'axe et la génératrice sont donnés, construire la projection verticale, a', du point* A *de cette surface.*

Nous supposerons que l'*axe* de la surface de révolution est vertical et que tous les points de la *génératrice* sont dans un plan qui passe par l'axe. Tout plan conduit par l'axe, coupera la surface de révolution suivant une ligne qui sera égale à la génératrice; chaque point de la génératrice décrira un arc de cercle dont le centre sera le pied de la perpendiculaire abaissée de ce point sur l'axe, et dont le plan sera horizontal; de sorte que la projection verticale de cet arc sera une parallèle à la ligne de terre xy.

L'axe étant perpendiculaire au plan horizontal, sa projection horizontale est un point c, et sa projection verticale est la perpendiculaire cf' à la ligne de terre xy. Cela posé : si l'on conçoit un plan Z qui passe par l'axe et par le point a, ce plan coupera la surface de révolution suivant une génératrice; la verticale élevée en a, rencontrera cette génératrice au point A dont il s'agit de trouver la projection verticale a'. On obtient cette projection à l'aide de raisonnemens semblables à ceux dont on a fait usage dans la 2e *méthode* du n° **287**; on conçoit que le plan Z tourne autour de l'axe de révolution; le point a décrit, dans le plan horizontal, un arc dont le centre est c et dont le rayon est ca; le point A décrit, dans l'espace, un arc horizontal dont le rayon est égal à ca. Enfin, lorsque le plan Z a pris une position parallèle au plan vertical de projection, sa trace horizontale est la parallèle cd à xy; le point a vient en m, sur cd, à la distance $cm = ca$; la verticale aA vient coïncider avec la verticale menée par m et dont la projection verticale est la perpendiculaire mg' à xy; la génératrice, située dans le plan Z, ayant pris une position parallèle au plan vertical de projection, sa projection verticale $q'm's'$ est connue, car elle est égale à cette même génératrice. Il suit de là que le point m', où la perpendiculaire mg' à xy, rencontre la génératrice $q'm's'$, est la projection verticale du point M, où la verticale élevée en m rencontre la génératrice située dans le plan vertical conduit par cd. Si ce dernier plan tourne autour de l'axe de révolution, pour reprendre sa position primitive Aac, la verticale mM viendra coïncider avec la verticale aA; le point M décrira un arc horizontal dont la projection verticale sera la parallèle $m'h'$ à xy, et M viendra en A. La projection verticale du point A doit donc se trouver sur la droite $m'h'$. Mais cette projection est aussi sur la perpendiculaire ae' à xy. Le point a' d'intersection de ces deux droites sera donc la projection verticale demandée du point A.

Ainsi, pour *construire la projection verticale du point* A, *dont la projection horizontale est le point donné, a,* on décrit un arc de c comme centre avec le rayon ca; cet arc coupe la parallèle cd à la ligne de terre xy, en un point m; on tire la perpendiculaire mg' à xy; par le point m', où cette perpendiculaire rencontre la génératrice $q'm's'$, on mène $m'h'$ parallèle à xy; cette parallèle coupe la perpendiculaire ae' à xy, en un point a' qui est la projection verticale cherchée du point A de la surface de révolution.

1re Remarque. Le problème du n° 287 n'est qu'un cas particulier du problème général que nous venons de résoudre; car *la sphère peut être engendrée par un demi-cercle qui tourne autour de son diamètre.*

2e Remarque (*fig.* 260). Lorsque la génératrice est une ligne droite, qui passe par un point fixe (c, c'), de l'axe vertical de révolution et qui forme un angle constant γ avec cet axe, la surface de révolution devient un *cône droit*. Le plan, mené par l'axe parallèlement au plan vertical $c'xy$, coupe la surface du cône suivant une génératrice qui forme l'angle γ avec l'axe; on obtient la projection verticale de cette génératrice, en tirant par le point c' une droite $c's'$ sous l'angle $qc's' = \gamma$. Le plan horizontal coupe la surface du cône suivant une circonférence dont le centre est c et dont le rayon est égal à qs'.

La construction qui vient d'être indiquée fournit le moyen

de trouver la projection verticale a', du point de la surface du cône dont la projection horizontale est le point donné a.

290. 40ᵉ PROBLÈME. *Connaissant les projections* (a, a'), (b, b'), (c, c'), (d, d'), (e, e'), *etc., de plusieurs points* A, B, C, D, E, *etc., de l'espace, reconnaître si tous les points* A, B, C, D, E, *etc., sont dans un même plan.*

On cherchera d'abord les traces du plan P qui passe par les trois points A, B, C, (nº **245**). Par la projection verticale d' du point D, on concevra une perpendiculaire au plan vertical de projection, et l'on déterminera la projection horizontale du point de rencontre de cette perpendiculaire avec le plan P (nº **247**); pour que le point D soit dans le plan P, il faut et il suffit que la projection horizontale de D (ainsi déterminée), coïncide avec la projection donnée d.

On reconnaîtra de même, si le point E est dans le plan P et ainsi de suite.

NOTES.

Note sur le nº **242**.

291. Les constructions indiquées (nº **242**) pour déterminer l'intersection de deux plans sont en défaut, lorsque les traces de ces plans passent par un même point de la ligne de terre, et lorsque les traces horizontales ou verticales se coupent en un point qui sort des limites de la feuille sur laquelle on veut tracer l'*épure*. Dans ces deux cas, pour *trouver l'intersection des plans dont les traces sont données*, on coupe ces plans par un plan *auxiliaire* que l'on dispose de manière que ses intersections avec les deux plans donnés se rencontrent en un point dont les projections ne sortent pas des limites de l'*épure*; ce point appartient à l'intersection demandée.

1ᵉʳ CAS (fig. 261 et 262). Soient αt, $\alpha t'$, les traces de l'un des plans, et αT, αT', les traces de l'autre plan. Ces plans passant par le point α, les projections de leur intersection passeront aussi par ce point; il suffit donc de trouver les projections d'un autre point de cette intersection.

1ʳᵉ MÉTHODE (fig. 261). On coupe les plans $t\alpha t'$, TαT', par un plan auxiliaire $c\mathcal{C}c'$. On construit les projections bd, $b'd'$, de l'intersection db' des plans $c\mathcal{C}c'$, $t\alpha t'$; et les projections eg, $e'g'$, de l'intersection ge' des plans $c\mathcal{C}c'$, $T\alpha T'$. Les droites bd, eg, se coupent en a; les droites $b'd'$, $e'g'$, se coupent en a'; et les points a, a', ainsi déterminés, sont les projections du point de rencontre des droites db', ge'; le point (a, a') appartient à l'intersection demandée des plans $t\alpha t'$, $T\alpha T'$. Les droites αf, $\alpha f'$, menées du point α aux points a, a', sont les projections de l'intersection des plans $t\alpha t'$, $T\alpha T'$.

2ᵉ Méthode (fig. 262). Par un point quelconque $\mathcal{C}$ de la ligne de terre xy, on mène un plan V perpendiculaire à cette ligne; la trace horizontale du plan V est la perpendiculaire $\mathcal{C}c$ à xy, et sa trace verticale est la perpendiculaire $\mathcal{C}c'$ à xy. Le plan V coupe les plans $t\alpha t'$, $T\alpha T'$, suivant deux droites l, l'; et ces droites se rencontrent en un point A qui appartient à l'intersection des plans $t\alpha t'$, $T\alpha T'$.

Pour obtenir les projections du point A, on conçoit d'abord que le plan V tourne autour de sa trace horizontale $\mathcal{C}c$; et l'on cherche les rabattemens dB', gE', des intersections l, l', sur le plan horizontal $c\mathcal{C}y$; les droites dB', gE', se coupent en un point A' qui est le rabattement de A; et l'on en déduit facilement les projections du point A. Nous allons exécuter ces constructions.

L'intersection des plans $c\mathcal{C}c'$, $t\alpha t'$, est la droite l, qui rencontre le plan horizontal en d, et le plan vertical en b'; cette intersection est donc l'hypoténuse d'un triangle dont les deux côtés de l'angle droit sont $\mathcal{C}d$, $\mathcal{C}b'$. De même, la droite l', qui rencontre les plans de projection aux points g, e', est l'hypoténuse du triangle dont les deux côtés de l'angle droit sont $\mathcal{C}g$ et $\mathcal{C}e'$.

Si le plan V tourne autour de sa trace horizontale $\mathcal{C}c$, les points d, g, des droites l, l', resteront fixes; les points b', e', de ces droites, décriront dans le plan vertical $c'\mathcal{C}y$, des arcs dont le centre commun sera $\mathcal{C}$ et dont les rayons seront $\mathcal{C}b'$, $\mathcal{C}e'$; les points B', E', où ces arcs coupent la ligne de terre, seront les rabattemens des points b', e', sur le plan horizontal $c\mathcal{C}y$; et par suite, les droites dB', gE', seront les rabattemens des intersections l, l'. Le point A', où les droites dB', gE', se rencontrent, sera donc le rabattement de l'intersection A des lignes l, l'.

Enfin, si le plan $c\mathcal{C}y$ tourne autour de la trace $\mathcal{C}c$, pour reprendre sa position V, perpendiculaire à xy, les droites dB', gE', viendront coïncider avec les intersections l, l'; le point A' viendra coïncider avec le point A dont la projection horizontale sera le pied a de la perpendiculaire abaissée de A' sur la trace $\mathcal{C}c$. La distance Aa, du point A au plan horizontal, étant égale à A'a, on obtiendra la projection verticale a' de A, en prenant sur $\mathcal{C}c'$ une longueur $\mathcal{C}a' = a$A'.

Ainsi, pour *construire, par cette seconde méthode, les projections de l'intersection de deux plans* $t\alpha t'$, $T\alpha T'$, *qui passent par un même point* α *de la ligne de terre* xy, on tire une perpendiculaire quelconque cc' à xy, qui rencontre les droites $\alpha t'$, $\alpha T'$, xy, αt, αT, en des points b', e', $\mathcal{C}$, d, g; on décrit des arcs de $\mathcal{C}$ comme centre avec les rayons $\mathcal{C}b'$,

$\mathcal{C}c'$; ces arcs rencontrent la ligne de terre en des points B′, E′ ; par le point A′ d'intersection des droites dB', gE', on tire des perpendiculaires $A'a$, $A'p$, aux lignes $\mathcal{C}c$, $\mathcal{C}y$; on décrit un arc de $\mathcal{C}$ comme centre avec le rayon $\mathcal{C}p$; cet arc rencontre la droite $\mathcal{C}c'$ en a'. La droite af, menée par les points α, a, est la projection horizontale de l'intersection des plans $t\alpha t'$, $T\alpha T'$; et la droite $\alpha f'$, menée par les points α, a', est la projection verticale de cette même intersection.

2e Cas. 1re Méthode (fig. 263). Soient, αt, $\alpha t'$, les deux traces de l'un des plans donnés, et $\mathcal{C}T$, $\mathcal{C}T'$, les deux traces de l'autre plan. La position du plan auxiliaire V étant arbitraire, nous le supposerons parallèle au plan vertical de projection ; sa trace horizontale sera une parallèle cd à la ligne de terre xy; il coupera les plans $t\alpha t'$, $T\mathcal{C}T'$, suivant des droites l, l', qui concourront vers un même point A de l'intersection demandée des plans $t\alpha t'$, $T\mathcal{C}T'$. Les droites l, l', rencontrent le plan horizontal aux points c, d; dont les projections verticales sont les pieds c', d', des perpendiculaires menées des points c, d, sur xy; de sorte que les points c', d', appartiennent respectivement aux projections verticales des droites l, l'. Mais les lignes l, l', étant respectivement parallèles aux traces verticales $\alpha t'$, $\mathcal{C}T'$ (no 153), leurs projections verticales sont aussi parallèles à ces mêmes traces (no 223); on obtiendra donc les projections verticales des droites l, l', en conduisant par c' et d' des parallèles $c'g'$, $d'h'$, aux traces verticales $\alpha t'$, $\mathcal{C}T'$. Les droites $c'g'$, $d'h'$, se rencontrent en un point a' qui est la projection verticale d'un point A de l'intersection des plans $t\alpha t'$, $T\mathcal{C}T'$. Le point A étant dans le plan vertical V dont la trace horizontale est cd, la projection horizontale de A est sur cd; la perpendiculaire à xy, menée par a', rencontre cd en un point a qui est la projection horizontale du point A (no 235).

Ainsi, pour *trouver les projections d'un point de l'intersection des plans* $t\alpha t'$, $T\mathcal{C}T'$, on tire une parallèle quelconque à la ligne de terre xy; par les points c, d, où cette parallèle rencontre les traces horizontales αt, $\mathcal{C}T$, on mène des perpendiculaires à xy, et par les pieds c', d', de ces perpendiculaires, on conduit des parallèles $c'g'$, $d'h'$, aux traces verticales $\alpha t'$, $\mathcal{C}T'$; par le point d'intersection a' des droites $c'g'$, $d'h'$, on tire une perpendiculaire à xy qui rencontre cd en a; les points a', a, ainsi déterminés, sont les projections demandées d'un point A de l'intersection des plans $t\alpha t'$, $T\mathcal{C}T'$.

On trouvera de même les projections b, b', d'un second point B de l'intersection des plans $t\alpha t'$, $T\mathcal{C}T'$, en menant un autre plan parallèle au plan vertical de projection.

Les droites ab, $a'b'$, indéfiniment prolongées, seront les projections demandées de l'intersection des plans $t\alpha t'$, $T\mathcal{C}T'$.

On pourrait aussi déterminer les projections de l'intersection des plans $t\alpha t'$, $T\mathcal{C}T'$, en coupant ces plans par deux plans auxiliaires parallèles au plan horizontal.

Remarque. Pour qu'un plan auxiliaire, mené parallèlement à l'un des plans de projection, détermine un point de l'intersection des deux plans donnés, il faut et il suffit que ce plan auxiliaire rencontre les deux traces horizontales ou verticales des plans donnés, et coupe ces plans suivant des lignes dont les projections verticales ou horizontales se rencontrent en un point qui ne sorte pas des limites de la feuille sur laquelle on veut tracer l'*épure*. Lorsque les traces des plans donnés seront disposées de manière qu'aucun plan auxiliaire, parallèle à l'un des plans de projection, ne pourra satisfaire à la condition que nous venons d'indiquer, il faudra recourir à la méthode suivante :

2e Méthode. Par la ligne de terre xy (fig. **264**) on mène un plan auxiliaire quelconque; il coupe les plans donnés $t\alpha t'$, $T\mathrm{C}T'$, suivant deux droites αK, $\mathrm{C}R$ (situées dans l'espace), qui passent respectivement par les points connus α, C, et qui se rencontrent en un certain point M de l'intersection cherchée AB des plans $t\alpha t'$, $T\mathrm{C}T'$. Pour trouver un autre point de chacune des droites αK, $\mathrm{C}R$, on mène arbitrairement un plan V parallèle au plan vertical de projection; sa trace horizontale est une parallèle pq à xy (no **230**); il coupe le plan $\alpha M\mathrm{C}$ suivant une droite PQ qui est parallèle à xy, car pq étant parallèle à xy, si par un point quelconque de l'intersection PQ des plans PQxy, PQpq, on tirait une parallèle à xy, cette droite, qui serait aussi parallèle à pq (no **136**), serait tout entière dans chacun de ces deux plans (no **123**). Le plan V rencontre les droites αK, $\mathrm{C}R$, en des points E, F, situés dans l'espace. Chacun des points c, E, se trouvant à la fois dans le plan PQpq et dans le plan $t\alpha t'$, la droite cG qui passe par c et E, est l'intersection de ces deux plans. Cette intersection est parallèle à la trace verticale $\alpha t'$ du plan $t\alpha t'$ (no **153**). Par une raison semblable, la droite dH, menée par les points d, F, est l'intersection des plans PQpq, $T\mathrm{C}T'$, et cette intersection est parallèle à la trace verticale $\mathrm{C}T'$ du plan $T\mathrm{C}T'$.

Nous allons faire voir, dans la *figure* 265, comment on peut construire les projections des droites PQ, cG, dH (fig. 264), situées dans l'espace; nous en déduirons successivement les projections des points E, F, où la première droite coupe les deux autres, et les projections des droites αK, $\mathrm{C}R$; les droites αK, $\mathrm{C}R$, se rencontreront en un point M qui appartiendra à l'intersection cherchée des plans $t\alpha t'$, $T\mathrm{C}T'$.

Les droites PQ, cG, dH, étant dans le plan vertical dont la trace horizontale est pq, leurs projections horizontales se confondent avec cette trace.

La droite PQ étant parallèle à la ligne de terre xy, sa projection verticale est parallèle à xy (no **223**). D'ailleurs, chacun des plans $M\alpha\mathrm{C}$, EFcd, pouvant prendre une infinité de positions, il est facile de les disposer de manière que les projections du point M ne sortent pas des limites de la feuille sur laquelle on trace l'*épure*, et une parallèle quelconque $p'q'$ à xy peut être considérée comme la projection verticale de la droite PQ.

On vient de voir que les droites cG, dH, sont respectivement parallèles aux traces verticales $\alpha t'$, CT'; et comme elles rencontrent le plan horizontal aux points c, d, dont les projections verticales sont les pieds c', d', des perpendiculaires menées de c et d sur xy, on obtiendra les projections verticales des droites $c\mathrm{G}$, $d\mathrm{H}$, en tirant par les points c', d', des parallèles $c'g'$, $d'h'$, aux traces verticales $\alpha t'$, CT'.

La droite $p'q'$ rencontre les droites $c'g'$, $d'h'$, en des points e', f', qui sont les projections verticales des points E, F; et les pieds e, f, des perpendiculaires abaissées des points e', f', sur pq, sont les projections horizontales des mêmes points E, F. Il suit de là que les droites $\alpha e'k'$, αek, sont les projections de la droite $\alpha\mathrm{K}$, et que les droites $Cf'r'$, Cfr, sont les projections de la droite $C\mathrm{R}$.

Enfin, les droites $\alpha k'$, Cr', se coupent en un point m' qui est la projection verticale cherchée du point M, et l'intersection m des droites αk, Cr, est la projection horizontale du même point M.

D'après ces considérations, pour *construire les projections de l'intersection des deux plans* $t\alpha t'$, TCT' (fig. 265), on tire deux parallèles quelconques pq, $p'q'$, à la ligne de terre xy; par les points c, d, où pq rencontre les traces horizontales αt, CT, des plans donnés, on mène des perpendiculaires à xy; et par les pieds c', d', de ces perpendiculaires, on conduit des parallèles $c'g'$, $d'h'$, aux traces verticales $\alpha t'$, CT', qui rencontrent $p'q'$, en e' et f'; par les points α, e', on tire la droite $\alpha k'$; et par les points C, f', on tire la droite Cr'; les droites $\alpha k'$, Cr', se coupent en m'; par e' et f', on abaisse des perpendiculaires à xy qui rencontrent pq en e et f; les droites αk, Cr, menées par α, e, et par C, f, se coupent en m; les points m', m, ainsi déterminés, sont les projections d'un point M de l'intersection cherchée des plans $t\alpha t'$, TCT'; de sorte que la droite $m'm$ doit être perpendiculaire à xy.

On obtiendra, d'une manière semblable, les projections n, n', d'un second point N de l'intersection demandée.

Les droites mn, $m'n'$, indéfiniment prolongées, seront les projections de l'intersection des deux plans donnés $t\alpha t'$, TCT'.

Remarque. Lorsque les diverses constructions que nous venons d'indiquer seront en défaut, on pourra en conclure, que les projections de tous les points de l'intersection des deux plans donnés, sortent des limites de la feuille sur laquelle on veut tracer l'*épure*.

Note sur le n° 246.

292. La construction indiquée (n° **246**), pour *trouver les traces du plan déterminé par deux droites qui se coupent*, est en défaut lorsque les projections de ces droites passent par un même point α de la ligne de terre. Dans ce cas particulier, les traces du plan cherché passant par le point α, il suffit de trouver un autre point de chacune de ces traces; à cet effet, on prend un point sur l'une des droites et un point sur l'autre droite; la droite menée par ces deux points étant tout entière dans le plan cherché, ses points de rencontre avec les deux plans de projection déterminent un second point de chacune des traces cherchées.

Par exemple, soient αb, $\alpha b'$ (fig. 266), les projections de l'une des droites; et αc, $\alpha c'$, les projections de l'autre droite; par deux points d, e, des projections horizontales αb, αc, des droites données, on mène des perpendiculaires à la ligne de terre xy, qui rencontrent en d' et e' les projections verticales $\alpha b'$, $\alpha c'$, de ces droites; d et d' sont les projections d'un point D de la droite (αb, $\alpha b'$); et e, e', sont les projections d'un point E de la droite (αc, $\alpha c'$); la droite DE, menée par les points D, E, sera tout entière dans le plan demandé; ses projections seront les droites de, $d'e'$; et en cherchant les points m, n', où la droite DE prolongée rencontre les plans de projection, les droites αt, $\alpha t'$, menées du point α aux points m, n', seront les traces demandées du plan qui passe par les deux droites données.

Note sur le n° 272.

293. Problème (fig. **267**). *Connaissant deux angles plans, b, c, d'un angle solide triple, et l'angle dièdre $\mathcal{C}$ opposé à l'angle plan, b, construire le troisième angle plan, a, et les deux autres angles dièdres α, γ,* (n° **272**).

Les raisonnemens qui ont conduit (n° **272**) à la construction de l'angle plan a, sont ceux dont on fait usage habituellement. Nous allons faire voir que la *théorie des rabattemens* peut servir à simplifier ces raisonnemens.

Nous supposerons que l'angle plan ASB $= c$, formé par les arêtes SA, SB, de la pyramide, est dans le plan horizontal de projection, et que le plan vertical de projection est perpendiculaire à l'arête SA, en un point quelconque g; de sorte que la ligne de terre xy sera perpendiculaire à SA.

Pour *trouver le point* F', *où la troisième arête* SC *de la pyramide rencontre le plan vertical* F'xy, on conçoit que le plan CSA tourne autour de sa trace horizontale SA, pour se rabattre sur le plan horizontal Sxy; l'arête SC (située dans l'espace) formant avec SA, l'angle donné b, on obtiendra le rabattement de SC sur le plan horizontal Sxy, en tirant, dans ce plan, la droite SD sous l'angle ASD $= b$; le point cherché F' (de SC) décrira dans le plan vertical F'xy, un arc de cercle dont le centre sera g; ce point se rabattra donc au point f, où SD rencontre xy. Le point F' demandé se trouvera donc sur l'arc $f\delta$F'', décrit de g comme centre avec le rayon connu gf; et Sf sera la vraie distance du point S au point F'.

Pour obtenir une seconde ligne qui contienne le point F', on observe que ce point de l'arête SC, étant dans le plan CSB et dans le plan vertical F'xy, doit se trouver sur la trace verticale pZ' du plan CSB. Or, on connaît la trace horizontale SB du plan CSB et l'angle $\mathcal{C}$ qu'il forme avec le plan horizontal ASB; il est donc facile de construire la trace pZ' (pages 176 et 177); à cet effet, on tire par g, la perpendiculaire gr à SB et la perpendiculaire gH' à gr; par le pied r de la perpendiculaire gr, on mène la droite rK, sous l'angle $grK = \mathcal{C}$; les lignes gH', rK, se coupent en un point m; on décrit un arc du point g comme centre avec le rayon connu gm; cet arc rencontre la perpendiculaire gA à xy en un point n qui appartient à la trace pZ' demandée. On trouvera donc cette trace en tirant une droite par les points connus p, n.

Le point F' devant se trouver sur l'arc $f\delta F''$ et sur la trace pZ', sera déterminé par l'intersection de ces deux lignes.

Enfin, si l'on conçoit que le plan CSB tourne autour de sa trace horizontale SB, pour se rabattre sur le plan horizontal Sxy, les distances du point F' (de SC) aux points fixes S, p, ne changeront pas; et comme on vient de voir que la première de ces distances est égale à fS, le point F' se rabattra, sur le plan horizontal, en un point f' qui sera déterminé par l'intersection des arcs décrits des points S et p comme centres avec les rayons connus Sf, pF'. La droite SE', menée par les points S, f', sera donc le rabattement de l'arête SC sur le plan horizontal, et l'angle BSE' sera égal à l'angle cherché a.

Lorsque les *données*, b, c, $\mathcal{C}$, sont telles qu'on les a supposées dans la *figure* 267, la circonférence, décrite de g comme centre avec le rayon gf, coupe la droite pZ' en deux points F', F''; les circonférences décrites de p comme centre avec les rayons pF', pF'', coupent la circonférence décrite de S comme centre avec le rayon Sf, en des points f', f''; et en tirant les droites $Sf'E'$, $Sf''E''$, on obtient deux solutions dans lesquelles les valeurs de la troisième face a sont BSE' et BSE''. De sorte que les *données*, b, c, $\mathcal{C}$, appartiennent à deux pyramides différentes.

Il est facile de voir que ces raisonnemens conduisent à la construction indiquée dans le nº **272**.

Remarque. Après avoir trouvé le point F', où l'arête SC perce le plan vertical $F'xy$, on peut faire usage de la méthode du nº **276** (1er *cas*) pour construire le rabattement f' de F'; car le pied ν de la perpendiculaire abaissée de F' sur xy étant la projection horizontale de F', le rabattement de F' sera sur la perpendiculaire $\nu d'$ à la trace horizontale SB du plan F'SB (page 170, 3e *remarque*); et comme d'après ce qu'on a vu (page 169), la distance de d à F', est l'hypoténuse d'un triangle dont les deux côtés de l'angle droit sont νd et $\nu F'$, pour obtenir cette distance, on décrira un arc, du point ν comme centre avec le rayon $\nu F'$; cet arc coupera la perpendiculaire νq à $\nu d'$, en h; la distance dF' sera égale à l'hypoténuse dh; et l'arc, décrit de d comme centre avec le rayon dh, rencontrera dd' au point f' demandé.

Les angles plans a, b, c, étant connus, le procédé du nº **268** servira ensuite à construire les angles dièdres α, γ.

PROBLÈMES DE GÉOMÉTRIE

PROPOSÉS DANS LES CONCOURS GÉNÉRAUX DES COLLÉGES DE PARIS (ANNÉES 1811,..., 1837).

Classes de mathématiques élémentaires.

294. Année **1811**. PROBLÈME (*fig.* 268). Un demi-cercle ABE fait une révolution complète autour de son diamètre AE ; on propose de déterminer le secteur circulaire ABC, de manière que le segment sphérique engendré par le segment circulaire APB soit au cône engendré par le triangle rectangle BPC, dans le rapport de deux lignes données m et n. On fera la discussion, lorsque $m = n$, et lorsque $m = 3n$.

1812. PROBLÈME (*fig.* 269). Étant donné un triangle ABC, trouver un point O dans l'intérieur de ce triangle tel, que les triangles COA, AOB, BOC, soient égaux entre eux.

1813. PROBLÈME (*fig.* 270). Étant donnés un triangle ABC, et un point M sur un des côtés, mener par ce point deux droites MN, MP, telles, qu'en tirant la droite NP, le triangle MNP soit semblable à un triangle donné DEF.

1814. PROBLÈME. Étant donnés trois plans rectangulaires, et une droite située sur l'un d'eux, faire passer par cette droite un quatrième plan tel, que le triangle intercepté ait une surface donnée.

REMARQUE. Le problème suivant avait été d'abord proposé ; les élèves y ont renoncé.

PROBLÈME. 1°. Inscrire un triangle équilatéral ABC (*fig.* 271) dans trois circonférences concentriques, dont les rayons $OA = R, OB = R', OC = R''$, sont donnés ; 2°. trouver l'expression analytique du côté α de ce triangle, et donner la construction de α, lorsque $R = R' + R''$.

1815. Il n'y a pas eu de concours.

1816. PROBLÈME. Un prisme droit étant donné, on propose de le couper par un plan qui détermine un triangle équilatéral. Ce problème a été proposé aussi en 1828.

1817. PROBLÈME (*fig.* 272). Étant donné un tétraèdre ABCD, déterminer un point intérieur O tel, que les quatre tétraèdres, ayant pour sommet le point O, et pour bases les faces ABC, ACD, ABD, BCD, du tétraèdre ABCD, soient équivalens entre eux.

1818. PROBLÈME (*fig.* 273). Trois circonférences étant données dans un même plan, trouver sur l'une d'elles un point A tel, que les tangentes AB, AC, menées de ce point aux deux autres circonférences soient de même longueur.

1819. PROBLÈME (*fig.* 274). Étant donné un point O, sur la droite AE qui divise en deux parties égales l'angle connu BAC, mener par le point O une droite XY telle, que $OX^2 + OY^2$ soit égale à un carré donné, ou que OX soit à OY, dans le rapport de deux lignes données.

1820. 1er PROBLÈME (*fig.* 273). Étant donnés dans un plan trois circonférences, trouver sur l'une d'elles un point A tel, que la différence entre les carrés des tangentes AB, AC, menées par ce point aux deux autres circonférences, soit équivalente à un carré donné.

2e PROBLÈME (*fig.* 275). Étant donnés dans un plan, deux points A, B, et une circonférence, trouver sur cette circonférence un point C, dont les distances aux points A et B soient entre elles dans le rapport de deux lignes données.

1821. PROBLÈME (*fig.* 276). On propose de trouver sur une circonférence un point A tel, qu'en désignant par a et b des lignes données, par m^2 un carré donné, et par x, y, les distances AB, AC, du point A à deux points B, C, donnés sur cette circonférence, on ait

$$x^2 - y^2 = m^2, \quad \text{ou} \quad x + y : x - y :: a : b, \quad \text{ou} \quad xy = m^2.$$

1822. 1er PROBLÈME (*fig.* 277). Étant donnés deux cercles situés sur un même plan, trouver dans ce plan un point A tel, que deux tangentes AB, AC, menées par ce point aux deux cercles soient égales, et forment entre elles un angle donné.

2e PROBLÈME (*fig.* 278). Étant donnés, dans un plan, un cercle et une tangente TD à ce cercle, trouver sur la circonférence un point A tel, que la somme de ses distances AB, AT, à la tangente et au point T de contact, soit égale à une longueur donnée.

3e PROBLÈME. Étant donnés dans un plan, deux cercles et un point, tracer deux cordes, l'une dans le premier cercle, l'autre dans le deuxième, de telle manière que ces cordes, prolongées (s'il est nécessaire), passent par le le point donné ; et que les tangentes menées aux deux cercles par les quatre extrémités de ces deux cordes, viennent se couper en un même point.

1823. 1er PROBLÈME (*fig.* 279). Inscrire, dans un cercle donné un triangle isocèle ABC, dont la base BC et la hauteur AP forment une somme BC + AP égale à une longueur donnée.

2e PROBLÈME. Construire avec des côtés donnés, un parallélogramme dont les diagonales forment une somme donnée.

1824. PROBLÈME (*fig.* 280). Circonscrire un trapèze ABCD à un cercle donné, de manière que deux côtés de ce trapèze soient égaux en longueur à deux droites données. On examinera les trois cas qui peuvent se présenter, suivant que l'on considère comme connus, les deux côtés parallèles AB, DC, ou les deux côtés opposés non parallèles AD, BC, ou deux côtés adjacens AD, DC.

1825. 1er Problème (*fig.* 281). Étant donnés dans un plan deux cercles et un point P, on propose de mener à ces cercles deux tangentes parallèles AC, BE, de manière que la droite AP, menée du point de contact A de la première tangente au point P, soit dans un rapport donné avec le prolongement PS de cette droite compris entre le point P et l'autre tangente.

2e Problème (*fig.* 282). Étant donnés dans un plan une circonférence et un triangle ABC, trouver sur la circonférence un point X tel, que les carrés des distances de ce point aux trois sommets A, B, C, du triangle, forment une somme équivalente à un carré donné.

1826. Problème. Étant tracés dans un plan deux triangles équilatéraux, trouver sur la ligne qui joint leurs *centres*, un point tel, que la somme des carrés des distances de ce point aux côtés du premier triangle, et la somme des carrés des distances du même point aux côtés du second triangle, soient entre elles dans un rapport donné.

1827. 1er Problème. Étant donnés dans un quadrilatère plan, deux angles opposés, avec les deux diagonales et l'angle que ces deux diagonales forment entre elles, construire le quadrilatère.

2e Problème. Étant donnés dans un trapèze, les angles et les deux diagonales, construire ce trapèze.

1828. Problème. Les trois côtés du triangle qui sert de base à un prisme triangulaire droit étant donnés, on coupe ce prisme par un plan tel que la section soit un triangle équilatéral, et l'on demande :

1°. La valeur du carré du côté de ce triangle équilatéral, qui est donné par une équation du second degré.

2°. Ce qu'il reste à faire, quand on a construit une droite égale à ce côté, pour déterminer la situation du plan coupant en l'assujétissant à passer par un point donné sur l'une des arêtes du prisme.

3°. Les réductions qu'éprouve l'équation du second degré, quand la base du prisme est un triangle isocèle, ou un triangle rectangle, ou un triangle isocèle et rectangle.

4°. Le nombre de solutions dont la question est en général susceptible; et les circonstances où il y en a moins, dans les différens cas qui peuvent se présenter. On discutera les cas particuliers qu'on vient d'indiquer où l'équation prend une forme plus simple.

1829. Problème (*fig.* 283). Un triangle ABC étant donné, on propose de diviser sa surface, par une parallèle DE à la base AB, en *moyenne et extrême raison*; c'est-à-dire, de manière que la surface du trapèze ADEB, soit moyenne proportionnelle entre celle du triangle total ABC, et celle du petit triangle CDE. On fera bien de remarquer la manière dont les côtés

CA, CB, sont divisés par la parallèle DE à la base AB ; elle présente avec la manière dont l'aire ABC est divisée, une réciprocité digne d'attention.

1830. Problème (*fig.* 275). On donne dans un plan deux points fixes A, B, et un cercle dont un observateur parcourt la circonférence. On demande les points de la circonférence, d'où cet observateur apercevra la droite AB sous un angle ACB *maximum* ou *minimum*.

1831. Problème (*fig.* 284). Mener une sécante AD, commune à deux cercles (donnés dans un même plan), de manière que la somme des cordes AB, CD, interceptées dans les deux cercles, soit égale à une droite donnée, et que le rectangle construit sur ces deux cordes soit équivalent à un carré donné.

1832. Problème. Calculer la surface engendrée par le décagone régulier inscrit dans un cercle et tournant autour d'un diamètre qui passe par deux de ses sommets. On donnera la formule algébrique dont on fera usage ; et l'on démontrera la théorie de la géométrie des corps ronds, sur laquelle cette formule est fondée. En prenant le rayon du cercle circonscrit pour unité, l'approximation devra être poussée jusqu'aux centièmes inclusivement dans le calcul de la surface demandée.

1833 et **1836.** On n'a proposé aucun problème de géométrie élémentaire.

1834. Problème (*fig.* 285). Soit P un point donné dans le plan d'un angle ACB ; mener par ce point une droite PDE qui retranche de l'angle ACB un triangle DCE, dont le contour soit donné. On aura soin de déterminer le cas où le problème est impossible.

1835. Problème. Construire un triangle dont la base est donnée en grandeur et en direction, dont la somme des deux autres côtés est aussi donnée, et dont le sommet doit se trouver sur une droite donnée de position.

1837. Problème. On suppose que la Terre est une sphère dont le rayon est de 6366203 mètres (*). On propose de calculer, en mètres cubes, le volume d'un segment de la Terre, équivalent au cône qui a son sommet au centre de la Terre, et qui a même *base* que le segment. On entend ici par *base* d'un segment sphérique, le petit cercle qui le termine.

(*) Consulter mon *Petit Traité élémentaire d'Arithmétique* (page 179).

Classes de mathématiques spéciales.

295. Année **1812**. Problème (*fig.* 177). Étant donné un *quadrilatère gauche* (page 110) ABCD, dont les côtés ne sont pas dans un même plan, on demande :

1°. L'équation de la *surface gauche* engendrée par le mouvement d'une droite EF, qui s'appuie constamment sur les deux côtés opposés AD, BC, du quadrilatère, de manière que l'on ait la proportion

AE : ED :: BF : FC.

2°. L'équation de la *surface gauche*, engendrée d'une manière analogue par une droite GH, qui s'appuie constamment sur les deux autres côtés DC, AB, avec la condition

DG : GC :: AH : HB.

3°. On demande enfin, si les deux surfaces, ainsi engendrées, sont les mêmes.

1822. Problème. Étant donnés, dans un plan, un parallélogramme et une droite, on demande de construire, avec la règle et le compas, les points où la droite serait rencontrée par une *ellipse* inscrite au parallélogramme, et qui toucherait les quatre côtés du parallélogramme en leurs milieux.

1824. Problème. Étant donnés, le périmètre d'un triangle, avec les rayons des cercles inscrit et circonscrit, déterminer les longueurs des trois côtés de ce triangle. Après avoir exposé la solution générale du problème, on en fera l'application au cas particulier dans lequel le périmètre est représenté par le nombre 24, le rayon du cercle inscrit par 2, et le rayon du cercle circonscrit par 5. On cherchera ensuite les relations qui doivent avoir lieu entre le périmètre et les rayons donnés, pour que le triangle devienne isocèle, ou équilatéral, ou rectangle; et l'on montrera comment la solution se simplifie dans ces différens cas.

1827. Problème. Étant donnée une droite AB, dont la position et la longueur sont invariables, trouver dans l'espace un point M tel, qu'en le joignant avec les extrémités de cette droite, la différence des angles intérieurs A et B du triangle MAB, soit égale à un angle donné α. Après avoir trouvé l'équation générale de la surface formée par tous les points qui jouissent de la propriété indiquée, on pourra borner la discussion au cas où l'angle donné α est droit; et au cas où l'angle α étant quelconque, on ne considère que les points situés dans le plan xy, ce qui suppose qu'on a pris la droite AB pour axe des x ou des y.

1828. Problème. Connaissant le *paramètre* d'une *parabole*, donnée dans un plan, mener par le *foyer* de cette courbe une droite terminée de part et d'autre par la parabole, et égale à une ligne donnée. Quand la question sera résolue, il sera bon de déterminer la droite cherchée par une construction faite sur la figure, et d'examiner quel est le nombre de solutions dont la question est en général susceptible, dans quel cas elle n'en a qu'une, et dans quel cas elle devient impossible.

1829. 1er PROBLÈME. Une surface sphérique et une surface de cylindre droit à base circulaire étant données, et se coupant suivant une courbe à *double courbure*, on suppose que de tous les points de cette courbe, on abaisse des perpendiculaires sur le plan P, qui passe par le centre de la sphère et par l'axe du cylindre. On demande l'équation de la courbe formée par tous les points où le plan P est rencontré par ces perpendiculaires.

2e PROBLÈME. Connaissant le *paramètre* d'une *parabole*, donnée dans un plan, mener par le *foyer* de cette courbe une droite terminée de part et d'autre à la parabole, et telle que le foyer partage cette droite en deux portions qui soient entre elles dans le rapport de n à l'unité.

1833. PROBLÈME. Couper un triangle par une droite, de manière que les surfaces des deux parties du triangle soient entre elles dans un rapport donné, et qu'elles aient leurs *centres de gravité* sur une ligne perpendiculaire à la sécante. On résoudra le problème :

1°. Lorsque les deux côtés coupés du triangle sont égaux.

2°. Lorsque les trois côtés sont égaux.

1837. PROBLÈME. Étant données dans un plan deux *paraboles* égales, dont les sommets se touchent, et dont les axes sont tournés en sens contraires, on suppose que l'une d'elles roule sur l'autre, de manière que dans chacune des positions qu'elle vient occuper successivement, elle lui soit toujours tangente en un point également éloigné du sommet de la parabole fixe, et du sommet de la parabole mobile; pendant ce mouvement, le sommet de cette dernière courbe décrit une courbe dont on demande l'équation. L'équation étant trouvée, on remarquera à quel degré elle s'élève; on en déduira la forme de la courbe, et l'on examinera surtout la marche que suit la tangente à cette courbe, quand on fait passer l'*abscisse* par tous les états de grandeur.

FIN DES NOTES.

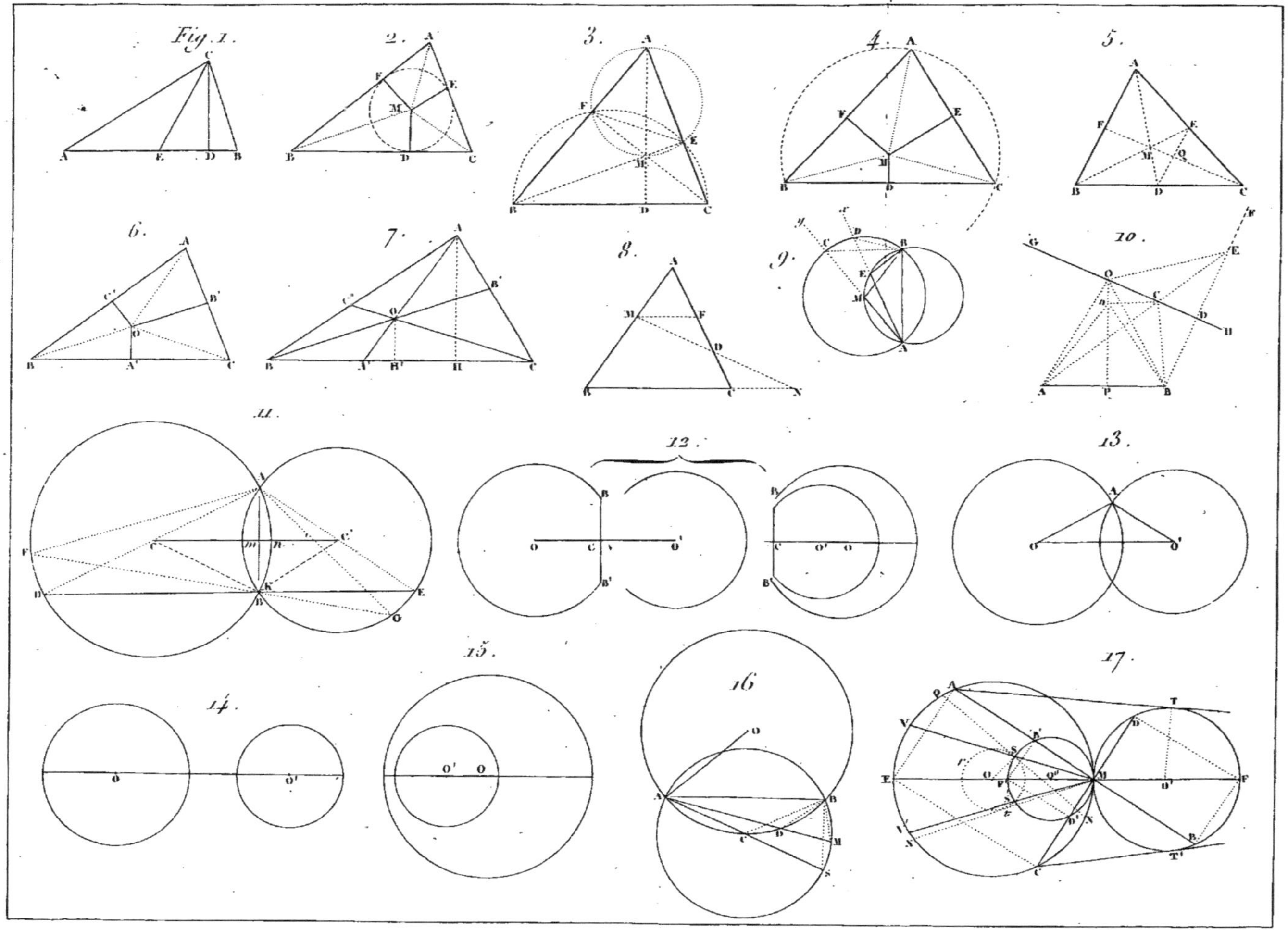

Fig. 1. 2. 3. 4. 5.

6. 7. 8. 9. 10.

11. 12. 13.

14. 15. 16. 17.

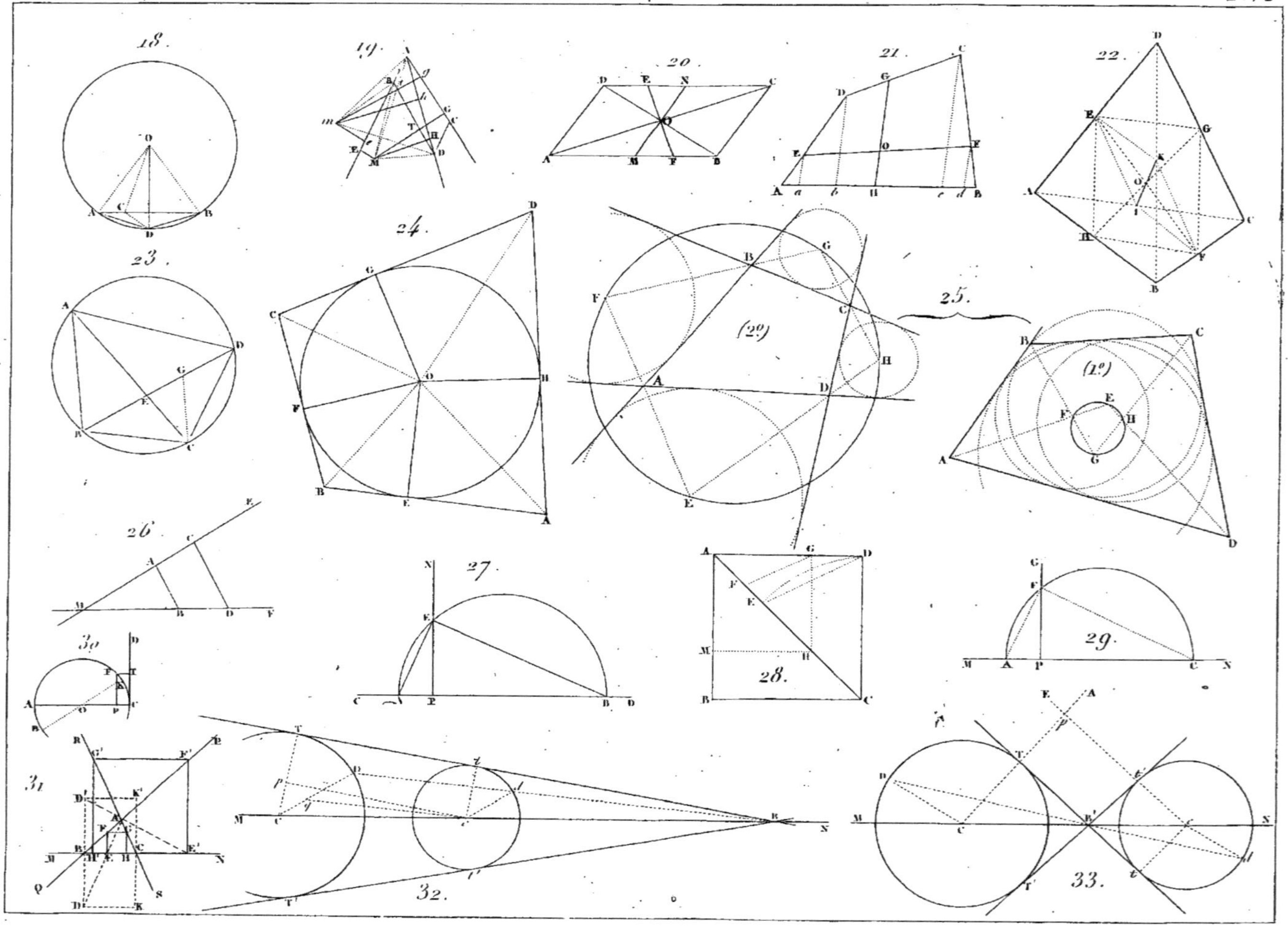

18. 19. 20. 21. 22. 23. 24. 25. (1º) (2º) 26. 27. 28. 29. 30. 31. 32. 33.

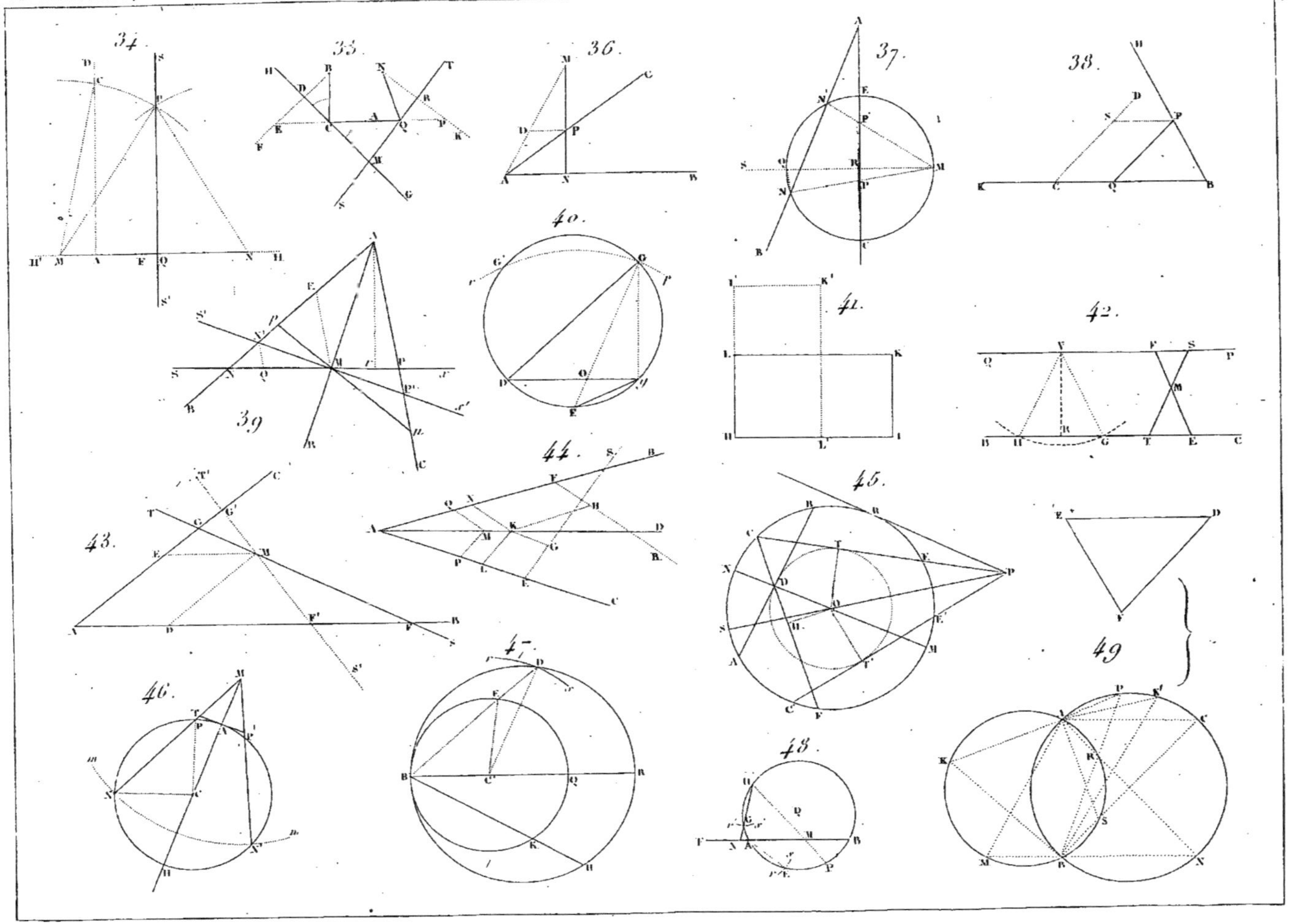

34.
35.
36.
37.
38.
39
40.
41.
42.
43.
44.
45.
46.
47.
48.
49

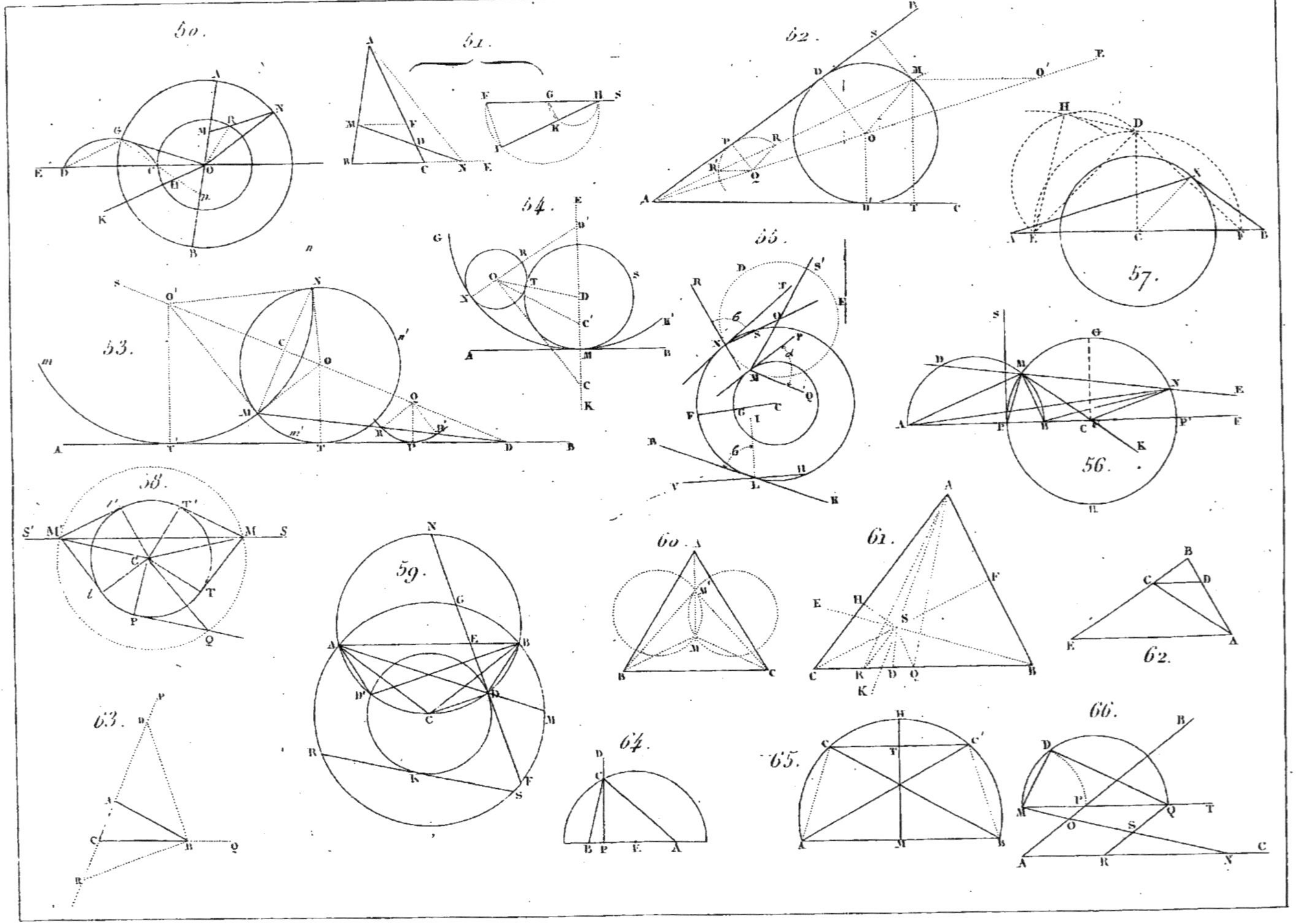

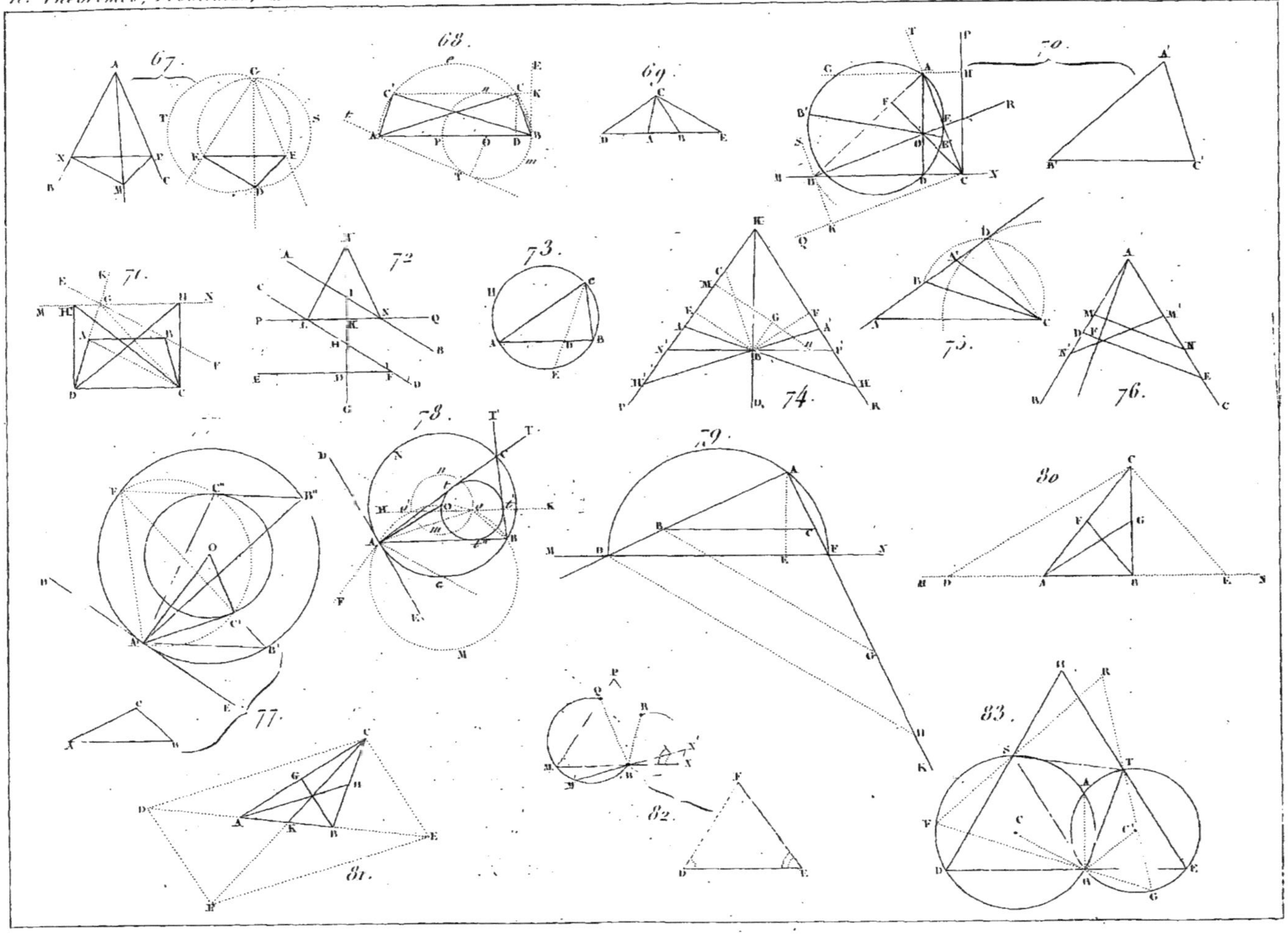

67. 68. 69. 70. 71. 72. 73. 74. 75. 76. 77. 78. 79. 80. 81. 82. 83.

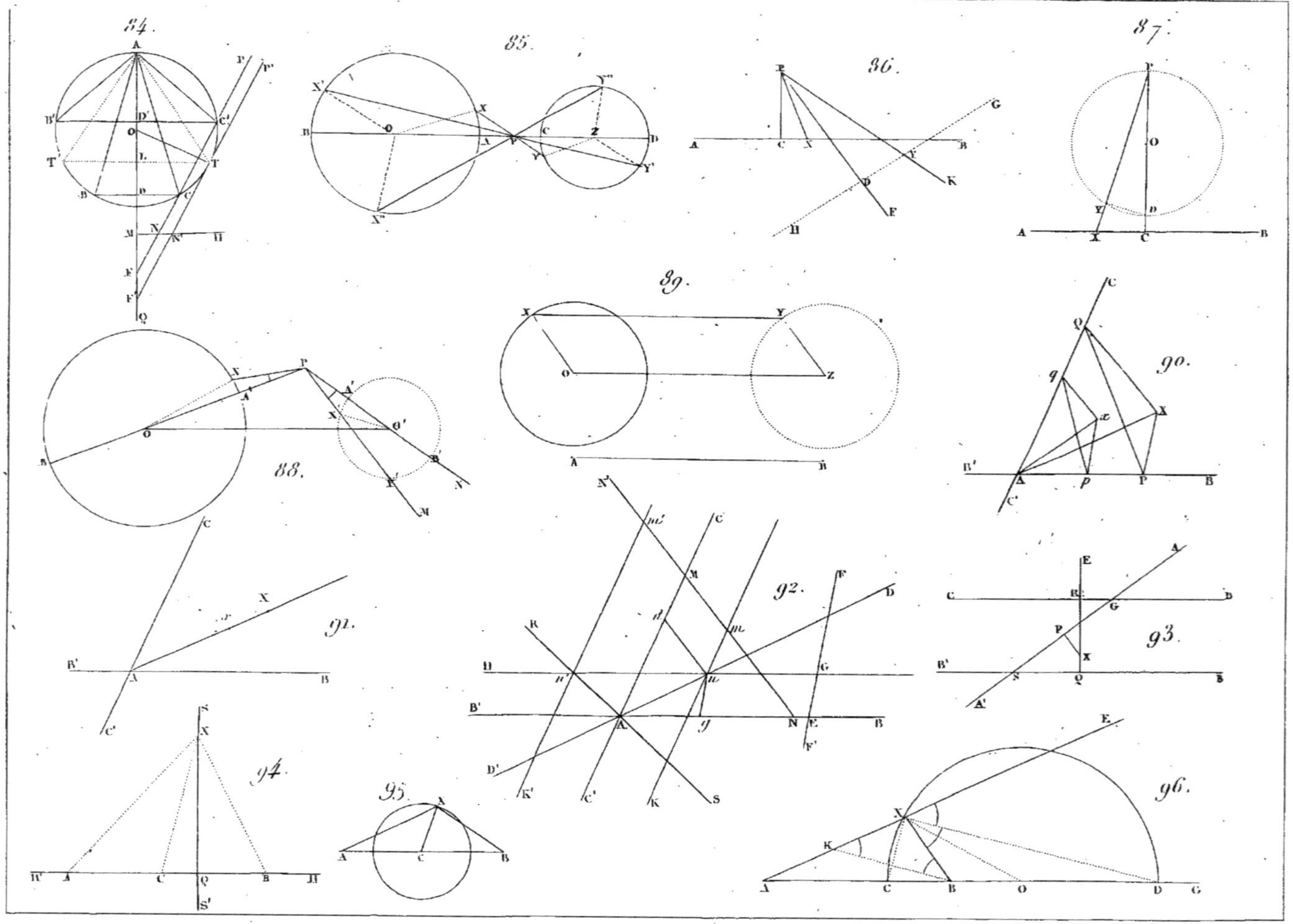

84.

85.

86.

87.

88.

89.

90.

91.

92.

93.

94.

95.

96.

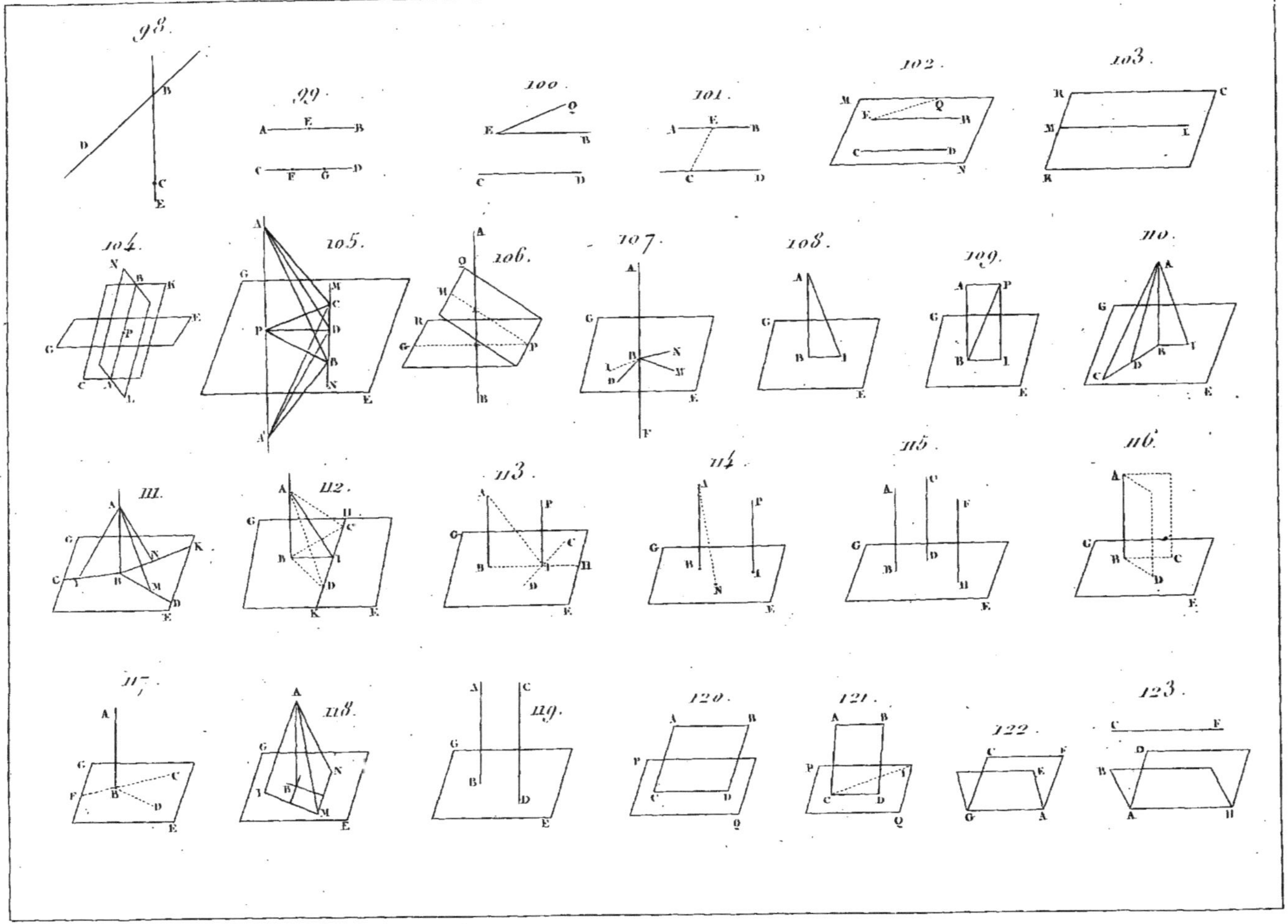

98. 99. 100. 101. 102. 103.

104. 105. 106. 107. 108. 109. 110.

111. 112. 113. 114. 115. 116.

117. 118. 119. 120. 121. 122. 123.

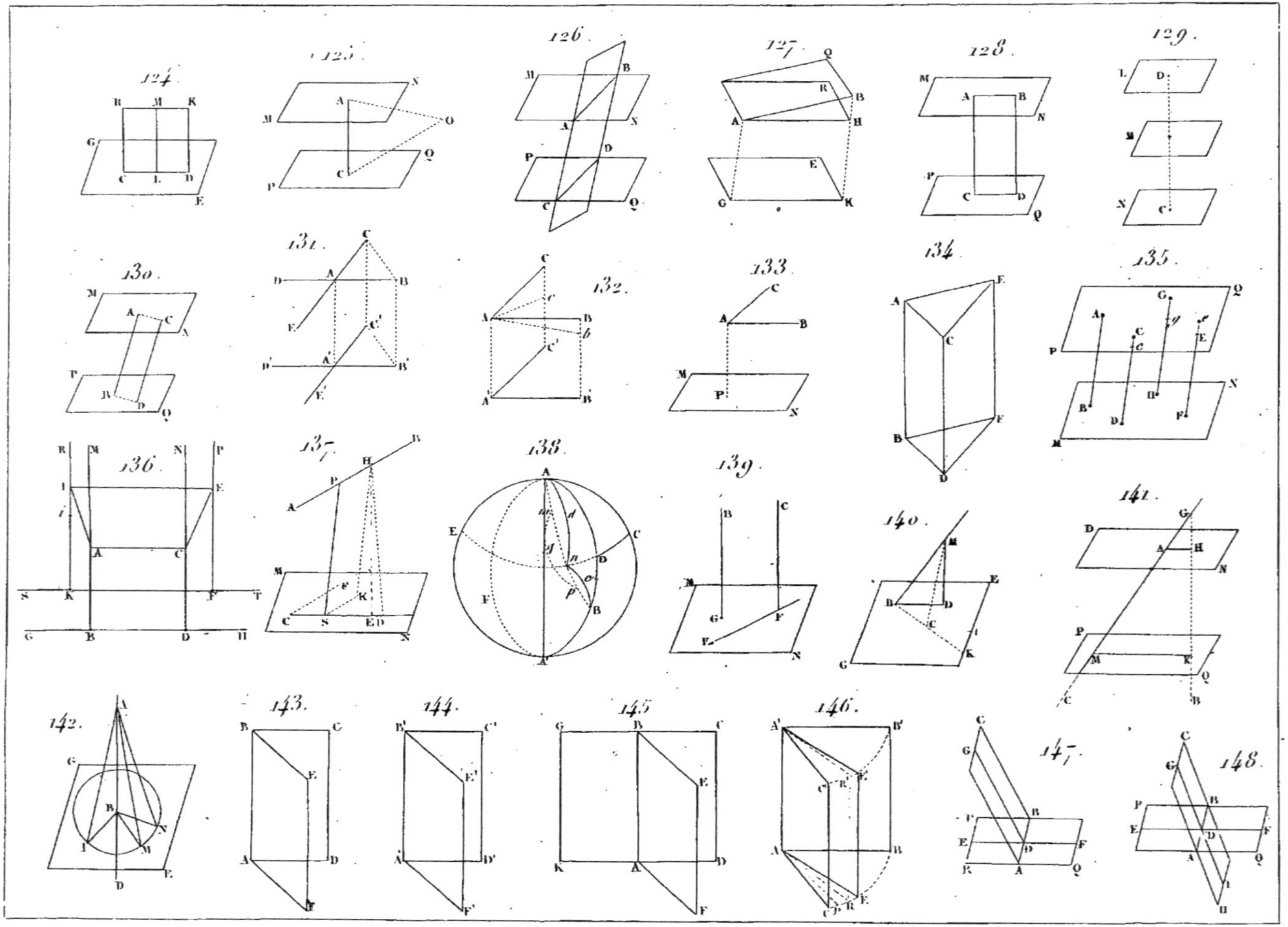

124. 125. 126. 127. 128. 129.

130. 131. 132. 133. 134. 135.

136. 137. 138. 139. 140. 141.

142. 143. 144. 145. 146. 147. 148.

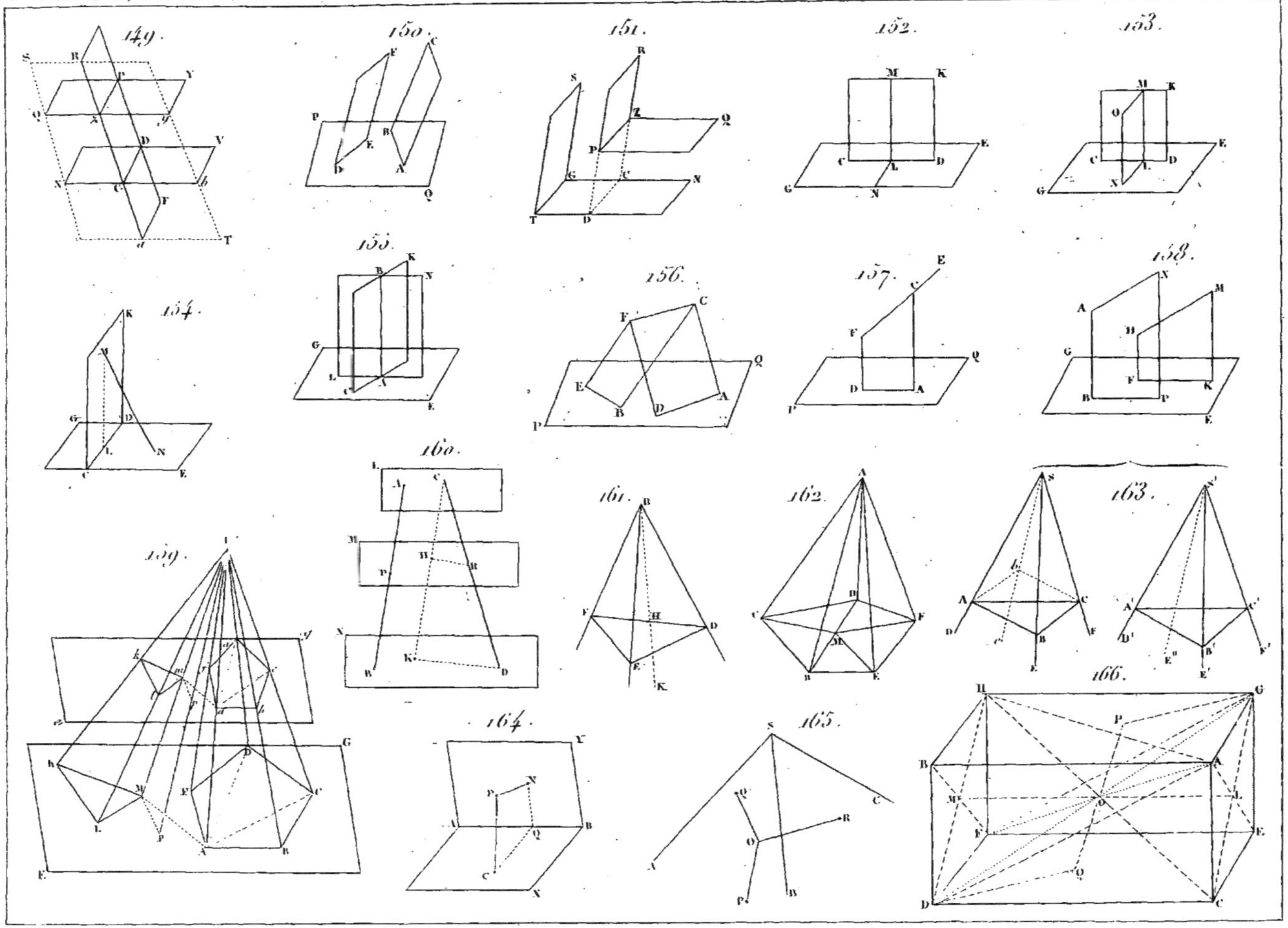

149. 150. 151. 152. 153.

154. 155. 156. 157. 158.

159. 160. 161. 162. 163.

164. 165. 166.

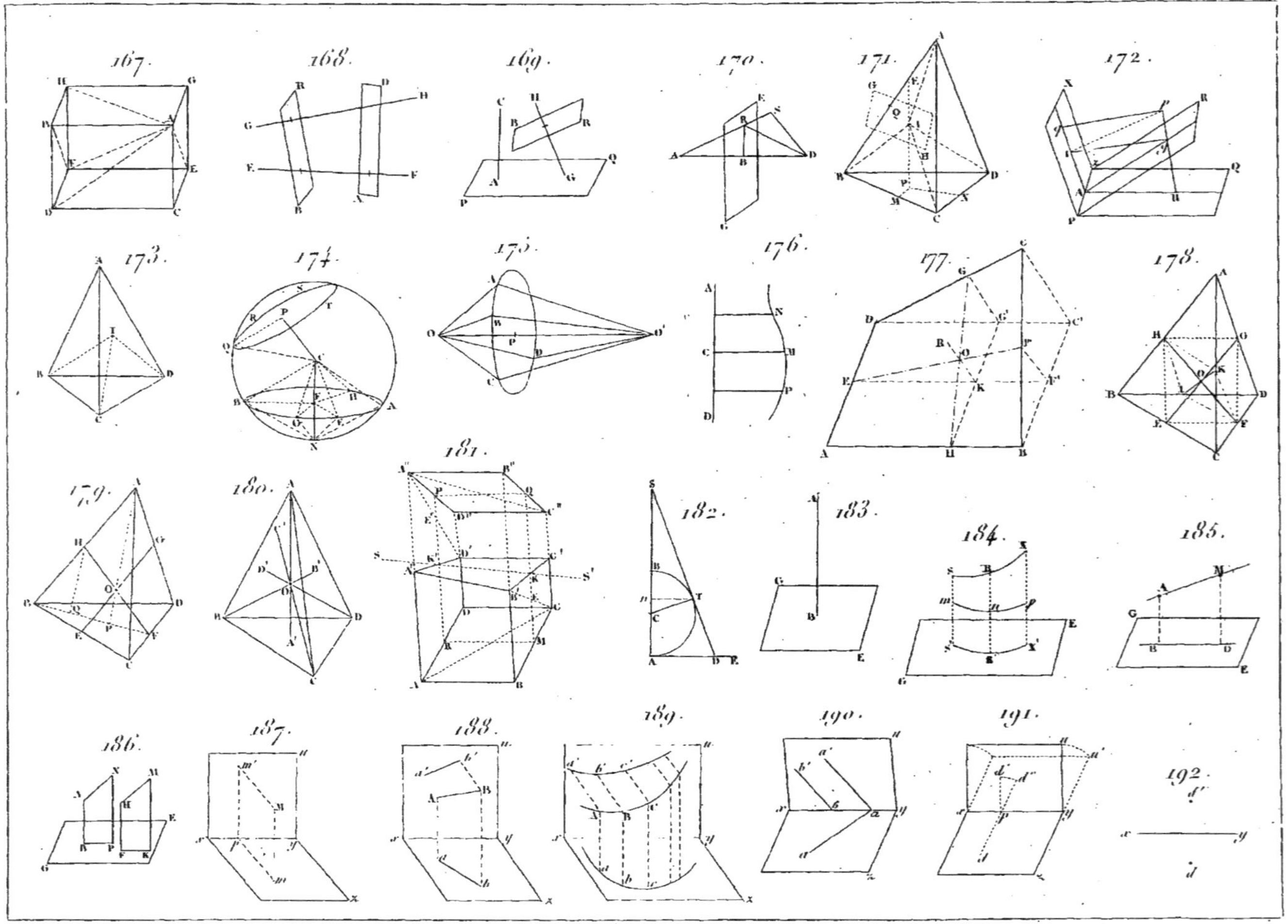

167. 168. 169. 170. 171. 172.

173. 174. 175. 176. 177. 178.

179. 180. 181. 182. 183. 184. 185.

186. 187. 188. 189. 190. 191. 192.

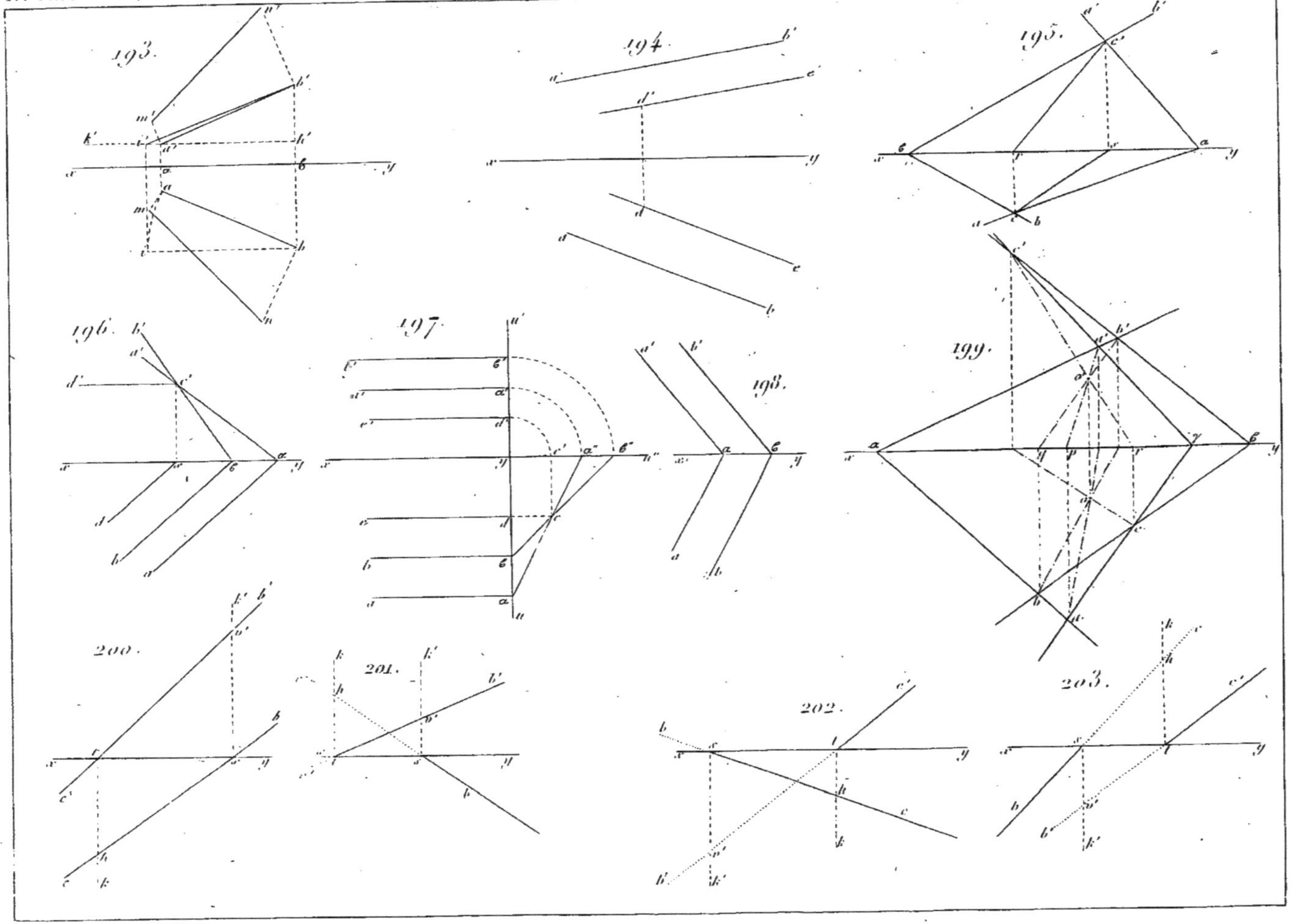

193. 194. 195.

196. 197. 198. 199.

200. 201. 202. 203.

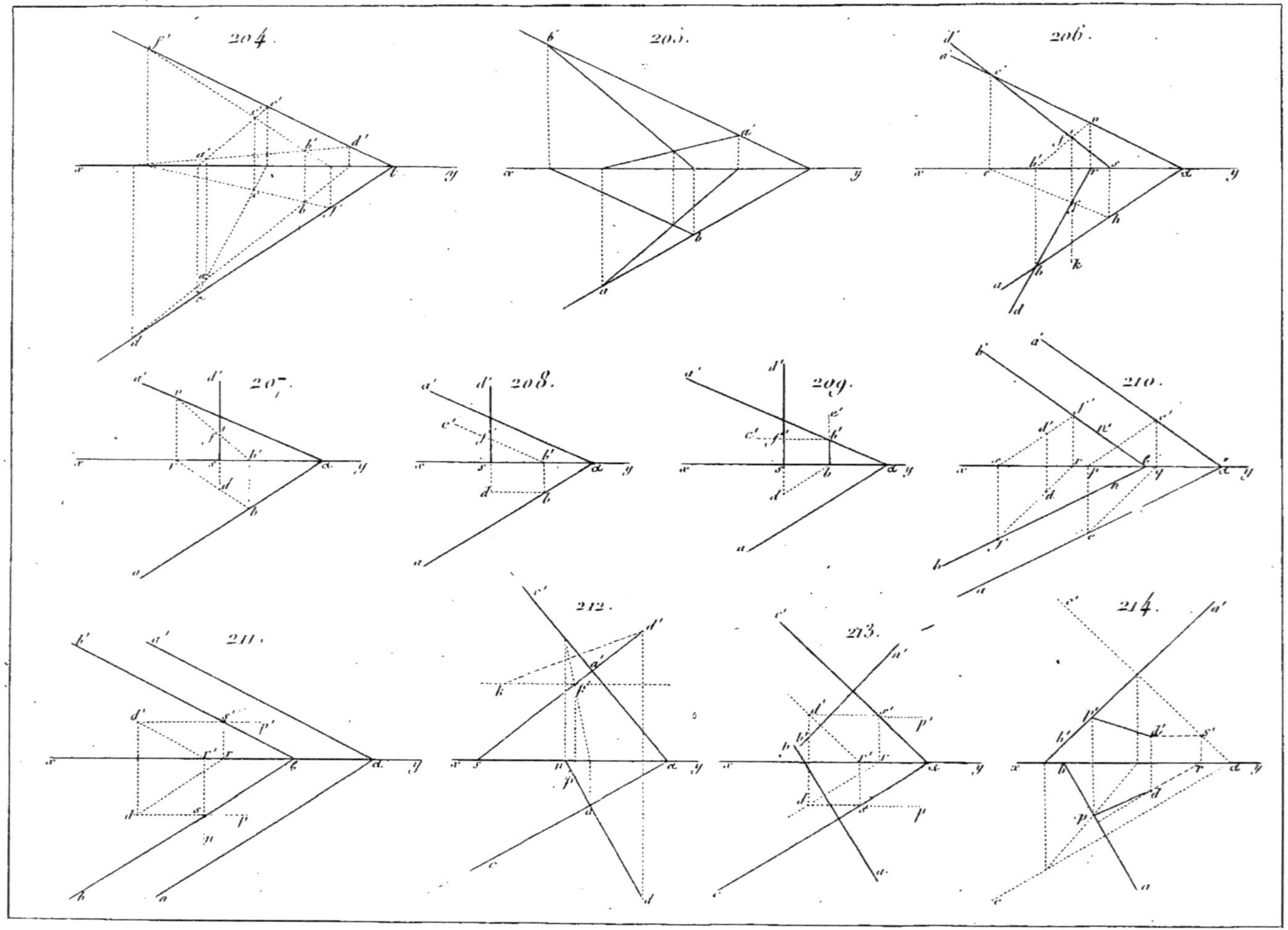

204.

205.

206.

207.

208.

209.

210.

211.

212.

213.

214.

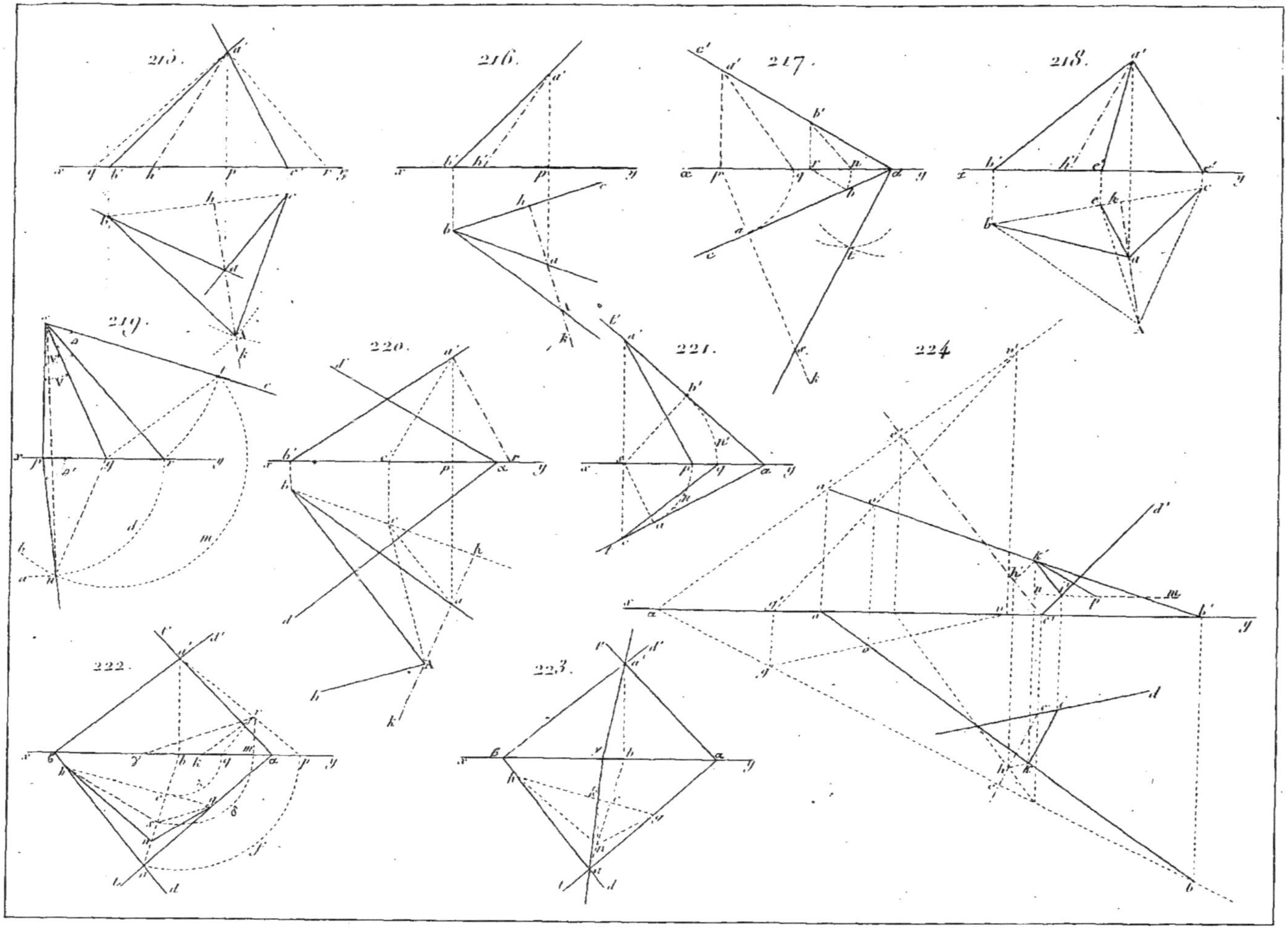

215.

216.

217.

218.

219.

220.

221.

222.

223.

224.

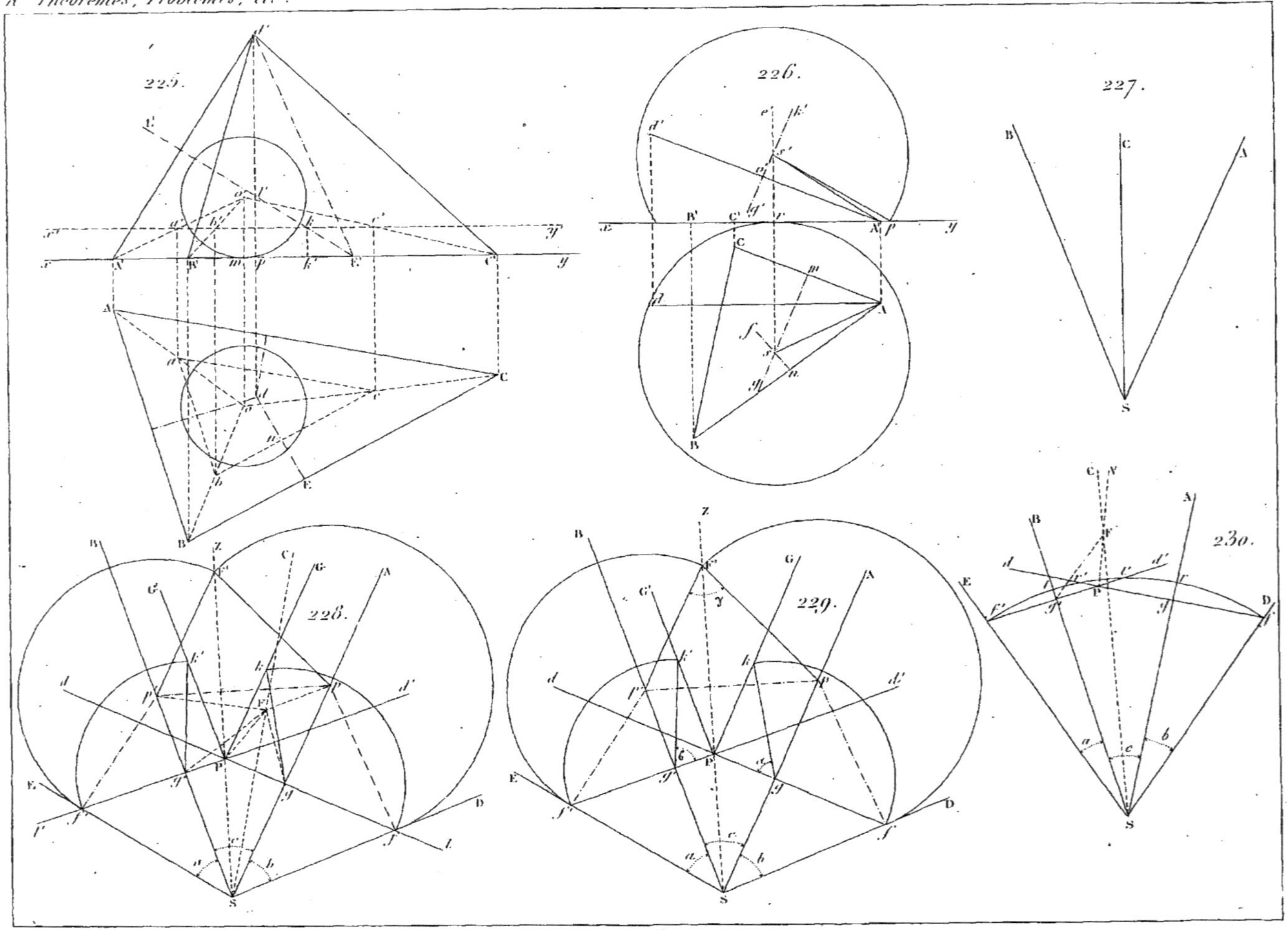

225.

226.

227.

228.

229.

230.

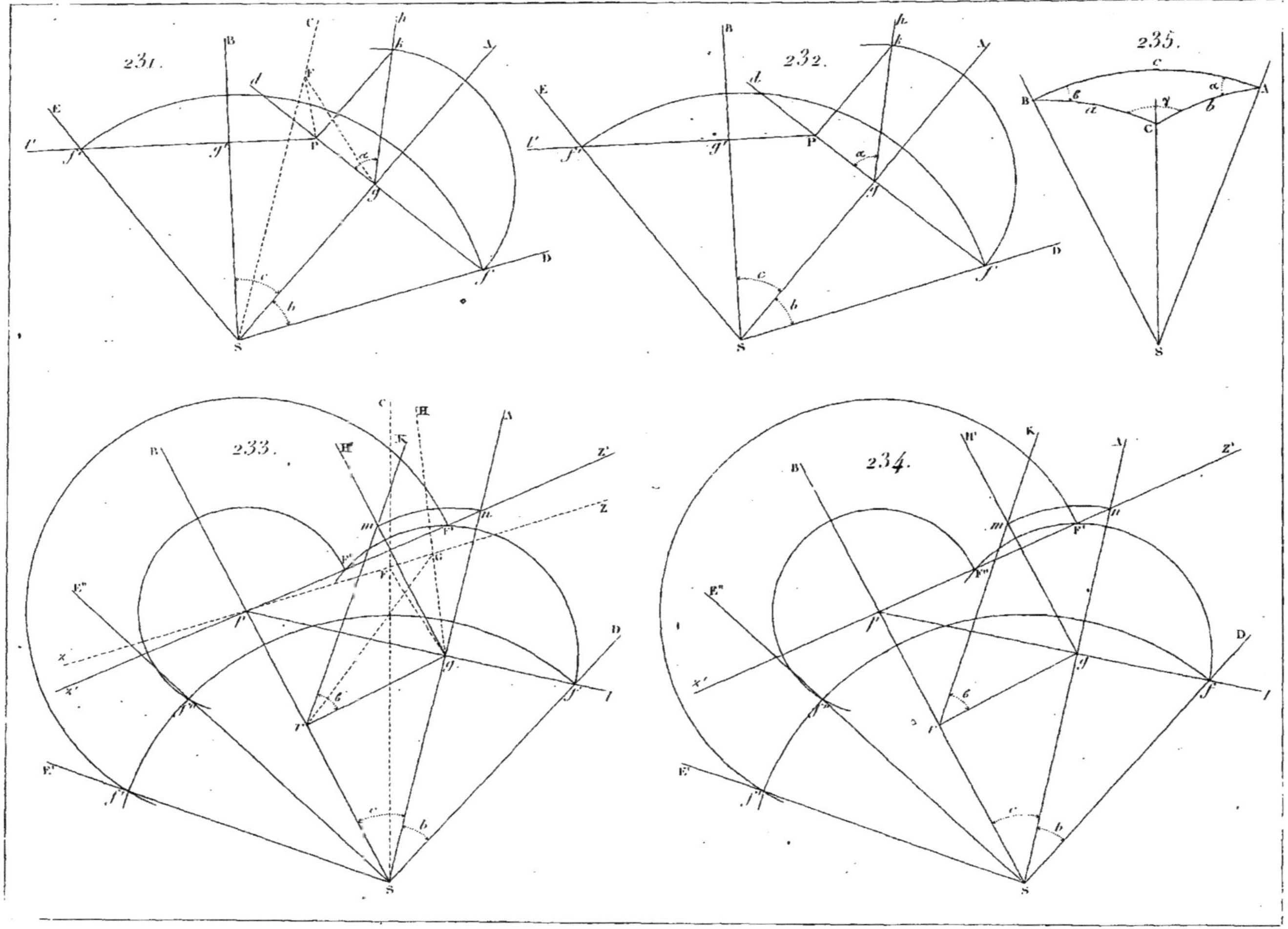

231.

232.

235.

233.

234.

236.

237.

238.

239.

240.

241.

242.

Dessiné par Marie.

Gravé par Durau.

243.

244.

245.

246.

247.

248.

249.

250.

Dessiné par Marie. Gravé par Durau.

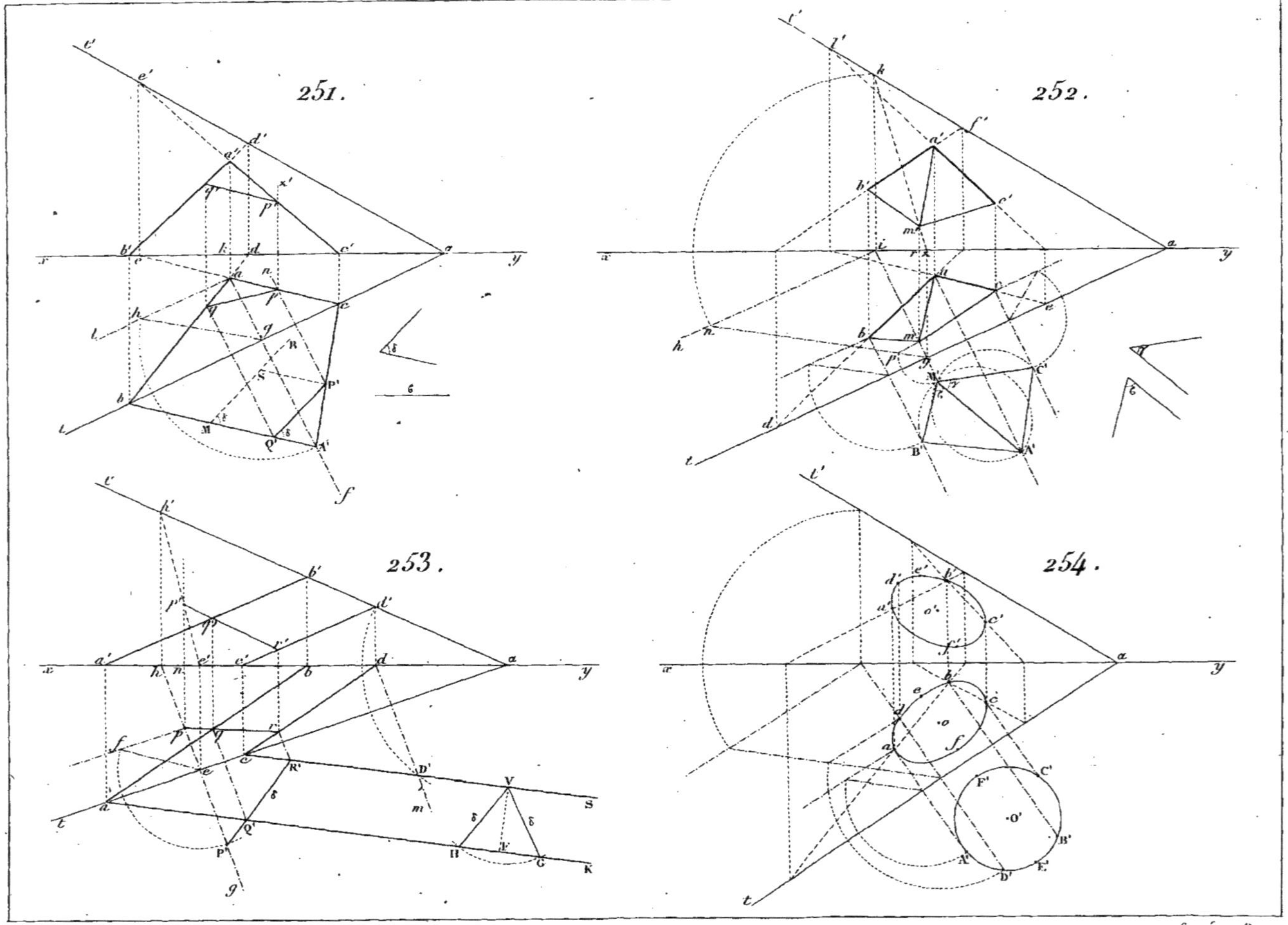

251.

252.

253.

254.

Dessiné par Marie.

Gravé par Durau.

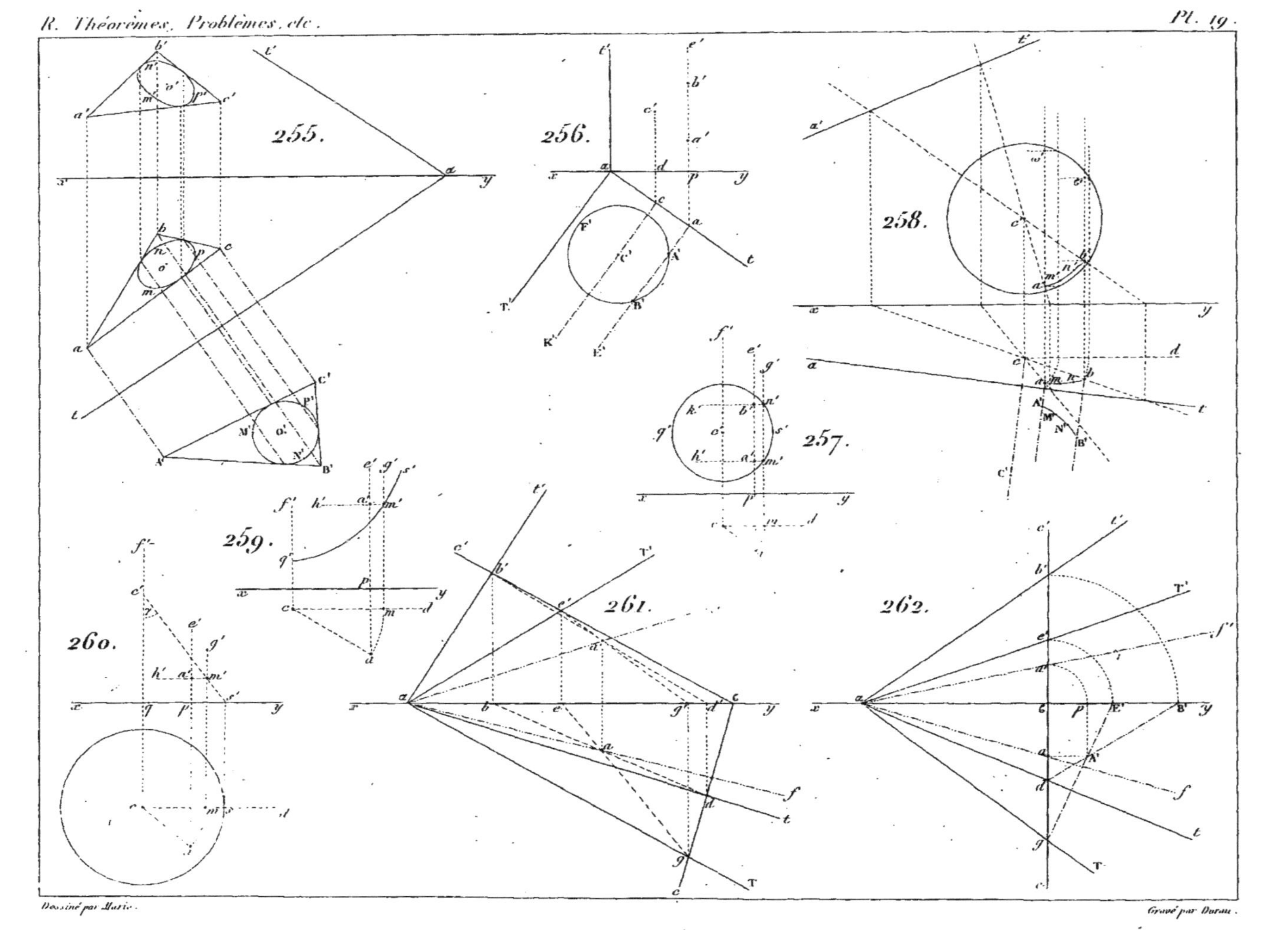

Dessiné par Marie.

Gravé par Duran.

263.

264.

265.

266.

267.

Dessiné par Marie. Gravé par Durau.

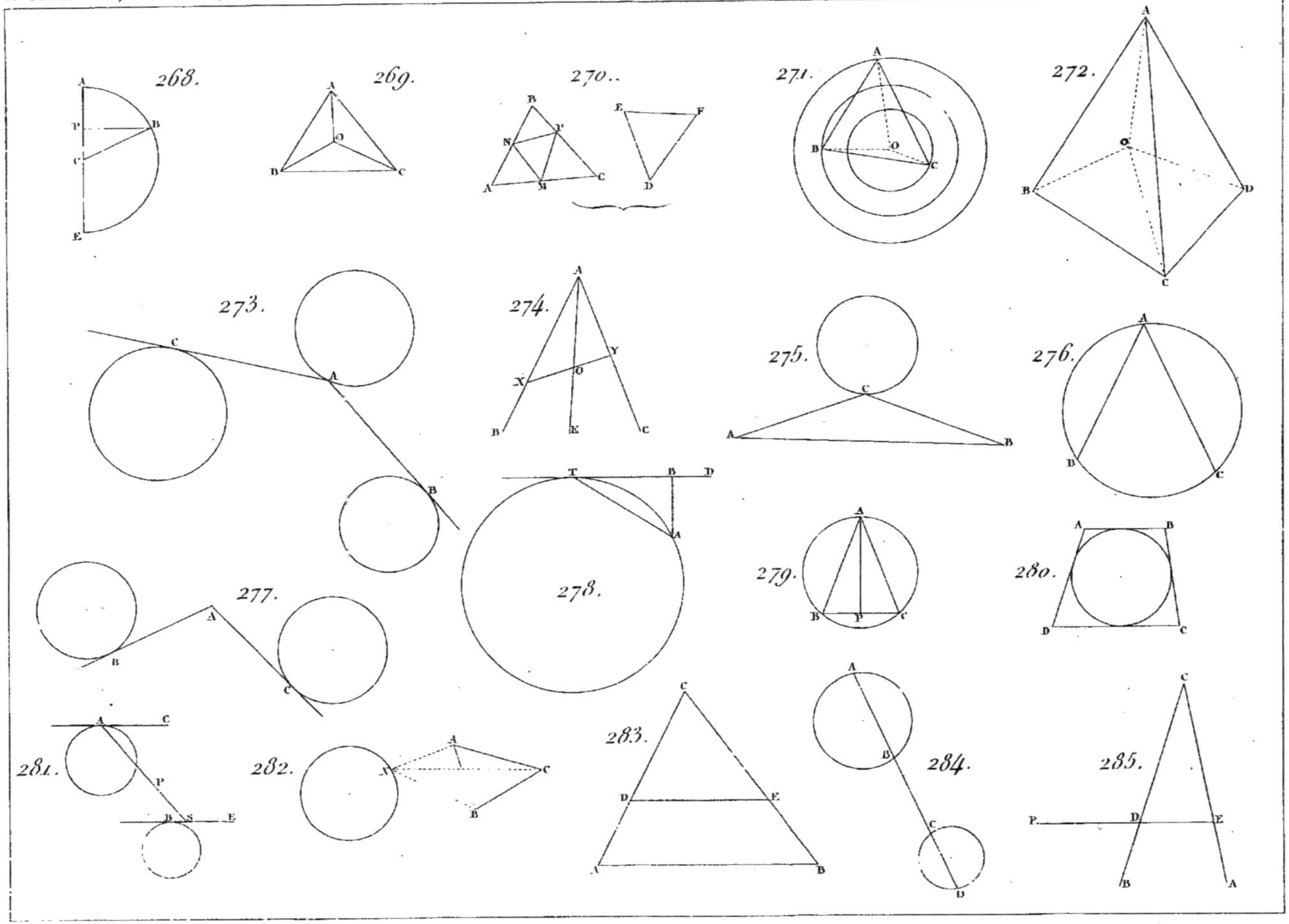

268. 269. 270. 271. 272.

273. 274. 275. 276.

277. 278. 279. 280.

281. 282. 283. 284. 285.

www.ingramcontent.com/pod-product-compliance
Ingram Content Group UK Ltd.
Pitfield, Milton Keynes, MK11 3LW, UK
UKHW012024240726
13965UKWH00002B/568

9 782013 440189